实用化工产品配方与制备

（六）

李东光　主编

内 容 提 要

本书收集了与国民经济和人民生活密切相关的、具有代表性的实用化学品以及一些具有良好发展前景的新型化学品，内容涉及外墙涂料、织物胶黏剂、洗衣粉、磷化液、防冻液、复合肥、防锈剂、絮凝剂、文教化学品、油田助剂几方面，以满足不同领域和层面使用者的需要。本书可作为有关新产品开发人员的参考读物。

图书在版编目(CIP)数据

实用化工产品配方与制备. 6/李东光主编. —北京：中国纺织出版社，2013.3

ISBN 978-7-5064-9556-1

Ⅰ.①实… Ⅱ.①李… Ⅲ.①化工产品—配方②化工产品—制备 Ⅳ.①TQ062②TQ072

中国版本图书馆 CIP 数据核字(2013)第 013028 号

策划编辑：朱萍萍　　责任编辑：范雨昕　　责任校对：楼旭红
责任设计：李　然　　责任印制：储志伟

中国纺织出版社出版发行
地址：北京东直门南大街 6 号　邮政编码：100027
邮购电话：010—64168110　传真：010—64168231
http://www.c-textilep.com
E-mail:faxing@c-textilep.com
三河市华丰印刷厂印刷　各地新华书店经销
2013 年 3 月第 1 版第 1 次印刷
开本：880×1230　1/32　印张：12
字数：313 千字　定价：35.00 元

前言

随着我国经济的高速发展，化学品与社会生活和生产的关系越来越密切。化学工业的发展在新技术的带动下形成了许多新的认识。人们对化学工业的认识也更加全面、成熟，期待化学工业在高新技术的带动下加速发展，为人类进一步谋福。目前化学品的门类繁多，涉及面广，品种数不胜数。随着与其他行业和领域的交叉逐渐深入，化工产品不仅涉及与国计民生相关的工业、农业、商业、交通运输、医疗卫生、国防军事等各个领域，而且与人们的衣、食、住、行等日常生活的各个方面都息息相关。

目前，我国化工领域已开发出不少工艺简单、实用性强、应用面广的新产品、新技术，不仅促进了化学工业的发展，而且提高了经济效益和社会效益。随着生产的发展和人民生活水平的提高，对化工产品的数量、质量和品种提出了更高的要求，加上发展实用化工投资少、见效快，使国内许多化工企业都在努力寻找和发展化工新产品、新技术。

为了满足读者的需要，我们在中国纺织出版社的组织下编写了这套“实用化工产品配方与制备”丛书，书中着重收集了与国民经济和人民生活高度相关的、具有代表性的化学品以及一些具有良好发展前景的新型化学品，并兼顾各个领域和层面使用者的需要。与以往出版的同类书相比，本套丛书有如下特点，一是注重实用性，在每个产品中着重介绍配方、制作方法和特性，使读者据此试验时，能够掌握方法和产品的应用特性；二是所收录的配方大部分是批量小、投资小、能耗低、生产工艺简单，有些是通过混配即可制得的产品；三是注重配方的新颖性；四是所收录配方的原材料均立足于国内。因此，本书尤其适合于中小企业、乡镇企业及个体生产者开发新产品时选用。

本书的配方是按产品的用途进行分类的，读者可据此查找所需的配方。由于每个配方都有一定的合成条件和应用范围限制，所以在产品的制备过程中影响因素很多，尤其是需要温度、压力、时间控制的反应性产品（即非物理混合的产品），每个条件都很关键，再者，本书的编写参考了大量的有关资料和专利文献，我们没有也不可能对每个配方进行逐一验证，所以读者在参考本书进行试验时，应本着先小试，后中试，再放大的原则，小试产品合格后才能往下一步进行，以免造成不必要的损失。特别是对于食品及饲料添加剂等产品，还应符合国家规定的产品质量标准和卫生标准。

本书参考了近年来出版的书刊、杂志、各种化学化工期刊以及部分国内外专利资料等，在此谨向所有参考文献的作者表示衷心的感谢。

本书由李东光主编，参加本书编写工作的还有翟怀凤、李桂芝、吴宪民、吴慧芳、蒋永波、邢胜利、李嘉等，由于编者水平有限，书中难免有疏漏之处，请读者在应用中发现问题及不足之处及时予以批评指正。

编者

2012 年 10 月 20 日

目录

第一章　外墙涂料

第二章　织物胶黏剂

第三章　洗衣粉

第四章 磷化液

第五章 防冻液

第六章　复合肥

第七章　防锈剂

第八章　絮凝剂

第九章　文教化学品

第十章　油田助剂

第一章　外墙涂料

实例1　乳胶外墙涂料

【原料配比】

原　料		配比(质量份)		
		1#	2#	3#
有机硅改性丙烯酸乳液		55	—	39.4
丙烯酸乳液		—	35	—
润湿分散剂 SUPER PB－1		0.5	0.5	0.5
颜填料	金红石型钛白粉(0.2μm)	25	21	19
	纳米 TiO_2(60～80nm)	2.5	4	3
	滑石粉(1000目)	—	4	5
	高岭土(1250目)	—	5	6
	碳酸钙(1250目)	—	—	5
消泡剂 BYK－022		0.3	0.4	0.4
增稠剂羟乙基纤维素		0.3	0.2	0.3
聚氨酯增稠剂 COATEX 125P		0.5	0.8	0.4
pH 调节剂 AMP－95		0.3	0.2	0.4
杀菌剂 Kathon LXE		0.4	0.6	0.7
防霉剂 Rozone 2000		0.2	0.3	0.3
助结剂 TEXANOL		1.7	2	1.2
防冻剂丙二醇		1	3.8	2.4
水		12.3	22.2	16

【制备方法】　首先向不锈钢分散缸中加入分散介质水，开动搅拌机，然后按配方准确称取各种物料，在搅拌情况下加入润湿分散剂、2/3的消泡剂、增稠剂、防冻剂、颜填料，低速(150～500r/min)下搅拌

5min,然后在高速搅拌机内高速(1000～1200r/min)分散。颜填料粒子在高速搅拌机的高剪切速率作用下,被分散成原级粒子,同时因分散机的高速剪切作用,缸内的温度上升至50℃。检查浆料的细度发现,在高速分散约25min后,颜料浆的细度小于20μm。调低转速,以便调漆。

将所得的浆料转移到调漆罐中在低速(150～500r/min)下依次加入聚合物乳液、其余消泡剂、pH调节剂、助结剂及其他助剂,调漆。根据要求可加入适量的各种颜色的色浆调色,以制得用户要求的、绚丽多彩的内墙涂料。通过此过程,得到了具有合适的黏度和良好稳定性的涂料。

采用振动筛过滤,除去杂质粒子及未达到细度的颜填料粒子。然后包装,根据要求将涂料装在不同体积的涂料罐中,即得到纳米复合外墙乳胶涂料。

【产品应用】 本品用作建筑外墙涂料。施工时,加入10%～20%乳胶涂料量的自来水,搅拌15min,使其混合均匀,就可以使用。在涂刷涂料前,外墙经过抹平胶找平并打磨,墙面是洁净、平整和干燥的。采用合成硬毛刷刷涂施工。

【产品特性】

(1)将纳米粒子引入涂料配方中并借助分散剂和其他助剂及适当的生产工艺,使得纳米粒子能够充分地分散成初级粒子并稳定地存在于涂料体系中;涂料不含芳香烃成分,符合环保要求。

(2)纳米颜料、填料先经预处理后再加入有机树脂(丙烯酸、水性聚氨酯、丙烯酸有机硅、氟树脂等)和助剂中经分散、搅拌、混合、研磨等工艺配制出性能独特的外墙涂料;涂料具有触变性、储存稳定性好;涂层防水、防霉,具有极佳的附着力;低温可成膜,一年四季任何气候条件下均可施工;涂层抗污染且具有自洁、呼吸功能,涂层可防止混凝土墙面碳化;涂层耐酸雨、耐风化、色彩持久。

(3)本产品无毒无害,无环境污染,且色彩丰富亮丽,漆面幼滑如丝,酷似溶剂型醇酸树脂漆,流平性能卓越;遮盖力强。具有高雅温馨的平光装饰效果,属绿色环保型建筑装饰材料。经检测,该涂料具有优良的耐水、耐碱性能，其涂膜人工加速老化时间为1560h，相当于使用寿命15年，耐擦洗次数大于10000次；在恒温50℃的条件放置2个月（相当于仓库存放1年时间）不分层、不结块，具有良好的储存稳定性。

实例2　超耐候自清洁外墙涂料

【原料配比】

原料		配比（质量份）			
		1#	2#	3#	4#
自来水		22	23	25	25
聚丙烯酸铵润湿分散剂GA－40		0.6	—	—	0.6
聚丙烯酸铵润湿分散剂H－100		—	0.5	0.5	—
颜料	金红石型钛白粉（CR－828）	16	20	16	23
	锐钛型纳米TiO_2粉体	8	5	8	—
	碳酸钙（700目）	—	—	—	6
填料	高岭土（3000目）	5	5	5	—
	绢云母（1250目）	3	3	3	—
	硅灰石粉（900目）	—	2	—	—
有机硅油消泡剂CF－246（BLACKBURN公司）		0.4	0.4	0.5	0.5
羟乙基纤维素增稠剂NATROSOL PLUS330		0.3	—	0.3	—
羟乙基纤维素增稠剂CellosizeER－150000		—	25	—	—
增稠剂A（羟乙基纤维素增稠剂CellosizeER－4400）		—	—	—	0.34
硅酸铝镁增稠剂B（ATTAGEL50）		0.4	0.1	0.1	—
疏水改性聚氨酯增稠剂C（RM2020）		0.2	0.45	0.4	0.6
pH调节剂2－氨基－2－甲基－1－丙醇		0.2	0.2	0.2	—
杀菌剂bayer异噻唑衍生物＋羟甲基脲－1,6－二羟基－2－5二氧杂环己烷		0.2	0.2	0.2	—

续表

原料	配比(质量份)			
	1#	2#	3#	4#
防霉剂 progiven2-正辛基-4-异噻唑啉-3-酮苯并咪唑	0.3	0.4	0.3	—
防冻剂丙二醇	2	2	2	—
助结剂2,2,4-三甲基-1,3-戊二醇甲乙丁酸酯	1.5	1.5	1.5	—
硅丙乳液	40	36	37	—
纯丙乳液	—	—	—	35

【制备方法】

(1)预混合。按配方标准称取各种物料于调漆缸中,开通搅拌,在低速(300~400r/min)搅拌下按顺序加入自来水、润湿分散剂、消泡剂、颜料、填料以及增稠剂A。

(2)高速分散。在高速搅拌机内高速(1200~1500r/min)分散。颜填料粒子在高速搅拌机高剪切速率作用下,被分散成原级粒子,并且在分散剂体系作用下得到分散稳定状态。高速分散时间在20~30min,然后加入增稠剂B,中速(800~1000r/min)分散,分散5~8min。

(3)调漆。当颜料达到所要求的细度时,加入聚合物乳液、消泡剂、pH调节剂、增稠剂C及其他助剂,此过程在调漆缸中低速(300~400r/min)进行,以得到具有合适黏度和良好稳定性的涂料。

(4)过滤包装。

【产品应用】 本品适用于大型化、高层化建筑物外墙涂料。

【产品特性】 该涂料的耐水性、抗污性、拨水性性能明显优于纯丙烯酸涂料,同时,涂料具有良好的稳定性,储存期可达一年以上。本涂料有自清洁的作用,这种性能对空气粉尘污染日益严重的城市环境来说十分重要。

实例3 抗静电硅丙外墙涂料

1. 有机硅预聚体的制备

【原料配比】

原料	配比(质量份)
乙烯基三乙基硅烷	1
八甲基环四硅氧烷	0.5
异丙苯过氧化氢	0.01

【制备方法】 将乙烯基三乙基硅烷、八甲基环四硅氧烷、异丙苯过氧化氢按质量比1:0.5:0.01加入反应釜,开启搅拌,转速80r/min,在80~100℃下反应4~6h,然后再升温至130~160℃,保温0.5~1h,开启真空泵,减压脱除低沸物,至釜内压力降至13.3kPa,温度为150℃时结束反应。

2. 硅丙树脂的制备

【原料配比】

原料	配比(质量份)
甲基丙烯酸甲酯	1.0
丙烯酸乙酯	0.6
甲基丙烯酸	0.4
有机硅预聚体	0.3
复合引发剂	0.008

【制备方法】 将甲基丙烯酸甲酯、丙烯酸乙酯、甲基丙烯酸、有机硅预聚体、复合引发剂按质量比1.0:0.6:0.4:0.3:0.008依次加入反应釜,开启搅拌,80r/min,控制温度在50~100℃的范围内,反应3~12h,然后降至室温。

3. 偶联处理过的氧化锌晶须的制备

【原料配比】

原料	配比(质量份)
KH550 硅烷偶联剂的丙酮溶液(5~10%)	适量
氧化锌晶须	100
偶联剂	0.5~1.5

【制备方法】 配制 KH550 硅烷偶联剂的丙酮溶液，按 100 份氧化锌晶须:0.5~1.5 份偶联剂的比例，将已制备好的偶联剂的丙酮溶液喷入烘烤过的氧化锌晶须中，高速搅拌 3~5min，然后于 120~150℃下烘烤 1.5~2.5h。

4. 抗静电硅丙外墙涂料的制备

【原料配比】

原料	配比(质量份)
混合溶剂	1
硅丙树脂	0.5
偶联处理过的氧化锌晶须	0.05
十二烷基磺酸钠	0.01

【制备方法】 将混合溶剂、硅丙树脂、偶联处理过的氧化锌晶须及十二烷基磺酸钠按质量比 1.0:0.6:0.4:0.3:0.008 依次加入反应釜，升温至 60~95℃，开启搅拌，转速 100~150r/min，搅拌 3~5h，降至室温。

【注意事项】 本涂料包含混合溶剂、硅丙树脂、偶联处理过的氧化锌晶须、十二烷基磺酸钠按质量比 1:(0.3~0.7):(0.02~0.08):(0.005~0.02)通过溶液聚合而成。其中混合溶剂为醋酸乙酯，120#汽油，环乙烷，乙醇按质量比 1.0:1.0:0.3:1.0 的混合物。

【产品应用】 本涂料不仅适用于高层建筑外墙装饰和保护，尤其适用于要求具有抗静电性能的化工厂、石油化工、危险品仓库等建筑物的外墙装饰和保护。

【产品特性】 本涂料具有极强的自洁功能，极高的耐沾污性，高耐候性及优良的抗静电性能。

实例4　改性硅丙外墙涂料

【原料配比】

原　　料	配比(质量份)
醋酸乙酯	30
120#汽油	30
环己烷	9
乙醇	30
硅丙树脂	495
有机化蒙脱土	9.9
十二烷基磺酸钠	0.99

【制备方法】　将醋酸乙酯、120#汽油、环己烷、乙醇按配比混合，制成混合溶剂，然后将混合溶剂、硅丙树脂、有机化蒙脱土、十二烷基磺酸钠按上述比例依次加入反应釜中，升温至50～90℃，开启搅拌，转速120～150r/min，搅拌3～5h。

其中硅丙树脂的制备：将甲基丙烯酸甲酯、丙烯酸乙酯、甲基丙烯酸、有机硅预聚体、复合引发剂(过氧化苯甲酰和异丙苯过氧化氢1∶1混合物)按质量比1.0∶0.6∶0.4∶0.3∶0.008依次投入反应釜，开启搅拌，转速80r/min，控制温度在50～100℃范围内反应3～12h，然后降至室温。

其中有机化蒙脱土的制备：将5%(质量分数)的钠基蒙脱土水溶液在80℃，搅拌的条件下滴加过量的十六烷基三甲基溴化铵水溶液，1h抽滤，水洗至无Br^-(溴离子)，真空干燥到恒重，并磨碎成500目粉末。

【产品应用】　本品用作高层及超高层建筑的外墙装饰涂料。

【产品特性】　本品具有超越一般硅丙涂料的良好的综合性能；极强的自洁功能，极高的耐沾污性，高耐候性能，优良的耐洗刷性，独特的抗菌功能等。在高层及超高层建筑的外墙装饰方面有着非常广阔的应用前景。

实例5 水性抗裂乳胶涂料

【原料配比】

原料		配比(质量份)		
		1#	2#	3#
水		224	270	180
润湿剂	壬苯醇醚[$C_9H_{19}C_6H_4(C_2H_4O)_{10}H$]	2	3.0	—
	磷酸钠	—	—	1.0
辅助性成膜剂乙二醇		19	25	13
分散剂	焦磷酸钠	10	13	—
	丁二酰亚胺	—	—	10
杀菌剂	2-(4-噻唑基)苯并咪唑	1.5	2	—
	5,6-二氯苯并噁唑啉酮	—	—	13
清泡剂二甲基硅油		2	3	—
成膜助剂	丙二醇苯醚	—	—	1
	2,2,4-三甲基戊二醇-1,3-单异丁酸酯	15	20	10
颜料金红石型钛白粉		220	230	170
填料	高岭土(1000目)	40	50	30
	硅灰石粉(1250目)	68	80	40
	重质碳酸钙(1000目)	60	45	45
纳米$CaCO_3$和纳米ZnO混合浆		20	50	20
成膜物质纯丙烯酸酯乳液(50%固含量)		260	350	170
磷酸三丁酯		2	3	2
羟乙基纤维素(2%水溶液)		80	150	50
增稠剂	氨基甲酸乙酯改性聚醚低聚物(40%水溶液)	4	5.5	5.5
	改性聚丙烯酸钠(20%水溶液)	2.5	4	1
pH值调节剂	$NH_3 \cdot H_2O$	适量	适量	—
	氢氧化钠(10%水溶液)	—	—	适量

【制备方法】　把水加入分散罐中，加入 $C_9H_{19}C_6H_4(C_2H_4O)_{10}H$、乙二醇、焦磷酸钠、磷酸钠、丁二酰亚胺、2－(4－噻唑基)苯并咪唑、5,6－二氯苯并噁唑啉酮、丙二醇苯醚、二甲基硅油、2,2,4－三甲基戊二醇－1,3－单异丁酸酯，搅拌 5～10min 使它们混合均匀，然后加入金红石型钛白粉、高岭土、硅灰石粉、重质碳酸钙、纳米 $CaCO_3$ 和纳米 ZnO 混合浆液，高速分散 20～30min，将高速分散过的物料经泵打入调漆罐中，然后加入纯丙烯酸乳液、磷酸三丁酯、羟乙基纤维素，搅拌 20min，加氨基甲酸乙酯改性聚醚低聚物、改性聚丙烯酸钠调整黏度，加 $NH_3 \cdot H_2O$ 或氢氧化钠水溶液调节 pH 值，搅拌 30min，最终涂料黏度在 $(1.2\times10^4)\sim(1.8\times10^4)$ mPa·s，pH 值在 8～10。

【产品应用】　本品是一种建筑涂料，它是一种水性抗裂乳胶涂料，可用作建筑物外墙涂料。

【产品特性】　该乳胶涂料具有良好的弹性功能，可随建筑物墙体裂缝运动伸缩，很好地防止涂料涂膜开裂，使建筑物外墙具有优异的防水性能；由于纳米材料的加入，使材料的性能得到明显改善，其抗裂性能大幅度地提高，同时抗老化性能、附着力和耐擦洗能力也大大提高。

实例6　氟硅丙烯酸共聚乳液涂料

1. 氟—硅共聚树脂乳液的制备

【原料配比】

组分	原　料	配比(质量份)					
		1#	2#	3#	4#	5#	6#
丙烯酸酯混合物	丙烯酸六氟丁酯	30	25	35	20	20	—
	丙烯酸四氟丙酯	—	—	—	10	—	15
	丙烯酸八氟戊酯	—	—	—	—	10	25

续表

组分	原料	配比(质量份)					
		1#	2#	3#	4#	5#	6#
有机硅化合物	乙烯基三甲氧基硅烷	1.5	—	—	—	—	1
	乙烯基三乙氧基硅烷	—	2	—	—	—	—
	甲基丙烯酰氧丙基三甲氧基硅烷	—	—	3	4	2.5	—
	甲基丙烯酰氧丙基三乙氧基硅烷	—	—	—	—	—	1.5
其他烯类化合物	丙烯酸	3	3	3	3	3	3
	甲基丙烯酸甲酯	40	40	35	35	40	40
	丙烯酸丁酯	23.5	15	12	—	10	10.5
	丙烯酸辛酯	—	—	—	15	—	—
	丙烯酸-2-乙基己酯	—	—	10	—	—	—
	丙烯酸月桂酯	—	13	—	—	—	—
	丙烯酸十八酯	—	—	—	11	10.5	—
	丙烯酸羟乙酯	2	2	2	2	4	4
复合乳化剂	十二烷苯磺酸钠	1.5	1	1	1	1.5	1.5
	脂肪醇聚氧乙烯醚	1.5	2	1	1.5	1.5	—
	AMPS	—	—	2	2	—	3.5
引发剂	偶氮二异丁氰盐酸盐	—	—	—	—	—	0.5
	过硫酸钾	0.5	—	—	0.5	0.5	—
	过硫酸铵	—	0.5	0.5	—	—	—
溶剂	去离子水	50	50	50	50	50	50
	丙酮	50	50	—	50	50	—
	甲醛	—	—	50	—	—	50

【制备方法】 将70%溶剂和去离子水、复合乳化剂、引发剂和全

部丙烯酸酯混合物在室温下加入装有高剪切混合机的容器中，在1000r/min的转速下，预乳化0.5h。所得乳液置于滴液漏斗中通氮除氧待用。

在另一装有搅拌器、冷凝器、温度计及滴液漏斗的四口烧瓶中加入另30%的溶剂和去离子水乳化剂和引发剂，通氮除氧，用夹套加热器加热至80℃，保温15min后，用2h时间，控制温度80℃，于搅拌下滴加单体预乳液，等预乳液滴完后，再滴加用少量水乳化的有机硅烷化合物，完毕后，保温0.5h，然后升温至85℃，再保温0.5h，反应完毕后，自然冷却至室温，过滤，出料，得含氟—硅共聚树脂乳液。

2. 乳胶涂料的制备

【原料配比】

原　料	配比(质量份)
氟—硅共聚树脂乳液	35
钛白粉	20~25
滑石粉	10~20
氧化锌	2~5
分散剂	1.5~3
增稠剂	0.1~0.3
消泡剂	适量
颜料	适量

【制备方法】 按制备涂料的常规方法将其配制成单组分常温固化的涂料。

【注意事项】 本涂料的乳液由有机氟化合物、有机硅化合物和其他烯类化合物组成，有机氟化合物为(甲基)丙烯酸含氟酯类，用量为20%~90%，有机硅化合物为含烯基和含可水解硅氧烷基的化合物，其用量为0.1%~5%；其他烯类化合物是可与(甲基)丙烯酸含氟酯共聚的丙烯酸及其酯类化合物，其用量为10%~80%。乳胶涂料的制备按常规的配方与制备方法进行。

【产品应用】 本品用作建筑物外墙乳胶涂料。

【产品特性】 本品含氟共聚物水性涂料对各种基材有优异的黏结力，形成的涂膜有优异的耐酸、碱性和耐久性。

实例7 耐低温涂料

【原料配比】

原 料	配比（质量份）
水	18.54
成膜剂醇酯－12	1.8
分散剂聚羧酸铵(5027型)	0.82
乙二醇	1.7
超细硅酸（AS881型，1200目）	4
钛白粉(575型)	14.1
重质碳酸钙(1200目)	4.0
滑石粉(1200目)	3.9
增稠剂VD－S改性聚丙烯酸钠水溶液(1:1)	2.8
纯丙烯酸乳液(820)	44
纳米氧化锌凝胶液	0.08
多功能助剂(AMP－95型)	0.24
防霉剂(HF型)	0.2
自交联弹性丙烯酸乳液(4104型)	7.8
681F型消泡剂	0.02

【制备方法】 按上述比例将水、分散剂、乙二醇及成膜助剂（液料）以400～600r/min的转速搅拌混合，同时加入2/3的上述比例的钛白粉，超细硅酸钙、重质碳酸钙和滑石粉（粉料），待上述粉料全部湿润后，将搅拌转速提高至1000～1100r/min，再将纳米氧化锌凝胶液滴加至上述混好的物料中，然后再将该物料搅拌分散30～40min以后，将搅拌转速降至600r/min，并加入纯丙烯酸乳液和自交联弹性纯丙烯酸乳液。待上述物料搅拌均匀后，滴加增稠剂，再将物料的pH值调至

8～9之后，再加入多功能助剂，防霉剂及消泡剂，使物料的稠度达25～30s，此后加入剩余的钛白粉。将该物料搅拌均匀并放置40min后用三辊机将其研磨至细度小于40μm。

【注意事项】 本涂料中的成膜助剂的作用是降低成膜温度，改善成膜性能。

分散剂优选采用汉高公司出品的聚羧酸铵，它的作用是促使颜料、填料分散。重质碳酸钙、滑石粉和超细硅酸钙粉是填料，其细度要求为1200目。

增稠剂采用汉高公司出品的VD－S改性聚丙烯酸钠水溶液或SN－636疏水改性碱膨胀乳液。消泡剂为681F或非离子型的SN－154消泡剂。自交联弹性纯丙烯酸乳液选自4104、AD36、163M、2438型丙烯酸乳液，它可提高涂料层的柔韧性。多功能助剂为AMP－95，其作用在于促进分散和调节体系的pH值。

其中的防霉剂为HF、AD26，它的作用是杀菌防霉。

【产品应用】 本产品是一种耐低温的外墙涂料。

施工过程如下：本耐低温涂料不能直接施于旧墙面上，而须在旧墙面上先施以底漆以加固及封闭基层，提高面漆的粘接能力，然后才可施用本涂料。其中所述底漆的组成为（质量比）：环氧树脂（618）：改性聚酰胺（WH－1000）为（65～75）：（25～35）。在涂用该底漆时，先将经称量的上述组分在搅拌桶中混匀，然后加5～10倍含0.2%～0.5%的OP－10水溶液稀释。配制好的底漆应马上使用，要求在2h内用完。涂完底漆24h后即可辊涂本耐低温涂料。

【产品特性】 本产品能承受40℃，30次的冻融循环而不鼓泡、开裂、粉化和变色。

实例8　弹性外墙涂料（1）

【原料配比】

原　料	配比（质量份）		
	1#	2#	3#
苯丙乳液和硅丙乳液混合物	58	60	65

续表

原料		配比(质量份)		
		1#	2#	3#
增稠剂	交联丙烯酸乳液	—	0.8	1
	羟乙基纤维素	0.5	—	—
分散剂	丙烯酸钠	0.4	—	0.25
	六偏磷酸钠	—	0.3	—
颜料	钛白粉(1200目以上)	19	25	—
	氧化铁红(1200目以上)	—	—	15
填料	滑石粉(1200目以上)	—	—	14.35
	高岭土(1200目以上)	—	8.6	—
	碳酸钙(1200目以上)	17	—	—
防冻剂丙二醇		2	2.5	1.5
中和剂	甲基醇胺	0.5	—	0.3
	氨水	—	0.4	—
防腐剂	苯甲酸钠	0.5	0.4	—
	氨基丙醇	—	—	0.3
消泡剂	水性硅油	0.5	—	—
	磷酸三丁酯	—	0.4	—
	硅酮乳液	—	—	0.3
成膜助剂	乙二醇丁醚	—	—	2
	十二醇酯	1.5	—	—
	苯甲醇	—	1.6	—

其中:配方1#苯丙乳液和硅丙乳液混合物中的苯丙乳液为85%,硅丙乳液为10%,邻苯二甲酸酯5%。配方2#苯丙乳液和硅丙乳液混合物中的苯丙乳液为83%,硅丙乳液为13%,邻苯二甲酸酯4%。配方3#苯丙乳液和硅丙乳液混合物中的苯丙乳液为82%,硅丙乳液为15%,邻苯二甲酸酯3%。

【制备方法】 将上述组分在常温下进行混合,具体为将1/3的苯丙乳液和硅丙乳液混合物、分散剂、防冻剂丙二醇、中和剂、2/3 的消泡剂、防腐剂进行混合，再分别加入颜料、2/3 的苯丙乳液和硅丙乳液混合物、填料、1/3 消泡剂、成膜助剂、增稠剂进行充分混合后再经过检验、过滤称重后即可包装入库。

【注意事项】 本组分中的主要成膜物质苯丙乳液和硅丙乳液混合物为丙烯酸丁酯—苯乙烯的共聚物 80% ~85%、硅氧烷—丙烯酸酯的共聚物 10% ~15% 及邻苯二甲酸酯 3% ~5% 的混合物，这些乳液共聚物均为现有的化工原料；分散剂为聚丙烯酸盐、六偏磷酸钠；次要成膜物质是指颜料及填料，颜料的性能与涂膜的遮盖力、着色均匀性、保色性及耐粉化性有密切关系，实例中的颜料为钛白粉、氧化铁和各种调色颜料浆，细度要求 1200 目以上，最好采用美国杜邦公司生产的金红石型钛白粉；填料是一种无着色力或仅需极低着色力的体质颜料，主要起到涂装性能的调整、涂膜性能的改变和进一步降低填料成本的作用，具体的填料为碳酸钙、滑石粉、高岭土，细度要求 1200 目以上，最好采用超细的滑石粉、高岭土和重质碳酸钙粉；本品还包括辅助成膜物质，辅助成膜物质不能单独成膜，只是在涂料形成涂膜过程中起到辅助的作用，如成膜助剂、消泡剂、防冻剂、中和剂、防腐剂、增稠剂等各种助剂，它们在涂料中的用量虽小，但对涂料的储存、施工及涂膜的耐水性、耐老化性、耐洗刷性等物理性能均有明显作用；成膜助剂为十二醇酯、苯甲醇、乙二醇丁醚；消泡剂为磷酸三丁酯、水性硅油、硅酮乳液；防冻剂为丙二醇；中和剂为氨水、甲基醇胺；增稠剂为羟乙基纤维素、交联丙烯酸乳液、聚氨酯类化合物；防腐剂为苯甲酸钠、四氯间苯二腈、氨基丙醇化合物。

【产品应用】 本品用作建筑外墙涂料。

【产品特性】 本品性能除达到合成树脂乳液外墙涂料一等品的技术指标要求外，还具有高弹性低沾污的特性，可用高弹性来防止和覆盖建筑物上的小裂缝，可保证建筑物外墙墙面能长久地保持清新、华丽的外观，解决了弹性涂料不耐沾污的问题，还可用于屋顶防水。

实例9 弹性外墙涂料(2)

【原料配比】

原料	配比(质量份)		
	1#	2#	3#
水	60	55	58
分散剂	4	6	5
消泡剂	2	4	3
抗冻剂	12	10	8
罗门哈斯易韧达 2438M 弹性乳液	160	150	155
罗门哈斯百历摩 AC-261P 刚性乳液	40	50	45
钛白粉	50	40	45
重质碳酸钙	180	200	190
防霉剂	0.5	0.5	0.5
流变改性剂	2	2	1.5
纤维素醚	1	1.5	1.5
有机硅助剂 BS1306	10	12	11
多功能助剂	3	2.5	2
增稠剂罗门哈斯 ASE-60	2.5	3	2.5
铁黑色浆	6	8	—

【制备方法】 将有机硅助剂、纤维素醚、流变改性剂、水、分散剂、消泡剂、抗冻剂、钛白粉、重质碳酸钙、防霉剂、多功能助剂、增稠剂、水性色浆与乳液按上述比例混合均匀制得所得涂料。

【产品应用】 本品主要用作建筑外墙涂料。

【产品特性】 本品的弹性外墙涂料具有高黏结性能和高耐沾污性能。选用易韧达2438M 弹性和百历摩 AC-261P 刚性两种乳液,起到取长补短的作用,通过弹性乳液维持涂膜的弹性,通过刚性乳液提高与基材的黏结性。该涂膜的延伸率达到300%以上,黏结强度达到2MPa,是一般弹性涂料的10倍。选用有机硅助剂 BS1306,BS1306 为疏水助剂,加入涂料中能够提高涂膜的耐沾污性,并使表面呈现"荷叶效应"。该涂膜的耐沾污性为15%,是一般弹性涂料的2倍。选用羟乙基纤维素醚、流变改性剂和增稠剂三种起到增稠作用的助剂。因为三种增稠剂的作用方式不同,作用环境不同,所以在储存、施工等不同状态下三种增稠剂会交替起主要作用。最终结果是储存不分层、色浆不浮色、涂刷有厚度。

实例10 环保型光催化外墙涂料

【原料配比】

原料		配比(质量份)				
		1#	2#	3#	4#	5#
纳米光催化剂分散液		6.67	6.67	6.67	20	20
水①		20	20	20	10	10
颜料钛白粉		10	10	10	10	10
填料	重质碳酸钙	15	15	15	12	12
	滑石粉	4	4	4	3	3
	高岭土	3	3	3	2	2
	硅酸铝	1	1	1	1	1
助剂或添加剂	消泡剂聚硅氧烷	1	1	1	1	1
	润湿剂改性脂肪醇聚氧乙烯醚	2	2	2	1	1
	分散剂聚羧酸盐	—	—	—	2	2
有机乳液	有机氟乳液	25	10	—	—	—
	有机硅乳液	—	—	18	18	18
	丙烯酸乳液	—	12	12	12	12
无机黏结剂硅溶胶		—	10	—	—	—
苯丙乳液		—	—	—	—	—
水②		11.33	4.33	6.33	6.33	6.33

【制备方法】

(1)制备光催化剂分散液:将光催化剂二氧化钛放入砂磨机中,加入水①及一定量的分散剂聚羧酸盐,混磨制成一定浓度的浆液;光催化剂浆液的浓度为10%~40%,最佳为30%。

(2)将颜料、填料、助剂或添加剂加入高速分散器中,并添加一定量分散剂聚羧酸盐,制成浆料。

(3)将有机高分子乳液、硅溶胶、光催化剂、水②及上述浆液,在低剪切下混合,滴加增稠剂至所需黏度后,搅拌1h即可制成光催化外墙涂料。

【产品应用】 本品用于外墙涂料。

【产品特性】 本涂料可以有效消除大气中的污染物质,如NO、SO_2等,起到净化大气的作用。

实例11 耐擦洗建筑涂料

【原料配比】

原　料	配比(质量份)
苯丙乳液	36.42
聚醋酸乙烯酯乳液	4.58
钛白粉	18.20
滑石粉	10.60
膨润土	11.20
聚氧乙烯	0.40
醋酸乙氧基乙酯	2.70
T-17聚丙烯酸铵盐	1.44
聚二甲基硅氧烷	0.63
乙二醇	1.40
水	加至100

【制备方法】 把钛白粉、滑石粉、膨润土加水进行搅拌,搅拌在旋转式搅拌器中进行,这种搅拌是在高速下进行的搅拌,速度为1600~2200 r/min,在高速搅拌的条件下加入聚氧乙烯,并继续搅拌3~6h,

再加入T－17聚丙烯酸铵盐后，再搅拌8～14min，然后将原料放入研磨机中研磨1～3min。另把苯丙乳液、醋酸乙烯酯乳液混合搅拌2～6min，再加入醋酸乙氧基乙酯，搅拌20～35min后加入乙二醇，再搅拌2～6min。最好将两步所得的原料混合搅拌2～6min，加入聚二甲基硅氧烷，搅拌30～60min，将制得的原料过筛制得产品。后步所述的搅拌是在低速下进行的搅拌，旋转速度为300～600r/min。

【产品应用】 本品用作内外墙涂料。

【产品特性】 本产品涂于墙面之后，可以在墙面形成一层膜状结构。这种膜状物形成并干燥之后，水不能浸透，颜料也不溶于水。故其具有很好的耐水性能，当墙面被污染之后，可以进行擦洗。本品性能稳定，不与酸、碱物质发生化学反应，具有很好的耐酸碱性能。本品采用了附着力极强的钛白粉，具有很好的结合力，其中的颜料对光的折射率高，见光不分解，抗光性能好，可以保持持久不褪色、不变色。其流平性好，滑度大，涂刷比较方便。其适用温度区间大，可以用于不同气候的地区，对空气无污染，对人体健康不会带来不利的影响。

实例12　聚氨酯树脂涂料

1. 改性聚酯树脂

【原料配比】

原料	配比(质量份)	
	1#	2#
800#聚酯(含OH 11.8%～20%)	10	20
E51环氧树脂(相对分子质量180～200，环氧值0.48～0.54)	45	—
E44环氧树脂(相对分子质量210～240，环氧值0.41～0.47)	—	30
环氧丙烷苄基醚	15	3
邻苯二甲酸二辛酯	15	10
一缩乙二醇	7	5

续表

原　料	配比(质量份)	
	1#	2#
乙二醇	3	3
三羟基甲基丙烷	5	2
260 溶剂	—	27

【制备方法】 将配方中各组分混合,制成改性聚酯树脂,1#产物含有不挥发物 100%(质量分数),黏度为 500mPa·s。2#产物含有不挥发物 70%(质量分数),黏度为 300mPa·s。

2. 乙组分加成物

【原料配比】

原　料	配比(质量份)	
	1#	2#
多亚甲基多苯基多异氰酸酯(NCO 含量 30% ~ 32%)	60	45
N220 聚醚[相对分子质量 2000 ± 100,羟值(56 ± 4)mgKOH/g]	20	—
N204 聚醚[相对分子质量 400 ± 40,羟值(280 ± 20)mgKOH/g]	—	15
N330 聚醚[相对分子质量 3000 ± 200,羟值(56 ± 4)mgKOH/g]	—	5
3050 聚醚[相对分子质量 3000 ± 200,羟值(56 ± 4)mgKOH/g]	10	—
邻苯二甲酸二丁酯	10	5
260 溶剂	—	16
丙二醇单甲醚	—	7
乙二醇丁醚	—	7

【制备方法】　配方 1#的制备:将多亚甲基多苯基多异氰酸酯(NCO 含量 30%～32%)加入反应锅内,升温至 50～60℃,开始滴加 N220 聚醚、3050 聚醚、邻苯二甲酸二丁酯,2h 滴完后,升温至 75～80℃,保温反应 6h,冷却后即得加成物,产物黏度为 600mPa·s。

配方 2#的制备:将多亚甲基多苯基多异氰酸酯加入反应锅内,升温至 50～60℃开始滴加 N204 聚醚、N330 聚醚、邻苯二甲酸二丁酯及 260 溶剂、丙二醇单甲醚、乙二醇丁醚,2.5h 滴完后,升温至 75～80℃,保温反应 8h,冷却后即得加成物,产物黏度为 500mPa·s。

3. 聚氨酯树脂涂料

【原料配比】

原　料	配比(质量份)	
	1#	2#
1#改性聚酯树脂	45	—
2#改性聚酯树脂	—	35
酞菁绿	8	—
氧化铁黄	6.5	3
氧化铁红	—	15
云母粉	15	10
沉淀硫酸钡粉	15	10
超细滑石粉	5	8
分散剂	1.5	1
流平剂	2	1
消泡剂	1	0.5
偶联剂 560#	1	0.5
260 溶剂	—	16
乙组分加成物	100	—

【制备方法】　将除乙组分加成物以外的所有原料混合,在 1200r/min 的转速下分散 30min,进入三辊碾磨机研磨,细度≤70μm,即得

甲组分色浆料,然后将甲组色浆料与乙组分加成物按质量1∶1的比例分别进行包装,即得双组分装的聚氨酯树脂涂料,涂料固体含量为80% ~100%,粘接强度为2.0MPa。

甲组分与乙组分的质量比是1∶1。

【产品应用】 聚氨酯树脂涂料是一种具有毒性低、施工涂装方便、涂膜坚韧、耐磨、黏结力强、抗渗透性好及抗蚀性能优异的涂料,适用于污水工程混凝土内壁的防腐蚀,也适用于石油化工、电力、冶金、轻工等行业混凝土内外壁的防护与装饰。

【产品特性】 由于本涂料中含有的聚氨酯树脂是通过由多亚甲基多苯基多异氰酸酯与多元醇聚醚聚合反应生成的加成物与通过环氧树脂等改性的聚酯树脂交联反应生成,提高了交联密度,形成了立体网状结构,从而提高了聚氨酯涂料的抗蚀性、耐磨性、黏结强度及渗透性,且涂料毒性低,施工安全,可在常温或低温条件下成膜,适用于污水工程混凝土内壁的防腐蚀涂料。本聚氨酯树脂涂料在生产过程中,由于第一步和第二步都无副产物产生,无须后处理,因此工艺方法简便,节约能源,成本低。

实例13 低光耐候粉末涂料

【原料配比】

(1)聚酯树脂。

原　　料	配比(质量份)			
	聚酯树脂A		聚酯树脂B	
	A－Ⅰ	A－Ⅱ	B－Ⅲ	B－Ⅳ
新戊二醇	22	22	22	22
2－甲基－1,3－丙二醇	3	2	1	—
1,4－环己烷二甲醇	1	1	0.5	0.5
1,6－己二醇	—	3.5	—	1
三羟甲基丙烷	0.5	0.5	1	1
对苯二甲酸	29	30.5	30	30

续表

原　　料	配比(质量份)			
	聚酯树脂 A		聚酯树脂 B	
	A－Ⅰ	A－Ⅱ	B－Ⅲ	B－Ⅳ
间苯二甲酸	7	6	4.5	5.5
己二酸	1	0.5	1.5	0.5
二丁基锡氧化物	75	75	75	75
间苯二甲酸	5.8	5	5.5	5.5
偏苯三甲酸酐	—	—	1.5	1.5

(2)低光耐候粉末涂料。

原　　料	配比(质量份)			
	A－Ⅰ	A－Ⅱ	B－Ⅲ	B－Ⅳ
聚酯树脂 A－Ⅰ	540	—	—	—
聚酯树脂 A－Ⅱ	—	540	—	—
聚酯树脂 B－Ⅲ	—	—	540	—
聚酯树脂 B－Ⅳ	—	—	—	540
TGIC	25	25	60	60
钛白粉	150	150	150	150
硫酸钡	250	250	250	250
PV88	7	7	7	7
安息香	3	3	3	3

【制备方法】

(1)聚酯树脂 A 通过以下步骤制备:

①在备有搅拌器和蒸馏柱的反应釜中,开动搅拌器,按配比加入新戊二醇、2－甲基－1,3－丙二醇、1,4－环己烷二甲醇、1,6－己二醇、三羧甲基丙烷,升温至 160℃直至物料熔化。

②然后依次加入对苯二甲酸、0～60%的间苯二甲酸、己二酸和二

丁基锡氧化物,通氮气继续升温。

③分阶段逐渐升温至230~250℃,期间控制蒸馏柱温度不超过105℃,当排出95%的酯化水,物料清晰后,取样测定酸值达到10~18mgKOH/g时,降温10~20℃,加入剩余的间苯二甲酸。

④然后逐步升温至230~250℃继续进行反应,当物料清晰后,取样测定酸值达到30~40mgKOH/g时,进行抽真空,时间2~5h,控制最后合成的聚酯树脂在以下范围即可停止反应:酸值16~26mgKOH/g,羟值<5mgKOH/g,玻璃化温度50~70℃,软化点105~120℃,200℃熔体黏度(ICI锥平板黏度计)4000~8000mPa·s。

(2)聚酯树脂B通过以下步骤制备获得:

①在备有搅拌器和蒸馏柱的反应釜中,开动搅拌器,按配比加入新戊二醇、2-甲基-1,3-丙二醇、1,4-环己烷二甲醇、1,6-己二醇、三羧甲基丙烷,加热升温至160℃直至物料熔化。

②然后依次加入对苯二甲酸、0~60%的间苯二甲酸、己二酸和二丁基锡氧化物,通氮气继续升温。

③分阶段逐渐升温至230~250℃,期间控制蒸馏柱温度不超过105℃,当排出95%的酯化水,物料清晰后,取样测定酸值达到10~18mgKOH/g时,降温10~20℃,加入剩余的间苯二甲酸和偏苯三甲酸酐。

④然后逐步升温至230~250℃继续进行反应,当物料清晰后,取样测定酸值达到60~70mgKOH/g时,进行抽真空,时间2~5h,控制最后合成的聚酯树脂在以下范围即可停止反应:酸值46~56mgKOH/g,羟值<5mgKOH/g,玻璃化温度50~70℃,软化点100~115℃,200℃熔体黏度(ICI锥平板黏度计)2500~6500mPa·s。

(3)利用上述聚酯树脂A和B制备低光耐候粉末涂料,包括以下步骤:

①将聚酯树脂A和B分别与其余各组分混合均匀后,用双螺杆挤出机熔融挤出、压片、破碎,分别得片料A和片料B。

②将片料A和片料B按(1:9)~(9:1)的质量比混合、粉碎过筛制成粉末涂料,或者将过筛后的粉末A与粉末B按(1:9)~(9:1)的

质量比混合均匀制成粉末涂料。

【产品应用】 本品为一种低光耐候粉末涂料。

【产品特性】 本品提供的聚酯树脂A和B具有玻璃化转变温度高、粉末的储存稳定性好、涂膜耐候性和力学性能优异的特点，聚酯树脂A和B通过双组分粉末干混法，无须加入消光蜡就可以制备出性能优异，成本低廉的光泽范围为15%～40%的低光耐候粉末涂料。

实例14　水性纳米外墙涂料

【原料配比】

原　　料	配比(质量份)			
	1#	2#	3#	4#
丙烯酸/纳米材料复合乳液	216	310	250	200
钛白粉	70	70	70	150
滑石粉	50	30	35	50
膨润土	20	—	—	—
消泡剂	1	1	1	1
润湿剂	1	1	1	1
分散剂	2	2	2	2
硫酸钡	—	20	—	—
氧化铁红	—	10	—	—
氧化锌	—	—	10	—
重质碳酸钙	—	—	30	—
硅灰石	—	—	30	—
高龄土	—	—	20	—
硅酸铝	—	—	5	—
重晶石粉	—	—	—	20
水①	100	130	175	70

其中丙烯酸/纳米材料复合乳液配比为:

原　料	配比(质量份)			
	1#	2#	3#	4#
纳米二氧化硅	50	—	—	—
纳米二氧化钛	—	—	12	—
纳米二氧化锡	—	—	—	2
纳米碳酸钙	—	—	—	1
纳米氧化铁	—	10	—	—
纳米氧化锌	—	5	—	—
丙烯酸酯类单体	—	150	—	50
丙烯酸乳液(固含量45%)	150	—	—	—
丙烯酸乳液(固含量55%)	—	—	100	—
分散剂	1	—	5	3
乳化剂	—	7	—	—
水②	50	150	50	110

【制备方法】

(1)配方1#的制备方法:称取纳米二氧化硅,加入水②和分散剂,高速搅拌30min,球磨5h,加入丙烯酸乳液混合搅拌分散1h,得47%的丙烯酸/纳米二氧化硅复合乳液。

称取水①、钛白粉、滑石粉、膨润土、消泡剂、润湿剂、分散剂,高速搅拌1h,加入丙烯酸/纳米二氧化硅复合乳液,低速分散0.5h,过滤,包装,即得水性高耐候性纳米外墙涂料。

(2)配方2#的制备方法:称取纳米氧化铁、纳米氧化锌,加水②,丙烯酸酯类单体,乳化剂,混合后高速分散3h,采用原位聚合法制备53.4%的丙烯酸/纳米材料复合乳液。

称取水①、钛白粉、滑石粉、硫酸钡、氧化铁红、消泡剂、润湿剂、分散剂,高速搅拌,砂磨1h,加入丙烯酸/纳米材料复合乳液,低速分散1h,过滤,包装,得水性高耐候性纳米外墙涂料。

(3)配方3#的制备方法:称取纳米二氧化钛,加入水②,分散剂,在高速搅拌下球磨7h，制备出纳米浆料，加入丙烯酸乳液后慢速搅拌分散1h，得40%的丙烯酸/纳米材料复合乳液。

称取水①、钛白粉、氧化锌、重质碳酸钙、硅灰石、高岭土、滑石粉、硅酸铝、消泡剂、润湿剂、分散剂，高速搅拌、砂磨3h，加入上述丙烯酸/纳米材料复合乳液，低速分散0.5h，过滤，包装，即得水性高耐候性纳米外墙涂料。

配方4#的制备方法：称取纳米二氧化锡，纳米碳酸钙，加水②50份和分散剂混合，超声分散3h，高速搅拌分散4h，加入丙烯酸酯类单体、水②60份，采用原位聚合法制备32%的丙烯酸/纳米材料复合乳液。

称取水①、钛白粉、滑石粉、重晶石粉、消泡剂、润湿剂、分散剂，高速搅拌2h，加入上述丙烯酸酯/纳米材料复合乳液，低速分散0.5h，过滤，包装，即得水性高耐候性纳米外墙涂料。

【注意事项】　水性高耐候性纳米外墙涂料各组分组成及质量百分比为：丙烯酸类乳液占涂料总量的70%～30%，无机纳米粉体为丙烯酸类乳液量的1%～20%，无机颜填料用量占涂料总量的70%～30%，涂料中其他常用助剂如分散剂、增稠剂、成膜助剂、消泡剂等分别按颜填料和乳液质量的0.5%～5.0%，涂料中水的含量可视涂料施工性和固体含量适当增加，涂料的颜色可按要求调色。

无机纳米粉体，如纳米二氧化硅、纳米二氧化钛、纳米二氧化锡、纳米碳酸钙、纳米氧化锌等无机物中的一种或两种以上的混合物，无机纳米粉体的粒径是1～100nm。

上述丙烯酸类乳液是由（甲基）丙烯酸酯类单体、乙烯基芳香族化合物、含硅功能单体、醋酸乙烯酯中两种或两种以上单体通过乳液聚合而成。例如传统的苯丙乳液、纯丙乳液、硅丙乳液、醋丙乳液等。

上述的无机颜填料可以是滑石粉、石英粉、硅灰石、碳酸钙、二氧化钛、氧化锌、锌钡白常规颜填料中的一种或几种。其他颜料可根据颜色需要酌情添加。

采用的助剂是乳胶涂料常规助剂，如成膜助剂、分散剂、流平剂、增稠剂、润湿剂等。

【产品应用】　本品用作建筑外墙涂料。

【产品特性】

(1)本技术采用剪切分散搅拌法、超声分散法、球磨分散法、剪切分散原位聚合法、超场分散原位聚合法、球磨分散原位聚合法中的一种或一种以上方法制备丙烯酸/纳米复合乳液,乳液稳定性好,纳米分散较均匀,纳米粒径基本上可达到1~100nm,纳米复合乳液放置3个月无沉降,乳液力学性能提高。

(2)采用本方法制备的水性高耐候性纳米外墙涂料耐人工加速老化时间可达1000h以上,其他物理化学性能均达到或超过国家外墙涂料标准。

实例15　多功能环保纳米涂料

【原料配比】

原　料	配比(质量份)
去离子水	12
分散剂	1.2
润湿剂	0.4
流变剂	2.3
消泡剂	0.05
滑石粉	2
超细碳酸钙	8
钛白粉	14
甲基丙烯酸—丙烯酸丁酯—苯乙烯—甲基丙烯酸甲酯四元共聚乳液	50
增稠剂	0.4
色浆	1.6
纳米碳酸钙	2.5
纳米二氧化钛	2
纳米氧化锌	1.5
纳米二氧化硅	2

【制备方法】　将去离子水、分散剂、润湿剂、流平剂、部分消泡剂等助剂加入分散机中，开启分散机，然后依次将超细滑石粉和超细碳酸钙以及钛白粉缓慢加入分散机中，高速分散30min后，用泵将分散机中的物料送入研磨机中研磨，从研磨机中流出的物料进入中间储罐，如进入中间储罐内的物料达不到所需的要求，则用泵将其送入研磨机中再次研磨，直到达到所需要求。

将甲基丙烯酸—丙烯酸丁酯—苯乙烯—甲基丙烯酸甲酯四元共聚乳液和增稠剂、色浆以及余下消泡剂加入调配罐中，开启调配罐的搅拌，在搅拌的条件下，向调配罐中依次缓慢加入纳米二氧化钛、纳米氧化锌、纳米二氧化硅和纳米碳酸钙，搅拌30min，用泵将中间储罐内的物料缓慢加入调配罐中，继续搅拌30min，然后取样测试，如果合格即可出料包装。

【产品应用】　本产品是一种多功能绿色环保型纳米涂料。该涂料不但可以用于各种墙体的装饰而且还可以用于金属材料的表面防腐处理。

【产品特性】　本产品中甲基丙烯酸、丙烯酸丁酯、苯乙烯和甲基丙烯酸甲酯四元共聚乳液具有优异的成膜效果，可以使其涂料的涂层具有防水、耐划伤的效果，四种纳米材料的配合使用，使其涂层具有优良的亲水性、光催化性、防水性、耐沾污性、耐老化性以及防霉性和良好的施工性能。

实例16　高耐候水性纳米涂料

【原料配比】

原　料	配比(质量份)		
	1#	2#	3#
水	130	150	140
乙基羟乙基纤维素	0.6	0.4	0.5
二异丁基磺基丁二酸钠	6	4.6	3
环氧乙烯烷基酚醚	2	3	4

续表

<table>
<tr><th rowspan="2" colspan="2">原　料</th><th colspan="3">配比(质量份)</th></tr>
<tr><th>1#</th><th>2#</th><th>3#</th></tr>
<tr><td colspan="2">四氯间苯二腈</td><td>7</td><td>6</td><td>8</td></tr>
<tr><td colspan="2">甲基硅油</td><td>1</td><td>1</td><td>1</td></tr>
<tr><td colspan="2">丙二醇</td><td>15</td><td>25</td><td>20</td></tr>
<tr><td colspan="2">2,2,4-三甲基-1,3-戊二醇单异丁酸酯</td><td>4</td><td>3</td><td>5</td></tr>
<tr><td colspan="2">钛白粉</td><td>150</td><td>170</td><td>160</td></tr>
<tr><td colspan="2">碳酸钙</td><td>260</td><td>250</td><td>270</td></tr>
<tr><td colspan="2">弹性纯丙烯酸酯乳液</td><td>320</td><td>330</td><td>310</td></tr>
<tr><td colspan="2">纯丙烯酸酯乳液</td><td>31</td><td>32</td><td>33</td></tr>
<tr><td colspan="2">苯丙乳液</td><td>17</td><td>17</td><td>19</td></tr>
<tr><td colspan="2">甲基硅油</td><td>1.2</td><td>1.2</td><td>1.2</td></tr>
<tr><td colspan="2">疏水改性聚氨酯缔合型增稠剂</td><td>17</td><td>18</td><td>17</td></tr>
<tr><td colspan="2">2-氨基-2-甲基-1-丙醇</td><td>1.5</td><td>1.0</td><td>0.5</td></tr>
<tr><td colspan="2">纳米二氧化钛助剂</td><td>20</td><td>20</td><td>15</td></tr>
<tr><td rowspan="6">纳米二氧化钛助剂</td><td>纳米二氧化钛(10nm)</td><td>400</td><td>—</td><td>—</td></tr>
<tr><td>纳米二氧化钛(15nm)</td><td>—</td><td>200</td><td>—</td></tr>
<tr><td>纳米二氧化钛(20nm)</td><td>—</td><td>—</td><td>300</td></tr>
<tr><td>聚丙烯酸铵盐</td><td>50</td><td>55</td><td>60</td></tr>
<tr><td>2-氨基-2甲基-1-丙醇</td><td>18</td><td>20</td><td>16</td></tr>
<tr><td>丙二醇</td><td>60</td><td>40</td><td>50</td></tr>
</table>

【制备方法】

(1)在分散罐中加入水,然后在分散机转数为400~500r/min下加入乙基羟乙基纤维素,搅拌至全部溶解,依次加入二异丁基磺基丁二酸钠、环氧乙烯烷基酚醚、四氯间苯二腈、甲基硅油、丙二醇,将转速调至600r/min,使水与各组分均匀混合,边搅拌边加入2,2,4-三甲基-1,3-戊二醇单异丁酸酯、钛白粉、碳酸钙在转数为1200~1500r/min下搅拌20min,进入砂磨机,制成白色均匀的浆状体。

(2)将上述的白色料浆泵入调配罐中,低速搅拌下加入弹性纯丙烯酸酯乳液、纯丙烯酸酯乳液、苯丙乳液、甲基硅油、疏水改性聚氨酯缔合型增稠剂、2-氨基-2-甲基-1-丙醇,最后加入纳米二氧化钛助剂分散20min,pH值调至8~9的范围。即得该涂料。

【注意事项】 本品中的乙基羟乙基纤维素中葡萄糖酐单元为5;环氧乙烯烷基酚醚每摩尔环氧乙烯数为9.3,HLB值为13;碳酸钙粒度为1250目;改性聚氨酯增稠剂是二氨基甲酸乙酯和二甘醇异丁醚按4:1配制混合物。

【产品应用】 用作建筑外墙涂料。可通过喷、刷、辊等多种方式施工。

【产品特性】 该涂料对紫外线可进行吸收、散射,具有较强的抗老化性能。且不褪色、不脱落、无裂缝,整体装饰效果好。

实例17　纳米改性抗老化涂料

【原料配比】

原料		配比(质量份)		
		1#	2#	3#
丙烯酸酯类物	纯丙乳液	43.35	—	—
	苯丙乳液	—	35.5	—
	醋丙乳液	—	—	34.6
溶剂	乙二醇	7.33	—	—
	丙二醇	—	7.1	7.5
填料	钛白粉	24.38	26.63	25.12
	沉淀硫酸钡	3.5	—	—
	重质碳酸钙	—	7.82	—
	滑石粉	—	—	6.78

续表

原料		配比(质量份)		
		1#	2#	3#
纳米复合材料	纳米二氧化钛	0.8	1.0	1.2
	纳米二氧化硅	0.8	1.0	1.2
	纳米二氧化铈	0.4	0.5	0.6
助剂		7.9	9.0	8.5
水		11.54	11.45	14.5

【制备方法】

(1)将纳米二氧化钛进行硅、铝包膜处理。

①将水玻璃加入二氧化钛的浆液中,用酸中和,生成的硅酸包覆在二氧化钛表面,形成一层均匀无定形的氧化硅水合物表皮状膜。

②将硫酸铝与氢氧化钠中和,生成的氧化铝水合物以沉淀形式均匀地包覆在二氧化钛表面,形成一层膜。

(2)称取平均粒径为15~20nm的纳米复合材料0.5~5份,其中纳米二氧化硅0.5~2份,经上述包膜处理过的纳米二氧化钛0.5~2份,纳米二氧化铈0.5~1份。

(3)将上述称量的纳米复合材料与水、溶剂10~20份、助剂3.0~4.0份混合均匀,并在研磨机中进行预分散处理,制成纳米复合材料的预分散体。

(4)称取填料18~40份、助剂1.0~1.5份,加入上述预分散体中进行搅拌、研磨处理,制成涂料半成品。

(5)称取丙烯酸酯类物20~40份、助剂3.0~3.5份,加入上述涂料半成品中充分搅拌均匀,即可得到涂料成品。

【注意事项】 纳米二氧化硅对涂料抗老化性的提高有一定的作用,但添加纳米二氧化硅量太少时,不能得到满意的抗老化效果;而添加量稍多时,又易导致涂料成膜速度过快,从而使涂膜开裂或易粉化,反而降低了涂料的抗老化性能。因此,采用纳米二氧化硅、纳米二氧化钛和纳米二氧化铈三种纳米材料,将它们进行适当的表面处理和复合后，以适当的配比添加到涂料中发挥它们的协同抗紫外线作用，可大大提高涂料的抗老化性能和综合性能指标。

其中丙烯酸酯类物为丙烯酸酯或甲基丙烯酸酯的均聚物和与其他烯类单体的共聚物，纳米复合材料为二氧化硅、二氧化钛和二氧化铈中至少一种。

溶剂为水、乙二醇和/或丙二醇等。填料为钛白粉、滑石粉、重质碳酸钙、轻质碳酸钙、沉淀硫酸钡和/或立德粉中的至少一种。

助剂包括分散剂、润湿剂、消泡剂、增稠剂、成膜助剂和防腐剂等，这些助剂采用涂料领域常规产品，可以配合使用。

【产品应用】 本品用作建筑涂料。

【产品特性】

(1)在不改变原有涂料生产工艺的前提下，通过添加少量的无机纳米复合粉体材料，充分发挥它们的协同抗紫外作用，制备出具有高抗老化性能的涂料，所制备出的改性涂料，其抗老化指标较不含无机纳米复合材料的涂料提高了50%～120%。

(2)涂料的其他性能如耐洗刷性能、耐水性、抗沾污性等较不含无机纳米复合材料的涂料提高了1～5倍。

(3)使用无机纳米复合材料代替了原来的有机抗紫外线吸收剂，减少涂料配方中的环境污染因素，因而具有积极的环保效果。

实例18　仿石建筑涂料

【原料配比】

原料	配比(质量份)							
	1#	2#	3#	4#	5#	6#	7#	8#
含2.5%PVA的苯丙乳液	50	—	—	—	50	—	—	—
含5%PVA的苯丙乳液	—	—	—	—	—	—	—	10
含5%PVA的聚醋酸乙烯乳液	—	30	—	—	—	—	—	—
含2.5%PVA的聚醋酸乙烯乳液	—	—	—	50	—	—	—	—

续表

原　料	配比(质量份)							
	1#	2#	3#	4#	5#	6#	7#	8#
含1%PVA的聚醋酸乙烯乳液	—	—	—	—	—	—	40	
含2.5%PVA的乙基丙烯酸乳液	—	—	45	—	—	—	—	—
含2.5%PVA的丙烯酸乳液	—	—	—	—	—	30	—	—
轻质碳酸钙	0.01	15	10	1	5	10	0.03	1
重质碳酸钙(双飞粉)	30.99	40	20	27	25	30	24.97	39
钛白粉	10	5	15	—	—	—	20	20
滑石粉	9	10	10	12	5	5	10	15
硅钙粉	—	—	10	—	5	5	5	10
立德粉	—	—	—	10	10	20	—	—

【制备方法】 首先选取丙烯酸酯、纯丙烯酸、苯丙烯酸、乙基丙烯酸、聚醋酸乙烯、醋酸乙烯乳液中的一种，加入1%～5%(乳液质量分数)的聚乙烯醇，充分混合，按涂料总质量的比例在上述制得的乳液加入轻质碳酸钙粉、重碳酸钙粉、滑石粉等石粉，常温下搅匀，装桶备用。

【注意事项】 仿石建筑涂料由合成树脂和石粉组成，其中，合成树脂是选自丙烯酸酯、丙烯酸、苯丙烯酸、乙基丙烯酸、聚醋酸乙烯乳液中的一种，占涂料总量的10%～50%；石粉是轻质碳酸钙粉0.01%～15%，立德粉0～20%，硅钙粉0～10%，上述石粉的比例均为占涂料的质量分数。

其中，合成树脂中含有1%～5%(以乳液总量计)的聚乙烯醇。

上述合成树脂的最佳含量为30%～50%，轻质碳酸钙粉最佳含量为0.01%～5%。

石粉的粒度范围为325～800目，最佳范围为600～800目。

上述组分中，作为合成树脂的丙烯酸酯、纯丙烯酸、苯丙烯酸、乙基丙烯酸、聚醋酸乙烯乳液能增加涂料的黏度，增强附着力，使涂料不易脱落；其次，能增加涂料的硬度，保持涂料的良好性能；另外，还具有防水的作用。

其中的聚乙烯醇含有羟基，具有亲水性，在涂料保存过程中能吸收水分，使涂料在保存期内得到湿润，施工时也能起润滑作用。

钛白粉和立德粉在涂料中起增白、增强颜色鲜艳的作用，视成本需要可以使用一种或两种都用；轻质碳酸钙在本涂料中将乳液和水分大量吸收，定型为膏状；硅钙粉能起增硬的作用适合做外墙涂料时使用；重质碳酸钙粉具有天然石粉的颜色，可以增强硬度和表现出原来的颜色。上述石粉在涂料中膨胀、交联聚合，能增稠、防止沉淀，保持湿润。

轻质碳酸钙粉是将石灰石加热，在高温过程中膨化磨粉制成的，具有较低的密度和较大的体积，容易吸水。重质碳酸钙粉为普通石头经破碎磨粉而成，具有天然石料的颜色，因此，可以将该涂料制成各种颜色。

【产品应用】　本涂料制成以后是一种膏状体，湿润并有一定的黏度，在建筑施工时可直接在各种墙面上批涂，在水泥面、木质面、金属面或塑料面上均可使用。

本建筑涂料在作为墙面石使用时，将涂料打开包装，在桶内搅匀，取出便可以直接在墙面上批涂，墙面湿度小于 80% 就可批涂，干燥 72h 即形成光滑的石质表面。如在批涂后还不够光滑，可以用细砂纸打磨。本涂料可一次成型，无须对墙面做其他处理，硬度就可达到墙面所需的石质要求。施工时间可缩短 60% 以上，工时费用减少 50% 以上。

【产品特性】　本涂料坚硬，耐磨，防水，具有墙面石特性，并能依据所用不同石料选择天然颜色，涂覆一遍便可达到要求，施工简便易得。

实例19 保温性能良好的建筑外墙涂料

【原料配比】

原　料	配比(质量份)
聚乙烯醇	20
膨胀珍珠岩	20
硅酸铝粉	2
贝壳粉	2
甲基纤维素	2
玻璃微珠	2
玻璃纤维	3
纳米二氧化硅	3
丙烯酸黏合剂	20
消泡剂	0.1

【制备方法】 先将聚乙烯醇、膨胀珍珠岩、硅酸铝粉、贝壳粉、甲基纤维素、玻璃微珠、玻璃纤维、纳米二氧化硅、丙烯酸黏合剂和水在容器中混合，升温直至容器内的物质全部溶解，再加入消泡剂和水消掉气泡，一直到容器内的胶清澈透明为止，冷却后放在专用的容器内，就可以配填料碳酸钙和抗菌剂榆树皮纤维进行涂刮作业。

【产品应用】 本品主要应用于墙体外表面涂装，达到装饰效果并防止水、空气、微生物和腐蚀性物质的侵蚀，其由基料、助剂和填料构成。

【产品特性】 本品通过硅酸盐、纳米硅粉与有机硅经加温反应后形成的甲基硅氧高聚物，涂覆在水泥墙体刚性表面形成化学键结合，其牢固度远胜于常规涂料的物理覆盖；涂料中还采用了膨胀珍珠岩作为保温基料，具有防水保温性好、不起泡、不龟裂、附着力好的特点。

实例20　不用胶水或胶粉的环保型仿瓷涂料

【原料配比】

原　料	配比(质量份)
水	150
重质石粉(400 目)	720
灰钙粉	250
羟乙基甲基纤维素	5
防霉剂	1
脂肪酸钠盐和泡花碱混合物	1.5

【制备方法】　按顺序或不按先后顺序将各种材料投入搅拌缸中,充分搅拌至分散均匀,达到成品所需要求,罐装即可出品。

【注意事项】　本品所述的脂肪酸钠盐和泡花碱混合物用 20 份的水混合,其中,脂肪酸钠盐和泡花碱混合物,两者的混合质量比优选为 1:1。

所述的羟乙基甲基纤维素用 220 份的水混合,羟乙基甲基纤维素的动力黏度为 100000 ~ 150000Pa · s。

【产品应用】　本品主要应用于建筑工程外墙或内墙或天花板的喷涂,质地坚硬,稳定性高,储藏性久,可耐水耐湿。

【产品特性】　本品制作成本低,稳定性高,储藏性久,耐水耐湿,质地坚硬,施工容易,并且所添加的脂肪酸钠盐和泡花碱混合物可起到极好的乳化效果,增加润滑性,施工简便,涂料硬度增强,可防沉降,储存时间长,大幅提高仿瓷涂料的稳定性和耐水性,形成的漆膜表面柔滑如瓷器。

实例21 彩色砂浆涂料

【原料配比】

原 料	配比(质量份)	
	1#	2#
水泥	22	24
灰钙	8	10
石英砂	55	58
重质碳酸钙	15	15
硅微粉	8	10
醋酸乙烯酯—乙烯—丙烯酸三元共聚胶粉	4	3
有机硅憎水剂	0.3	0.35
触变润滑剂602(南京中旭化工有限公司)	0.4	0.4
羟丙基纤维素醚	0.3	0.25
氧化铁无机颜料	4	3
水	39	42

【制备方法】 将水以外的各原料组分按质量份比进行混合,然后按3:1的质量比与水进行混合充分搅拌均匀,待其静置10 min再略作搅拌即可。

【产品应用】 本品主要应用于各类公共建筑结构,如体育场馆、医院、办公楼及各种高档公寓、别墅等内外墙体的装饰装修,也特别适用于外墙外保温系统。

施工方法:

(1)底层施工:用刷涂法或滚涂法上底涂一道,用量为8~10m^2/kg。

(2)中层施工:用刷涂法或滚涂法上中涂一道,用量为4m^2/kg。

(3)面层施工:

①刮板法:用刷子在约1m^2的墙面上均匀地涂上面涂,然后采用刮板任意选用不同边缘,轻轻刮涂料。刮板与施工表面角度要小,落

手、收手要快。为避免表面痕迹，建议在墙面上按图顺序施工。面涂用量为 6 ~ 8m^2/kg。当完成 1m^2 的花纹后，再开始下 1m^2 的涂刷施工，直至全部完成为止。

②刷涂法：用刷子在约 1m^2 墙面上均匀地涂上面涂，然后按照规定的图形用刷子涂刷，注意刷子在刷花纹时轻重要适当、落手、收手要快。

③滚涂法：与刮板法和刷涂法一样，先把稀释的面涂均匀地涂在墙面上，之后，采用滚筒，由下而上进行垂直方向滚涂。滚涂时用力要均匀，走线要长，不能来回滚涂。

④印章法：先把稀释的面涂均匀地涂在墙面上，将做好的海绵花在涂刷好的墙面上粘下，又提起，多次重复动作；注意粘下时海绵不能旋转，花纹与花纹之间不能有空隙及拉毛感；其中，海绵花的做法是将海绵用水稍微湿润，将其二层或多层交叉叠起，再从中心绑住，根据要求做成适当的花型，在面涂上进行印花。

【产品特性】

(1)由于本品将带有色彩的砂浆直接用作外墙面的罩面层砂浆，可以批刮，也可以喷涂，结合了常规砂壁状涂料和乳胶漆的优点，既能做出砂壁状涂料的质感，又能体现乳胶漆的色彩，可进行各种具有创意的艺术造型，充分发挥想象力。

(2)由于本品是用纯无机矿物质材料配制而成，具有很好的憎水性、透气性、黏结性、柔韧性及优良的耐沾污能力，颜色保色周期特长，保证 10 年以上的使用寿命，罩面层面也防止了砂浆罩面层的龟裂。

(3)与有机涂料相比，本品一次施工成型，高品质，低价位，与传统的外墙涂料比较，成本大约将降低 50%；不仅施工简便、快捷，同时还具有十分优异的长期稳定性。

(4)环保性高，由于所有原料均采用非挥发性的化学物质，为一种综合性环保绿色产品。

实例22 超耐候碱粉煤灰矿渣双组分外墙无机涂料

【原料配比】

原料		配比(质量份)	
		1#	2#
基料	钠水玻璃(体积份)	50	50
	水(体积份)	50	50
填料	高铝水泥	46	—
	矿渣	25	36
	粉煤灰	—	43
	钛白粉	10	—
	颜料	3	5
	滑石粉	10	10
	可再分散乳胶粉	5	6
	羟乙基纤维素	0.4	0.4
	萘系减水剂	0.55	0.55
	粉状消泡剂	0.05	0.05
	基料(体积份):填料(质量份)	1:1	1:1

【制备方法】

(1)基料加工是将钠水玻璃和水在容器中混合搅拌,搅拌时间为5~10min。

(2)填料的加工是对按比例配制好的填料进行混合磨细,使填料的细度比表面积≥500m²/kg。

(3)将基料和填料分别包装,得到双组分外墙无机涂料。

【注意事项】 本品选用以钠水玻璃和水作基料,以粉煤灰、高铝水泥、矿渣、钛白粉、颜料、滑石粉、可再分散乳胶粉、羟乙基纤维素、萘系减水剂、粉状消泡剂为填料。

基料配方为:钠水玻璃:水=1:1(体积比);填料配方为(%):粉煤灰或矿渣或粉煤灰与矿渣复合或与其他硅铝质材料复合25~80;高

铝水泥 0~50；钛白粉 0~10；滑石粉 5~15；颜料 3~5；可再分散乳胶粉 4~6；羟乙基纤维素 0.4~0.6；萘系减水剂 0.5~0.8；粉状消泡剂 0.05~0.1。

使用时，涂料的基料与填料的混合配比为：基料（体积份）：填料（质量份）=（1~1.5）：1。

【产品应用】 本品主要用于建筑外墙涂料。

【产品特性】 本品改变了常规涂料由基料成膜的模式，用基料和填料反应生成的新矿物作为涂料的成膜物质这一新技术路线，涂膜保留了新生成矿物的优点，对其缺陷则通过三次改性使涂料拥有优良的性能和较充足的涂膜可操作时间，柔韧的涂膜。用工业废料制造出具有优良性能又具有充足的涂刷可操作时间，柔韧性好的外墙无机建筑涂料。

实例23　超耐候聚酯粉末涂料

【原料配比】

原　　料	配比（质量份）
端羧基聚酯树脂	60.5
异氰脲酸三缩水甘油酯（TGIC）	4.5
金红石钛白粉	18
沉淀硫酸钡	12
流平剂	2.0
分散剂	1.0
除气剂	0.5
松散剂	0.02
紫外光吸收剂	0.5
抗氧化剂	0.5
促进剂	0.2

【制备方法】

（1）按配方称量原材料。

(2)用高速混合机预混合。

(3)用挤出机熔融挤出混合,熔融混炼温度为120℃左右。

(4)压片冷却和破碎。

(5)主要应用于建筑材料领域。

(6)用振动筛过筛分离。

【产品应用】 本品是超耐候聚酯粉末涂料。

【产品特性】 本涂料防紫外线等耐候性能好,与底漆附着力强,在涂装过程中不会造成环境污染和危害施工人员身体健康,并能有效提高涂装效率。

实例24 单组分水性氟碳涂料

【原料配比】

原料	配比(质量份)		
	1#	2#	3#
去离子水	164L	100L	200L
分散剂 SN-5040	5	3	6
润湿剂 CF-10	2	1	3
消泡剂 NXZ	1	2	3
pH 值调节剂 AMP-95	2	1	1.5
丙二醇丁醚	25	10	30
钛白粉 R-706	200	180	230
沉淀硫酸钡	60	50	80
煅烧高岭土	20	20	30
水性氟碳乳液 PF-919	480	400	500
成膜助剂 TEXANOL	30	20	50
消泡剂 CF-246	1	2	3
防腐剂	2	1	3
流平剂 R-212	3	3	7
增稠剂 R-420	4	3	6

【制备方法】

(1)将水加入低速搅拌的搅拌缸中,依次加入分散剂、润湿剂、消泡剂、pH 值调节剂和丙二醇丁醚,维持搅拌 15~20min,使其混合均匀。

(2)在低速搅拌下,向上述浆料中依次加入钛白粉,沉淀硫酸钡和煅烧高岭土,高速分散 40~45min,至浆料细度达到≤30μm。

(3)在低速搅拌下,向浆料中再依次加入水性氟碳乳液、成膜助剂和消泡剂,每加入一种搅拌 5~8min,之后再加入下一种。

(4)在低速搅拌下加入防腐剂,并以流平剂和增稠剂调整产品至合适的黏度,低速搅拌 20~30min 后得到产品。

其中,所述的低速搅拌的转速为 400~600r/min,高速分散的转速为 1200r/min。

【注意事项】 本品所述分散剂可以选自高效型钠盐分散剂 SN-5040 或聚丙烯酸铵盐水性颜料分散剂 1124。其中 SN-5040 是一种高效的颜料分散剂。

所述在其他辅料中,AMP-95 的化学名称为 2-氨基-2-甲基-1-丙醇,在本品中的主要用途是调节 pH 值。所述润湿剂 CF-10 是一种通用型乳胶漆低泡润湿分散剂。所述作为消泡剂的 NXZ 是一种液态金属系消泡剂。所述添加的另一种消泡剂 CF-246 是各种水性体系性能极佳的泡沫控制剂。所述作为成膜助剂的 TEXANOL 的化学名称是 2,2,4-三甲基-1,3-戊二醇单异丁酸酯,具有极佳的成膜效率。

【产品应用】 本品主要是一种建筑用涂料,特别是涉及一种外墙专用的单组分水性氟碳涂料。所述的润湿剂 CF-10 拥有突出的低泡性能、极好的润湿乳化性和极强的分散功能,特别适用于乳胶漆色浆制备和其他水性色料体系。

本品生产工艺与普通乳胶漆生产工艺基本一致,易于操作控制,施工工艺可采用喷涂、刷涂、辊涂等方法,并且对底层施工要求不太高,大大降低了施工工人的劳动强度和时间。

【产品特性】

(1)超长耐候,漆膜长年不会粉化、脱落、变色。

(2)超强抗污,自洁性好,不易被烟尘、胶泥等污物黏附表面。

(3)透气性、防水性好。

(4)施工简便,颜色丰富,质感饱满。

(5)在生产和施工过程中避免了溶剂型氟碳涂料中的大量有机溶剂排放,产品无毒、无环境污染、属绿色环保产品。

本品的单组分水性氟碳涂料具有很好的耐候性和抗脏污性能,施工简单,环保性好,是一种优良的外墙专用涂料。

实例25 弹性外墙保温反射隔热防水涂料

【原料配比】

原 料	配比(质量份)
丙烯酸树脂	30~60
空心玻璃微珠	5~20
金红石钛白粉	5~20
云母粉	1~8
堇青石粉	1~9
防沉剂 ADP-601	0.5~1.5
分散剂 OP-1	0.1~0.5
防水剂甲基硅酸钠	2~10
pH 值调节剂 AMP-95	0.1~1
水性涂料消泡剂 SPA-202	0.5~10
碱溶性增稠剂 AT-70	0.5~1
流平剂 W491	0.3~1
成膜助剂 CZ-12	1.2~6
水	10~30

【制备方法】 在调速分散机中依次加入分散剂 OP-1、防水剂甲基硅酸钠、水性涂料消泡剂 SPA-202、碱溶性增稠剂 AT-70、流平剂 W491、成膜助剂 CZ-12、金红石钛白粉、云母粉、堇青石粉、防沉剂 ADP-601 和水,高速分散 25~35min,研磨 10~20min,然后在慢速搅拌下依次加入丙烯酸树脂、空心玻璃微珠、pH 值调节剂,搅拌均匀,得成品。

【产品应用】 本品主要应用于建筑材料领域。

【产品特性】 本品具有良好的弹性且具有隔热、保温、疏水、自洁的作用,能防止墙面龟裂纹的产生。

实例26　低碳环保型高性能外墙乳胶漆

【原料配比】

原料		配比(质量份)				
		1#	2#	3#	4#	5#
去离子水		14.3	10.3	22.9	25.3	17.4
pH值调节剂10%含量的KOH水溶液		0.2	0.1	0.1	0.3	0.2
分散剂100%含量的钠盐类分散剂		0.5	0.8	0.5	1	0.8
润湿剂100%含量的非离子型润湿剂		0.2	0.2	0.2	0.3	0.1
填料	重质碳酸钙	26	25	22	15	20
	煅烧高岭土	—	7	5	5	15
金红石型钛白粉		20	22	18	25	15
羟乙基纤维素		0.3	0.3	0.2	0.4	0.2
消泡剂		0.4	0.6	0.8	0.8	1
核壳聚合的紫外交联型丙烯酸乳液		35	30	25	20	26
无机硅酸盐及离子型表面活性剂共混物		2	3	4	5	3
缔合型增稠剂		0.6	0.2	0.8	1.6	1
防霉抗菌剂		0.5	0.5	0.5	0.3	0.3

【制备方法】

(1)依次加入9/10去离子水、分散剂、pH值调节剂、润湿剂与3/7的消泡剂,低速搅拌5~10min充分混匀。

(2)向步骤(1)所得混合物中加入金红石型钛白粉、重质碳酸钙或高岭土与羟乙基纤维素,并进行高速分散研磨,制成研磨细度≤45μm的均匀浆料。

(3)在中速搅拌的条件下,向步骤(2)所得浆料中加入核壳聚合的紫外交联型丙烯酸乳液、无机硅酸盐及离子型表面活性剂共混物、缔合型增稠剂、剩余消泡剂、防霉抗菌剂,并搅拌均匀。

(4)向步骤(3)的组合物中补加剩余的去离子水,低速搅拌10min,对混合物进行过滤处理,即为成品。

【产品应用】 本品主要应用于外墙。

【产品特性】 本品通过使用新的防冻剂以及无须添加成膜助剂就可以成膜的乳液,加上其他组分配合,组合而成的涂料无须添加任何挥发性有机化合物,对人体健康没有危害,同时能有效地解决碳排放问题。

实例27 低碳水性花岗岩涂料

【原料配比】

<table>
<tr><th colspan="3" rowspan="2">原 料</th><th colspan="5">配比(质量份)</th></tr>
<tr><th>1#</th><th>2#</th><th>3#</th><th>4#</th><th>5#</th></tr>
<tr><td rowspan="11">A组分</td><td rowspan="2">润湿剂</td><td>X-405(美国陶氏化学)</td><td>0.3</td><td>0.3</td><td>0.3</td><td>—</td><td>—</td></tr>
<tr><td>SNWET-991(日本诺普科化工)</td><td>—</td><td>—</td><td>—</td><td>0.6</td><td>0.6</td></tr>
<tr><td colspan="2">分散剂聚丙烯酸钠</td><td>0.6</td><td>0.6</td><td>0.6</td><td>1</td><td>1</td></tr>
<tr><td rowspan="2">消泡剂</td><td>CF-246有机硅油(英国布莱克本化工)</td><td>0.6</td><td>0.6</td><td>0.6</td><td>—</td><td>—</td></tr>
<tr><td>SN-DEFOAMER399非硅酮有机酯(日本诺普科化工)</td><td>—</td><td>—</td><td>—</td><td>0.3</td><td>0.3</td></tr>
<tr><td colspan="2">杀菌剂HF-I(英国索尔化工)</td><td>0.2</td><td>0.2</td><td>0.2</td><td>0.1</td><td>0.1</td></tr>
<tr><td rowspan="2">增稠剂</td><td>A羟乙基纤维素</td><td>0.4</td><td>0.4</td><td>0.4</td><td>—</td><td>—</td></tr>
<tr><td>A羟丙基纤维素</td><td>—</td><td>—</td><td>—</td><td>0.1</td><td>0.1</td></tr>
<tr><td rowspan="2">粉料</td><td>陶土</td><td>—</td><td>—</td><td>—</td><td>3</td><td>3</td></tr>
<tr><td>蒙脱石黏土</td><td>8</td><td>8</td><td>8</td><td>—</td><td>—</td></tr>
<tr><td colspan="2">水</td><td>30</td><td>30</td><td>30</td><td>20</td><td>20</td></tr>
<tr><td></td><td colspan="2">钛白粉</td><td>10</td><td>10</td><td>10</td><td>15</td><td>15</td></tr>
</table>

续表

原料			配比(质量份)				
			1#	2#	3#	4#	5#
A组分	高岭土		—	—	—	20	20
	重质碳酸钙粉		20	20	20	10	10
	有机硅乳液		19.9	19.9	19.9	29.9	29.9
	水		66	66	66	69	69
B组分	粉料	蒙脱石黏土	30	30	30	—	—
		陶土	—	—	—	30	30
	添加剂	碱金属硫酸盐	4	4	4	—	—
		碱金属焦磷酸盐	—	—	—	1	1
C组分	消泡剂 CF-246 有机硅油		0.5	0.5	0.5	0.2	0.2
	成膜剂 Texanol 酯醇		5	5	5	3	3
	杀菌剂科莱恩 HF-I		0.5	0.5	0.5	0.2	0.2
	防霉剂		0.5	0.5	0.5	0.2	0.2
	丙烯酸乳液		70	70	70	50	50
	水		23.5	23.5	23.5	46.4	46.4
A组分			39	60	60	50	60
B组分			30	24.8	18.8	19.4	24.8
C组分			30	15	20	30	15
增稠剂D	ASE-60(美国罗门哈斯化工)		1	0.2	—	—	—
	TT-935(美国罗门哈斯化工)		—	—	1.2	—	—
	SN-THICKENER 612(日本诺普科化工)		—	—	—	0.6	—
	RM-8W(美国罗门哈斯化工)		—	—	—	—	0.2

【制备方法】

(1)A组分的制备:将A组分中的增稠剂、分散剂、消泡剂、杀菌剂、润湿剂和水搅拌均匀。向上述搅拌均匀所得的物料中边搅拌边依次添加入粉料、钛白粉、高岭土和重质碳酸钙粉,搅拌,分散物料的细度,避免造成物料的堆积。向搅拌均匀所得的物料中边搅拌边添加入乳液,混合的时间控制在5~10min。

(2)B组分的制备:将所述中的粉料、添加剂和水搅拌均匀至团块,混合的时间控制在5~10min。

(3)C组分的制备:成膜剂、消泡剂、杀菌剂、防霉剂、乳液和水搅拌均匀,混合的时间控制在5~10min。

【产品应用】 本品属于化学建材领域,是一种花岗岩石涂料。

【产品特性】

(1)自重轻,不会增加建筑物的负载,可施工于外墙基面而不会有脱落的危险性;非常适合在外保温上的应用。

(2)仿真实感很强,可调配、仿制多种花岗岩,相对无色差。

(3)不受复杂基面的任何限制,都能轻易施工,全面覆盖无接缝。

(4)勾缝施工充分展现干挂石材装饰设计质感。

(5)可对涂层表面进行处理,提高耐沾污性及耐候性,减少维护。

(6)比真石漆仿花岗岩用料节省、自重轻,施工简单,只需单枪喷涂即可,而真石漆仿花岗岩需要多枪喷涂,比真石漆仿花岗岩更加接近天然石材的效果,大面积施工不会发生真石漆仿花岗岩色点不匀的色差感。

实例28 多功能仿天然花岗岩涂料

【原料配比】

原料	配比(质量份)				
	1#	2#	3#	4#	5#
苯丙乳液	25.0	28.0	30.0	30.0	27.2
2,2,4-三甲基-1,3-戊二醇单异丁酸酯成膜助剂	2.0	2.0	1.5	2.0	1.8
各色纤维素类片状胶粒	73.0	70.0	68.5	68.0	71.0

【制备方法】　将苯丙乳液和2,2,4－三甲基－1,3－戊二醇单异丁酸酯加入调漆机中并搅拌均匀，然后边搅拌边依次将不同颜色的胶粒按比例加入调漆机（注意搅拌速度要缓慢适中，防止将胶粒打碎），搅拌均匀即可出料。

【注意事项】　本品所述各色纤维素类片状胶粒的配方是按下列百分比配制而成：色漆5.0～6.0、絮凝剂60.0～65.0及促凝剂30.0～35.0。

所述色漆的配方是按下列百分比配制而成：白色漆60.0～65.0、纯丙弹性乳液35.0～40.0及色浆适量。

所述白色漆的配方是按下列百分比配制而成：去离子水20.8～26.8、聚羧酸钠分散剂0.2～0.5、非离子型表面活性润湿剂0.05～0.15、脂肪烃和乳化剂的混合消泡剂0.3～0.7、*N*－甲基异噻唑啉酮和5－氯－异噻唑啉酮混合杀菌剂0.05～0.15、2－氨基－2－甲基－1－丙醇0.1～0.3、乙二醇0.8～1.2、金红石型钛白粉15～22、重钙粉10～15、滑石粉3～7、高岭土3～7、纯丙乳液25～30、2,2,4－三甲基－1,3－戊二醇单异丁酸酯成膜助剂1.2～2、复合型碱溶胀型增稠剂0.2～0.5及非离子缔合型流变改性剂0.2～0.4。

【产品应用】　本品主要用于建筑物的装饰。

【产品特性】　本品节能环保，无毒无害，操作简便安全，产品和施工成本低，能达到花岗岩所具有的诸多装饰效果，对建筑物墙体的防护性能强，有超强的耐沾污性和自洁功能，避免了天然石材在外墙装饰中的存在的诸多缺陷。

实例29　高强度防污纳米外墙涂料

【原料配比】

原　料	配比(质量份)					
	1#	2#	3#	4#	5#	6#
聚乙烯醇	5	1	10	3	7	4
异丁醇	40	50	30	45	35	42

续表

原　料	配比(质量份)					
	1#	2#	3#	4#	5#	6#
焦磷酸钠	15	20	10	17	12	16
高强纤维素	3	5	1	4	2	2.5
纳米二氧化钛	450	500	400	450	420	470
方解石粉	135	150	120	140	130	125
灰钙粉	110	120	100	110	100	105
水	350	400	300	400	350	310
水玻璃	25	35	15	30	20	17
膨润土	20	30	10	25	15	15

【制备方法】 采用常规方法将各原料进行溶解、混合搅拌均匀即可。

【产品应用】 本品主要作为外墙装饰涂料。

【产品特性】 本涂料具有硬度高,耐水洗,存储期长,耐沾污性、抑制霉菌和藻类繁殖生长性较好,具有较好的弹性延伸率,以更好地适应由于基层的变形而出现面层开裂,对基层的细小裂缝具有遮盖作用;对于防铝塑板装饰效果的外墙还应具有更好的金属质感、超长的户外耐久性,且生产成本低的高强度防污纳米外墙涂料。

实例30　花岗岩保温外墙涂料

【原料配比】

原　料	配比(质量份)				
	1#	2#	3#	4#	5#
天然花岗石粉	100	95	105	90	110
纯丙烯酸乳液	25	30	20	35	15
聚醋酸乙烯乳液	10	12	7	15	5

续表

原　　料	配比(质量份)				
	1#	2#	3#	4#	5#
聚乙烯醇胶水	15	20	15	20	10
苯丙乳液	20	20	15	25	15
水玻璃	1	1.2	0.7	1.5	0.5
膨润土	2	2.5	1.5	3	1

【制备方法】　将天然花岗石粉碎,用60~80目筛过滤,冲洗干净,配色,然后将天然花岗石粉与其他原料按上述配比混合,并搅拌均匀即可。

【产品应用】　本品主要作为外墙外保温瓷砖饰面和石材饰面的理想替代品。

【产品特性】　本品作外墙装饰涂料,其涂面立体感强,外观酷似瓷砖和石材,可作为外墙外保温瓷砖饰面和石材饰面的理想替代品,既壮观,又古朴典雅,色彩及造型逼真自然,耐洗刷,耐酸碱,强度高,且生产成本低。

实例31　环保型纳米外墙水性涂料

【原料配比】

原　　料	配比(质量份)			
	1#	2#	3#	4#
丙烯酸树脂	180	100	260	100
硅藻土	85	60	100	60
纳米二氧化硅	70	50	90	90
氯化石蜡	42	30	65	65
氨水	12	7	18	15
水	55	40	80	60

【制备方法】 将各组分混合均匀即可。

【产品应用】 本品主要用于混凝土、砂浆、石膏板、木板等。

【产品特性】 本品利用纳米材料的奇异特性,显著地提高产品的理化综合性能,漆膜丰满,细腻,色彩艳丽,流平性好,附着力极强。无毒、无味、长效抗菌,无环境污染,是装饰和施工性极佳的绿色环保型涂料,高耐候性,高耐沾污性和低毒性,涂层化学稳定性好,能在潮湿的表面上施工,具有优异的附着性,具有高抗碱性。

实例32 抗污珠光外墙涂料

【原料配比】

原料	配比(质量份)		
	1#	2#	3#
羟乙基纤维素	0.2	0.18	0.13
防腐剂	0.1	0.1	0.12
防霉剂	0.28	0.32	0.38
丙二醇	2	2	2
有机胺	0.13	0.16	0.1
铵盐分散剂	0.18	0.2	0.18
低泡润湿剂	0.05	0.06	0.05
消泡剂	0.08	0.1	0.13
硅改性纯丙乳液	68	72	75
乙烯—聚醋酸乙烯乳液	1	2	1
十二醇酯	3.4	3.6	3.8
珠光粉	12	10	8
增稠剂	0.23	0.17	0.13
软水	加至100	加至100	加至100

【制备方法】 本品除珠光粉最后加入,低速分散外,其余物料均按乳胶漆常规工艺依次投入生产。

【产品应用】 本品主要用于室外工艺品、外墙等涂装。

【产品特性】 本品用于室外工艺品、外墙等涂装，具有硬度较高，柔韧性、耐候性、耐洗刷性、抗污性较好；还有像珠宝样发出的迷人光彩；水性环保。

第二章　织物胶黏剂

实例1　保暖内衣专用黏合剂

【原料配比】

原　　料	配比(质量份)
甲基丙烯酸甲酯	1
丙烯酸甲酯	21
丙烯酸丁酯	9
羟甲基丙烯酰胺	2
乳化剂	2
水	65

【制备方法】　将乳化剂进行预乳化1～1.5h,然后投入其他原料,加热至85～90℃,进行聚合反应,反应时间为2～3h,然后保温1～2h,冷却至室温,过滤即得成品。

【注意事项】　本品中乳化剂选用阴离子型表面活性剂。

【产品应用】　本品适用于保暖内衣的多层复合保暖材料的黏合。

【产品特性】　本品工艺简单,性能优良,黏合力强,干燥快,耐水洗;无毒无味,对人体安全;用本品制成的保暖内衣结合牢度好,既保暖又透气,质地柔软,富有弹性。

实例2　低温黏合剂

【原料配比】

原　　料		配比(质量份)				
		1#	2#	3#	4#	5#
丙烯酸酯类	丙烯酸	—	4	—	—	4
	甲基丙烯酸	—	—	4	—	—

续表

原　料		配比(质量份)				
		1#	2#	3#	4#	5#
丙烯酸酯类	丙烯酸丁酯	100	100	100	70	70
	甲基丙烯酸甲酯	—	—	—	10	74
	甲基丙烯酰胺	—	—	3	2.5	—
乳化剂		4	6	3	4	4
十二烷基硫酸钠		0.5	1	1	0.5	—
十二烷基苯磺酸钠		—	—	—	—	1
苯乙烯		—	20	10	20	—
引发剂过硫酸铵		0.5	0.5	0.5	0.5	0.8
尿素		—	—	—	2	—
水		145	186	175	150	280
氢氧化钠		适量	适量	适量	适量	适量

【制备方法】 将丙烯酸和(或)其酯类系列单体和(或)聚合体、α-不饱和双键烯烃类和(或)含不饱和双键的有机酸和(或)其酸酐、酯类一起投入装有水的反应釜内,加入乳化剂,在搅拌下使反应液升温至80℃,待乳化完全后,滴入引发剂,10min后反应液自动升温至95℃以上,此时停止加热,待反应液温度降至80℃时,使反应液温度维持在80℃±2℃范围内2h,这时反应液为蓝色荧光乳液,再加入尿素和氢氧化钠对反应液进行中和,待反应液的pH值为6.5~7时,即为成品。

【产品应用】 本品为印花黏合剂。

【产品特性】 本品成本低,工艺流程简单,性能优良,烘焙温度低,印染牢度高,可节省大量能源。

实例3　发泡黏合剂

【原料配比】

原　　料	配比(质量份)		
	1#	2#	3#
黏合剂	100	100	100
硬脂酸铵	2.5	4	4
表面活性剂	1	2	1
交联剂	3	3	4
催化剂	0.5	0.5	0.5
增稠剂	—	2	4
氨水	2	2	2.5
水	适量	适量	适量

【制备方法】

(1)在带有加热夹套和搅拌器的容器中预热适量的水至65~75℃,在200~400r/min的搅拌速度下,加入粉末状态的硬脂酸铵,使其完全浸没后停止搅拌,浸泡4~6h,然后在400~700r/min的搅拌速度下,适时加入适量温水,继续搅拌,制成硬脂酸铵乳浊液。

(2)在带有搅拌器的容器中加入黏合剂,在200~400r/min的搅拌速度下,慢慢加入步骤(1)所得硬脂酸铵水溶液和表面活性剂,充分搅拌,用200目的滤网过滤,即得发泡黏合剂基料。

(3)在带有搅拌器的容器中加入步骤(2)所得发泡黏合剂基料,在200~400r/min的搅拌速度下,慢慢加入交联剂、催化剂,搅拌均匀,再加入增稠剂、氨水,然后提高搅拌速度至1000~1400r/min,并逐渐调高搅拌头,使黏合剂形成回转漩涡,调节搅拌头的圆盘使其刚好暴露在空气中,搅拌4~10min,黏合剂迅速起泡,至体积上升到所需的相对密度后,立即降低搅拌速度至漩涡消失,继续搅拌一段时间,即得成品。

【注意事项】　本品中的黏合剂可选用天然胶乳或均聚物、共聚物的合成胶乳。

表面活性剂可选用阴离子表面活性剂,如烷基硫酸酯(盐)类、直链醇硫酸酯(盐)类、磺基琥珀酸酯类、磺基琥珀酰胺类;非离子表面活性剂,如烷基醇胺、环氧乙烷—环氧丙烷嵌段聚合物;两性表面活性剂,如咪唑类衍生物、烷基甜菜碱。

交联剂选用含有多元活性官能团的物质,如二元酸、多元醇、二元胺、多异氰酸酯或是含有多个不饱和双键的化合物;催化剂选用氯化铵;增稠剂选用丙烯酸类聚合物;氨水浓度为20%。

【产品应用】　本品适用于面料的涂层或植绒工艺。

【产品特性】　本品工艺合理,采用化学和物理相结合的方法,能够批量式、间歇式地进行生产,成本低,效率高,适应面广;成品的泡沫大小均匀,稳定性高;使用本品后的面料,弹性及手感好,并具有良好的干湿摩擦牢度和透气性。

实例4　静电植绒黏合剂(1)

【原料配比】

原　　料		配比(质量份)		
		1#	2#	3#
A	丙烯酸酯类单体	470	480	460
	丙烯酸或丙烯酸与酰胺类化合物	30	20	40
	环氧树脂	100	150	150
B	去离子水	400	400	420
	阴离子型乳化剂	8	8	10
	非离子型乳化剂	20	20	15
	酰胺		20	
引发剂		适量	适量	适量
氨水溶液		适量	适量	适量
助剂		适量	适量	适量

【制备方法】

(1)将丙烯酸酯类单体、丙烯酸或丙烯酸与酰胺类化合物、环氧树脂放入玻璃烧杯中,搅拌混合均匀,组成单体混合液 A。

(2)将去离子水、阴离子型乳化剂、非离子型乳化剂、酰胺放入玻璃烧杯中,在适宜温度下搅拌混合均匀,组成乳化剂水溶液 B。

(3)在高速搅拌下,将 A 组分均匀滴加到 B 组分中,组成单体乳状液 C。

(4)在装有搅拌器、冷凝器、滴液漏斗和温度计的四口反应器中,加入10%乳状液 C,在搅拌下,使反应器内温度升至70℃,用滴液漏斗加入部分引发剂水溶液;由于聚合热,反应温度逐渐升至80℃,在此温度下,用2h 滴加剩余的90%乳状液 C 和引发剂水溶液,滴加完毕后,再保温1~3h,随后冷却至室温;用氨水溶液调节 pH 值为7~8,得到共聚乳液(聚合反应温度为50~90℃,最佳为75~85℃)。

(5)将共聚乳液、室温固化剂、增稠剂按100:1.5:(1~3)的比例配制为成品,即可使用。

【注意事项】 本品中阴离子型乳化剂:丙烯酸酯类单体总量=(0.5~3):100;非离子型乳化剂:丙烯酸酯类单体总量=(2~6):100。

引发剂:丙烯酸酯类单体总量=[0.1~1(最佳0.2~0.6)]:100。

丙烯酸酯类单体可选用丙烯酸甲酯、丙烯酸乙酯、丙烯酸丁酯、丙烯酸-2-乙基己酯、甲基丙烯酸甲酯等。

环氧树脂可选用脂环族环氧树脂、芳香族环氧树脂、脂肪族环氧树脂,通常采用双酚 A 型环氧树脂,如 E-51、E-44、E-42、E-33、E-31等。

酰胺可选用脂肪族酰胺、不饱和脂肪族酰胺,最好选用 *N*-羟甲基丙烯酰胺。

乳化剂可选用阴离子型乳化剂和非离子型乳化剂混合乳化剂。非离子型乳化剂可选用聚乙二醇辛基苯基醚乳化剂等,如 OP-10、OP-20、OP-100;阴离子型乳化剂可选用十二烷基苯磺酸钠、十二烷基磺酸钠、十二烷基苯硫酸钠。

引发剂可选用过硫酸钾或过硫酸铵等水溶性化合物。

助剂包括电解质、缓冲剂、增塑剂、阻燃剂、防冻剂、颜料等,可以在反应的不同时间分别加入,以提高聚合性。

【产品应用】　本品适用于皮革、橡胶、塑料、织物、纸张、水泥、瓷砖和墙体等各种基材上进行静电植绒。

【产品特性】　本品可常温固化，植绒制品粘接强度高，耐水性能优良，耐磨、耐候和耐溶剂性好，不褪色，不脱落，不损害基材的结构和性能。

实例5　静电植绒黏合剂（2）

【原料配比】

原　　料	配比（质量份）
丙烯酸甲酯①	10
丙烯酸甲酯②	1
丙烯酸乙酯①	10
丙烯酸乙酯②	1
丙烯酸丁酯①	20
丙烯酸丁酯②	2
丙烯腈①	2
丙烯腈②	0.3
丙烯酸①	0.7
丙烯酸②	0.1
N－羟甲基丙烯酰胺	1.5
非离子型乳化剂①	0.7
非离子型乳化剂②	0.7
催化剂	0.3
引发剂	0.5
去离子水①	15
去离子水②	34.8

【制备方法】

（1）在常温常压的条件下，将去离子水①、非离子型乳化剂①及丙烯酸酯类①、丙烯腈①和丙烯酸①投入反应釜中，搅拌1h左右，生成预乳化液。

(2)在另一聚合釜中加入去离子水②,非离子型乳化剂②、丙烯酸酯类②、丙烯腈②和丙烯酸②,以及 N-羟甲基丙烯酰胺水溶液,乳化搅拌,升温至45~60℃,加入催化剂使其进行氧化—还原反应,并让其自然升温至最高点,以此作为种子液。

(3)将聚合釜中温度控制在60~64℃,向种子液中滴加预乳化液和引发剂,滴加时间为3~4h,再保温1~1.5h,冷却至45℃以下,过滤即得成品。

【注意事项】 本品中非离子乳化剂可选用脂肪醇聚氧乙烯醚,催化剂可选用硫酸亚铁铵,引发剂可选用过硫酸铵。

【产品应用】 本品为用于静电植绒的黏合剂,主要适用于生产服装面料、玩具、装饰面料。

【产品特性】 本品原料易得,工艺合理,综合性能优良,相对分子质量大,聚合度高,乳液颗粒较细,分子分布均匀,固体成分可达60%,能源消耗低;使用本品进行静电植绒制成的面料,品质好,手感柔软,绒毛粘接牢度好。

实例6 涂料印花黏合剂

【原料配比】

原　料	配比(质量份)		
	1#	2#	3#
软单体	28	30	32
硬单体①	8	6	5
硬单体②	1.6	1.6	1.6
功能性单体	0.66	0.8	0.5
十二烷基硫酸钠	0.29	0.28	0.28
聚氧乙烯壬基苯酚醚 OP-20	0.83	0.84	0.84
过硫酸铵	0.17	0.17	0.17
去离子水	60.45	60.31	59.61

【制备方法】　将1/6~1/4的软单体、硬单体①、过硫酸铵以及十二烷基硫酸钠、聚氧乙烯壬基苯酚醚OP-20、去离子水加入反应器，于室温下搅拌25~35min，升温至75~85℃；聚合引发后滴加剩余的软单体、硬单体②、过硫酸铵以及全部功能性单体，滴加完毕后在75~85℃下保温100~140min，冷却至室温即得成品。

【注意事项】　本品中软单体可选用丙烯酸丁酯或丙烯酸乙酯。硬单体可选用丙烯酸、丙烯酸甲酯、丙烯腈或甲基丙烯酸甲酯其中的一种。功能性单体可选用*N*-丁氧基甲基丙烯酸酰胺、丙烯酸环氧丙酯或用丁酮肟封头的2-异氰酸-甲苯-4-氨基甲酸丙烯酯中的一种。

十二烷基硫酸钠、聚氧乙烯壬基苯酚醚OP-20均为乳化剂，过硫酸铵为引发剂。

【产品应用】　本品可用于作纺织工业印染生产中纺织品涂料印花黏合剂。

【产品特性】　本品性能优良，使用后在纺织品上可不含游离甲醛或在允许的含量范围之内，有利于人体健康及环境保护。

实例7　纳米乳液黏合剂

【原料配比】

原　　料	配比(质量份)
丙烯酸丁酯	660
丙烯酸	30
羟甲基丙烯酰胺	10
丙烯酸羟乙酯	20
丙烯酸缩水甘油酯	10
苯乙烯	240
丙烯腈	30
乳化剂E1	单体的1%
乳化剂E2	单体的3%
过硫酸铵	单体的0.5%
水	1500

【制备方法】 先在聚合釜中将单体进行预乳化(物料量为聚合釜容积的70%),温度为28~32℃,时间为20min;然后用半连续加料方法乳液聚合,聚合温度为85~90℃,聚合时间为2h,最后升温至94~96℃,保温2h,降温至40~50℃,过滤放料即可。

【注意事项】 本品中乳化剂E1选用阴离子型表面活性剂,可选用十二烷基硫酸钠、十二烷基苯磺酸钠等;乳化剂E2选用非离子型表面活性剂,可选用平平加、OP-10等;水可选用自来水。

【产品应用】 本品适用于印染、印花生态纺织品,特别是能够进行深色涂料印染加工制造生态纺织品。

染色工艺如下:将染色半成品坯布在配制好的染色色浆中通过均匀轧车两浸两轧,轧液率为60%,将染完的布样在110℃的烘箱中烘干,然后在170℃下的烘箱中焙烘3min后即得涂料染色生态纺织品。

印花工艺如下:配制好色浆,将印花纯棉坯布通过圆网印花机印花,在110℃的条件下烘干,然后将烘干后的半成品在170℃下焙烘3min后即得成品。

【产品特性】 本品性能优良,使用方便,经本品制造的生态纺织品,成本低,节能,耐水、耐磨及耐酸碱程度均达到标准,色牢度好;重金属含量低。

实例8 改性乳化黏合剂

【原料配比】

原　料	配比(质量份)
醋酸乙烯乳液或丙烯酸酯乳液	6
聚乙烯醇	4
甲醛溶液	0.5
增白剂	0.005
水	加至100

【制备方法】

(1)将聚乙烯醇放入煮浆桶中,加入50%的水,搅拌均匀,然后加热至80~110℃,停止加热,快速搅拌均匀,重新加热,直到煮浆桶内的聚乙烯醇全部溶解后,自然冷却待用。

(2)将甲醛溶液滴入煮浆桶中温度在45~70℃的聚乙烯醇溶液中,搅拌均匀,并以盐酸控制溶液的pH值在6~6.5的范围内。

(3)将醋酸乙烯乳液或丙烯酸酯乳液加余量水稀释后,倒入煮浆桶中,同时向桶内加入增白剂,搅拌均匀即得成品。

【产品应用】 本品为黏合法生产非织造布时使用的黏合剂。

【产品特性】 本品黏结强度高,结膜牢度好,使用本品生产的非织造布,布面光洁,耐磨性能好,纵横向拉力增大,产品质量显著提高并且原料耗量降低。

实例9 纺织行业黏合剂

【原料配比】

原　　料	配比(质量份)
E-51环氧树脂	120
丙烯酸丁酯	12
丙烯酸	6
聚乙烯醇	12
乳化剂OP-10	3
过硫酸铵	1
水	35
碳酸氢钠	1.5
消泡剂 *N*,*N*,*N*-三(聚氧丙烯聚氧乙烯)胺	适量

【制备方法】

(1)配制混合单体:将E-51环氧树脂、丙烯酸丁酯、丙烯酸混合。

(2)将聚乙烯醇和水在85~95℃下混合溶解。

(3)取上述聚乙烯醇水溶液在65~75℃下加乳化剂、碳酸氢钠搅拌均匀溶解,出现泡沫后可以加入消泡剂,然后加入步骤(1)中的部分混合单体和引发剂,反应后再滴加剩余的混合单体,滴加完成后再升温至85~90℃,反应0.5h,冷却后即得。

【产品应用】 用于纺织行业的黏合剂。

【产品特性】 本产品比常规产品允许添加更多的水,降低了生产成本,还具有较好的增塑响应特性和稳定性,黏度也较高。

实例10 热熔胶黏剂

【原料配比】

原　　料	配比(质量份)	
	1#	2#
乙烯—醋酸乙烯共聚物(EVA)	42	40
松香树脂 GA-90	33	32
环烷油	8.3	8
硬脂酸	6.7	6
石蜡	1.5	1.5
钠基 MMT	8	8
十六烷基三甲基溴化铵	—	4
抗氧剂 1010	0.5	0.5

【制备方法】 将各组分一同加入100~200℃的高速混合器中,搅拌、混合均匀,然后加入乙烯—醋酸乙烯共聚物,经充分捏合后,冷却、出料、造粒。

【产品应用】 本产品用于制鞋和服装的粘贴,还大量用于书籍的无线装订,木材积层制作,非织造布制作等。

【产品特性】 本产品省略了MMT有机化过程,简化了制备OMMT改性的EVA热熔胶黏剂的制备工艺;加入少量的OMMT就能大幅度地提高EVA热熔胶黏剂的黏接强度。这种改性EVA热熔胶黏剂经180°剥离强度(帆布—帆布)实验测试,剥离强度达到5.25kN/m,具有很好的黏接强度。

实例11 环保型涂料印花黏合剂(1)

【原料配比】

原料			配比(质量份)			
			1#	2#	3#	4#
预乳化液	十二烷基硫酸钠		2	—	—	2.4
	十二烷基苯磺酸钠		—	3	2.7	—
	平平加O-20		4	—	—	—
	平平加OS-15		—	—	—	3.6
	烷基多糖苷-12		—	3	4	—
	碳酸氢钠		0.5	0.5	0.5	0.5
	去离子水		60	60	60	60
	苯乙烯		13.8	6.9	2.0	4
	甲基丙烯酸甲酯		4	2	1	—
	丙烯酸丁酯		20	26.9	35	33.8
	丙烯酸		1.2	2.0	5	0.7
	双丙酮丙烯酰胺混合单体		1.2	1.5	—	1.5
	乙酰乙酸基甲基丙烯酸乙酯混合单体		—	—	3.0	—
黏合剂	预乳化液		1/4	1/4	1/4	1/4
	引发剂过硫酸铵溶液		1/4	适量	适量	适量
	预乳化液		3/4	3/4	3/4	3/4
	交联剂	戊二酸二酰肼	10	—	—	—
		碳酸二酰肼	—	12	—	—
		丙二酸二酰肼	—	—	15	—
		己二酸二酰肼	—	—	—	13

【制备方法】

(1)预乳化:将复合乳化剂,碳酸氢钠溶于去离子水中,加入聚合单体,搅拌,得到预乳化液。

(2)制备种子乳液:在反应釜中加入1/4~1/3的上述预乳化液,升温至70~80℃;加入引发剂溶液引发聚合,反应30~45min。

(3)温度升至80~90℃,缓慢滴加剩余预乳化液,其间每隔15~20min加入一批引发剂水溶液。

(4)滴加完毕,继续反应1~2h。然后降至室温,加入氨水调节pH值至7.2~7.8,再加入交联剂,交联剂的加入量为聚合体系质量的8%~12%,出料,即得本品。

【产品应用】 本品用于棉布、涤棉混纺布的印花,都可得到良好的效果,本品与合成增稠剂混合可调制适宜的印花浆,适用于平版印花和圆网印花。

【产品特性】 本产品完全不含甲醛、烷基酚聚氧乙烯醚等有害物质,工艺简单,使用一般的乳液聚合装置即可生产,成本也较低廉,易于进行工业化生产。使用本品制得的成品印花具有手感柔软、色泽鲜艳、耐磨和皂洗牢度高等优点。

实例12 环保型涂料印花黏合剂(2)

【原料配比】

原料		配比(质量份)		
		1#	2#	3#
软单体	丙烯酸丁酯	25	20	—
	丙烯酸乙酯	12	—	—
	丙烯酸异辛酯	—	8	—
	丙烯酸-2-乙基己酯	—	—	20
	甲基丙烯酸丁酯	—	—	16
硬单体	丙烯酸	7.2	—	—
	苯乙烯	—	—	7.2

续表

原料		配比(质量份)		
		1#	2#	3#
硬单体	丙烯酸甲酯	—	5	—
	丙烯腈	4.3	6.2	4.3
功能性单体	甲基丙烯酰氧基丙基三甲氧基硅烷	—	—	4.2
	八甲基环四硅氧烷	4.2	—	—
	乙烯基七甲基环四硅氧烷	—	3.3	—
非离子乳化剂	平平加 OS-15	0.5	—	—
	吐温-60	—	0.6	—
	OP-20	—	—	0.7
阴离子型乳化剂	十二烷基硫酸钠	1.2	—	1.2
	烷基萘磺酸钠	—	1.2	—
有机过氧类引发剂	过硫酸铵	0.2	—	0.2
	偏重亚硫酸钠	—	0.18	—
去离子水		45.4	55.52	46.2

【制备方法】 将软单体、硬单体、功能性单体及1/3~2/3去离子水混合制成预乳液,再加入乳化剂及余下的去离子水,搅拌升温至35~45℃,加入1/3~2/3预乳液,继续加热到50~60℃,停止加热,加入1/3~2/3引发剂,升温至65~75℃,滴加剩下的预乳液、引发剂,3~5h内滴完,保温反应1~3h,冷却,调节pH值至6.5~7.0。

【产品应用】 本品为环保型乳液互穿网络涂料印花黏合剂。

【产品特性】 本产品质量稳定,利用本品进行涂料印花,手感好、色牢度高;在后续加工过程中不释放甲醛,符合环保要求。

实例13　用于防水毯的层间胶黏剂

【原料配比】

原料		配比(质量份)				
		1#	2#	3#	4#	5#
合成橡胶	苯乙烯—丁二烯嵌段共聚物(SBS)	11	—	—	5	5
	苯乙烯—异戊二烯嵌段共聚物(SIS)	—	30	30	10	—
	加氢苯乙烯—丁二烯嵌段共聚物(SEBS)	—	—	—	5	10
增黏树脂	萜烯树脂	55	—	—	30	30
	松香	—	30	—	—	10
	松香酯	—	—	30	—	—
	碳五石油树脂	—	—	—	7	—
溶剂油环烷油		30	20	30	22	35
稀释剂	石蜡	1	—	—	—	2
	微晶蜡	—	5	—	—	—
	聚乙烯蜡	—	—	2	—	2
无机填充物	纳米硅藻土	2	—	—	20	—
	滑石粉	—	14	—	—	—
	轻钙	—	—	7	—	—
防老剂	二叔丁基对甲酚(BHT)	1	—	1	1	—
	二丁基二硫代氨基甲酸镍(NBC)	—	1	—	—	1

【制备方法】　先将溶剂油、稀释剂、增黏树脂投入反应釜内,釜温升至180℃待完全熔化后,于搅拌下加入合成橡胶,待其完全熔化,加入防老剂和无机填充物,混合均匀出料。捏合机捏合方法是将全部原料加入捏合机,升温至180℃,捏合搅拌直至均匀出料。

【产品应用】　本产品为用于防水毯的层间胶黏剂。

【产品特性】　本产品其热压合的 T 剥离强度≥20N/cm。其具有使用方便、强度高、防水性能好的优点。

实例 14　纺织黏合剂

【原料配比】

原　料	配比(质量份)
醋酸乙烯酯	120
丙烯酸丁酯	12
丙烯酸	6
聚乙烯醇	12
乳化剂 OP-10	3
过硫酸铵	1
水	350
碳酸氢钠	1.5
消泡剂 N,N,N-三(聚氧丙烯聚氧乙烯)胺	适量

【制备方法】

(1)配制混合单体:将醋酸乙烯酯、丙烯酸丁酯、丙烯酸混合。

(2)将聚乙烯醇和水在 85~95℃下混合溶解。

(3)取上述聚乙烯醇水溶液在 60~75℃下加乳化剂、碳酸氢钠搅拌均匀溶解,出现泡沫后可以加入消泡剂,然后加入步骤(1)中的部分混合单体和引发剂,反应后再滴加剩余的混合单体,滴加完成后再升温至 85~95℃,反应 0.5h,冷却后即得。

【产品应用】　本产品用于纺织行业。

【产品特性】　本产品具有生产成本低廉,具有较好的增塑响应特性和稳定性,黏度也较高。

实例15 丙烯酸酯印花黏合剂

【原料配比】

原料	配比(质量份)				
	1#	2#	3#	4#	5#
去离子水①	56	40	45	35	30
乳化剂①	1.05	0.7	0.5	0.8	1.2
引发剂①	0.15	0.1	0.13	0.07	0.12
普通单体	30	40	15	35	50
特种单体	5	3	1.5	4	6
去离子水②	14	15	25	25	20
乳化剂②	1.05	0.7	0.5	0.8	1.2
引发剂②	0.15	0.1	0.13	0.07	0.12

【制备方法】

(1)按制备丙烯酸酯印花黏合剂组分的配比称取普通单体、特种单体、乳化剂、引发剂和去离子水。

(2)将按配比称取的去离子水①、乳化剂①、引发剂①混合在一起,配制成液体Ⅰ。

(3)将按配比称取的普通单体、特种单体与按配比称取的去离子水②、乳化剂②、引发剂②混合在一起,以60~120r/min的搅拌速度乳化后,配制成液体Ⅱ。

(4)将液体Ⅱ缓慢滴加至液体Ⅰ中,液体Ⅱ滴加至液体Ⅰ中的时间为3~4h,温度控制在30~40℃。

(5)液体Ⅱ滴加完毕后,以80~130r/min的速度搅拌,温度控制在30~40℃,保温反应时间为1~3h,得到丙烯酸酯印花黏合剂初产物。

(6)在丙烯酸酯印花黏合剂初产物中滴加氨水将其pH值调至6.5~7.5,经过滤后得到丙烯酸酯印花黏合剂产物。

【注意事项】 本品所述普通单体包括丙烯酸丁酯、丙烯酸乙酯、丙烯酸甲酯、丙烯酸异辛酯、苯乙烯、甲基丙烯酸甲酯和丙烯酸。

普通单体的组分的质量配比:丙烯酸丁酯40~70,丙烯酸乙酯

5~10,丙烯酸甲酯3~5,丙烯酸异辛酯2~5,苯乙烯4~7,甲基丙烯酸甲酯2~6,丙烯酸2~5。

所述特种单体包括甲基丙烯酸六氟丁酯和甲基丙烯酸乙酰乙酰氧基乙酯(AAEM),其中,甲基丙烯酸六氟丁酯与普通单体发生共聚反应,甲基丙烯酸乙酰乙酰氧基乙酯(AAEM)作为特种单体中的交联单体,在分子链中引入酮羰基和环氧基。

特种单体的组分的质量配比:甲基丙烯酸六氟丁酯1~3,甲基丙烯酸乙酰乙酰氧基乙酯(AAEM)0.4~1.2。

所述乳化剂为反应型乳化剂,乳化剂采用烯丙基琥珀酸烷基酯磺酸钠。

所述引发剂采用过氧化二碳酸二(2-乙基)己酯。

【产品应用】 本品是一种环保生态型的印花黏合剂。

【产品特性】

(1)本品采用甲基丙烯酸六氟丁酯作为特种单体,并采用不含APEO的烯丙基琥珀酸烷基酯磺酸钠作为反应型乳化剂,同时,采用甲基丙烯酸乙酰乙酰氧基乙酯(AAEM)作为交联单体,并以过氧化二碳酸二(2-乙基)己酯为引发剂进行低温聚合制备丙烯酸酯印花黏合剂。

(2)本品采用特种单体甲基丙烯酸六氟丁酯与丙烯酸丁酯、苯乙烯等普通单体共聚,此特种单体在原料中提供含氟基团,可以改善产品的柔软度、湿摩擦牢度,同时提高产品的耐污性能。

(3)本品采用不含APEO的烯丙基琥珀酸烷基酯磺酸钠作为反应型乳化剂,此种乳化剂与单体发生聚合反应,从而防止乳化剂迁移到膜表面。

(4)本品采用甲基丙烯酸乙酰乙酰氧基乙酯(AAEM)作为交联单体,此交联单体为无甲醛交联剂,同时具有室温固化的特点。

(5)本品采用过氧化二碳酸二(2-乙基)己酯为引发剂,可在室温条件下进行聚合反应,从而改善聚合物的性能。

(6)本品所制备的黏合剂无甲醛、无APEO、无重金属,同时,其生产及使用工艺耗能低,完全符合低碳环保的可持续发展原则,属于生态环保型黏合剂。

实例16　地毯黏合胶

【原料配比】

原　料	配比(质量份)	
	1#	2#
醋酸乙烯酯	15	18
硬脂酸	5	8
丙烯酸	11	13
苯乙烯	17	18
邻苯二甲酸二辛酯	7	4
水	加至100	加至100

【制备方法】　将醋酸乙烯酯,硬脂酸,丙烯酸,苯乙烯,邻苯二甲酸二辛酯,水按配比混合制成。

【注意事项】　本品各组分质量份配比范围为:醋酸乙烯酯10~20,硬脂酸3~8,丙烯酸10~15,苯乙烯10~20,邻苯二甲酸二辛酯3~8,水加至100。

【产品应用】　本品主要属于一种地毯黏合胶。

【产品特性】　本品配方合理,工作效果好,生产成本低。

实例17　芳纶纺织层专用黏合剂

【原料配比】

原　料		配比(质量份)		
		1#	2#	3#
黏合剂半成品	聚氨酯固体胶	30	50	40
	丙烯酸酯	50	60	60
	乙酸乙酯	50	70	50
异氰酸酯		1	10	16

【制备方法】

(1)将准确称量的 30 ~ 50 份聚氨酯固体胶,50 ~ 60 份丙烯酸酯及 50 ~ 100 份乙酸乙酯用泵打入反应釜中,搅拌的同时加热升温至 60 ~ 80℃,再持续搅拌 5 ~ 15 min,冷却得黏合剂半成品。

(2)使用时加入半成品总质量 1% ~ 10% 的异氰酸酯,然后均匀搅拌得黏合剂成品。

【注意事项】 上述的冷却优选冷却至 35 ~ 50℃即得黏合剂半成品。

所述的聚氨酯固体胶可以为市售的热塑性聚氨酯固体胶粒,优选德国拜耳生产 的商品名为 desmocoll 530/1 的热塑性聚氨酯固体胶粒。

【产品应用】 本品是一种芳纶编织层专用黏合剂。

【产品特性】

(1)本品黏合剂在自聚反应的同时可以与芳纶中的酰胺组分发生缩合反应,通过这种方式,黏合剂与芳纶可以牢牢地黏合在一起。

(2)本品黏合剂是一种专为芳纶设计的,材料来源广泛,制备简单,经济环保,不仅可以用于橡胶行业,还可用于通信光缆,手工艺品制造等多个领域。并且本品黏合剂只需涂布与被粘基材表面,通过加热反应即可发挥作用,对芳纶和其他基体具有优异的黏结性能。

(3)本品黏合剂的制备方法原料易得、工艺步骤简单、工艺条件易于控制。

实例 18 复合布黏合架桥剂

【原料配比】

原料	配比(质量份)		
	1#	2#	3#
二苯甲烷二异氰酸酯	57	56	58
三羟甲基丙烷	8	8	9
聚醚多元醇	10	12	9
溶剂	25	25	25
安定剂	0.2	0.2	0.2
抗黄变剂	0.2	0.2	0.2

【制备方法】

(1)先投反应釜的子槽,加入部分醋酸乙酯,启动搅拌电动机。

(2)从子槽入口投入三羟甲基丙烷,升温溶解,60~65℃保温1h。

(3)从反应釜的母槽入口加入二苯甲烷二异氰酸酯开动搅拌,再加入余下溶剂,聚醚多元醇,安定剂,抗黄变剂,升温至55~65℃,反应1h。

(4)三羟甲基丙烷溶解完全,在上述步骤(3)后完成后滴定,滴定温度控制在55~65℃之间。

(5)滴定完毕控制反应温度为55~70℃。

(6)保温隔夜泄料。

【注意事项】 本品所述聚醚多元醇为相对分子质量小的聚醚。所述溶剂为醋酸乙酯或醋酸丁酯或甲苯。所述安定剂为草酸或磷酸。所述抗黄变剂为立体结构的受阻酚类抗氧化剂。所述二苯甲烷二异氰酸酯为2,4′异构体含量为50%的二苯甲烷二异氰酸酯。

【产品应用】 本品是一种复合布黏合的PU树脂架桥剂,属于黏合剂技术领域。

【产品特性】

(1)外观:无色至微黄透明液体;NCO%:13.0%±0.5%;固成分:73%±2%;黏度:(2000±500)mPa·s/25℃;色相:Gardner<1。

(2)本品采用二苯甲烷二异氰酸酯(MDI)为主要原料,二苯甲烷二异氰酸酯毒性低于甲苯二异氰酸酯(TDI)。不仅保护了生产操作人员、施工人员的身体健康,而且有利于保护环境。

(3)本品通过多官能团小分子聚醚改性,在高分子结构中引入PU软段,增加了MDI苯环上的空间位阻,分子间的作用力增加,使得产品具有更好的柔顺性和优越的低温性能,漆膜的柔韧性提高,使产品具有更好的黏合力。产品的储存稳定性和容忍度大大改善,产品和不同配方、不同厂家的聚氨酯二液型树脂都有很好的相容性。

(4)MDI的价格相对便宜,采用MDI制得产品的漆膜,如强度、耐磨性和弹性优于采用TDI体系产品。在实际的应用中,用MDI合成的架桥剂使干燥时间明显缩短,利于施工,提高了生产效率,而且架桥剂的添加量可以减少,无须添加 TDI 体系中常用的催化剂,减少了重金属污染,使后段加工的成本得以下降。

实例 19 环保地毯胶黏剂

【原料配比】

原料		配比(质量份)	
		1#	2#
天然橡胶乳液	泰国产	60	—
	海南产	—	60
纤维素	甲基纤维素	4	—
	乙基纤维素	—	4
玻璃水		46	46
滑石粉		60	60
消泡剂		4	4
自来水		26	26

【制备方法】

(1)将环保地毯胶黏剂质量份组分称取用料备用。

(2)先把备用的天然橡胶乳液倒进不锈钢带搅拌功能的容器中,搅拌 10min,再称取 40% 备用水和滑石粉一同加入容器,搅拌 5min,依次再加入纤维素搅拌 5min,加入玻璃水搅拌 5min,最后加入消泡剂和 60% 备用水搅拌 5min,定凝 1h 即得环保地毯胶黏剂的产品。

【产品应用】 本品是一种环保地毯胶黏剂。

【产品特性】 由于本品专利技术使用天然橡胶乳液作为主要原料,并增加纤维素、滑石粉和消泡剂,因此本方法制造的环保地毯胶黏剂,能够解决目前地毯胶黏剂技术所存在的含有毒物质及黏结强度差等缺陷,具有无毒无味环保、黏结强度高、制作工艺简单和生产成本低等优点。

实例20 环保阻燃型地毯乳胶

【原料配比】

原料	配比(质量份)				
	1#	2#	3#	4#	5#
羧基丁苯胶乳	26	36	36	36	31.75
碳酸钙	9	11	9	7	9.52
多聚磷酸铵	7	5	7	5	6.35
氢氧化铝	18	12	18	12	15.88
水	40	36	30	40	36.5

【制备方法】

(1)在反应釜内加入羧基丁苯胶乳,再加入水,控制反应釜搅拌速度不低于90r/min,且搅拌时间不少于15min,使羧基丁苯胶乳与水充分混合均匀。

(2)碳酸钙分多次加入且每次加入碳酸钙的量不超过3.5~5.5份,并且每次加入后其搅拌的时间不少于5min,使碳酸钙与羧基丁苯胶乳搅拌均匀,待碳酸钙全部加入后,再搅拌10min以上,将氢氧化铝分多次加入且每次加入氢氧化铝的量不超过6~9份且每次加入后充分搅拌5min,待氢氧化铝全部加入后,再搅拌10min以上,然后加入多聚磷酸铵后,其搅拌时间不少于60min。

(3)混合均匀后,放入储胶筒,继续搅拌的时间不少于120 min。

【产品应用】 本品主要应用于地毯生产。

使用方法:使用专用地毯上胶机在机织地毯背部挂涂,使每平方米地毯底背均匀带入混合的本品胶乳(1.60±0.05)kg,然后用专用地毯烘干机对地毯底背进行烘干处理,烘干温度(160±10)℃,烘干时间10~15min。

【产品特性】 本品不仅具有良好的阻燃效果,而且应用于地毯时,能够在地毯发生燃烧时,从根本上消除地毯燃烧所产生的二次污染。

实例21 喷胶棉黏合胶

【原料配比】

原料	配比(质量份)	
	1#	2#
醋酸乙烯酯	23	29
硬脂酸	8	5
丙烯酸丁酯	4	2
丙烯酸乙酯	5	2
六偏磷酸钠	3	6
水	加至100	加至100

【制备方法】 将醋酸乙烯酯、硬脂酸、丙烯酸丁酯、丙烯酸乙酯、六偏磷酸钠、水按上述质量混合均匀即制得产品。

【产品应用】 本品是一种喷胶棉黏合胶。

【产品特性】 本品配方合理,工作效果好,生产成本低。

实例22 非织造布黏合剂

【原料配比】

原料			配比(质量份)				
			1#	2#	3#	4#	5#
乳化剂	非离子	AEO-9	3.0	—	—	—	—
		异构十三醇聚氧乙烯醚1310	—	3.8	—	2.0	—
	阴离子	琥珀酸二己酯磺酸钠	—	—	11.6	8.0	—
		十二烷基硫酸钠	3.0	1.4	—	—	3.4
缓冲剂		碳酸氢钠	0.46	0.44	—	0.5	—
		碳酸钠	—	—	0.32	—	—
		磷酸二氢钠	—	—	—	—	0.40

续表

原料		配比(质量份)				
		1#	2#	3#	4#	5#
苯乙烯		28.4	26.4	26.8	24.8	18
功能单体	丙烯酸缩水甘油酯	—	—	—	1.2	—
	丙烯酸乙酯	10.0	6.0	2.4	—	—
	丙烯酸羟乙酯	—	—	1.8	—	—
	丙烯酸羟丙酯	—	—	—	—	1.2
	丙烯酸异辛酯	—	—	—	—	10.8
	丙烯酸异丁酯	—	—	—	10.0	—
	丙烯酸甲酯	—	—	7	—	—
	丙烯酸	1.6	—	—	—	—
	羟甲基丙烯酰胺	—	1.6	—	—	—
调节剂	醋酸正十二烷基硫醇酯	—	—	0.2	0.2	—
	正十二硫醇	0.15	0.1	—	—	0.1
引发剂	过硫酸钾	0.64	—	0.6	0.66	0.74
	过硫酸铵	—	0.6	—	—	—
醋酸乙酯		—	64	62	64	70
去离子水		240	250	230	260	250

【制备方法】

(1)将乳化剂、去离子水和缓冲剂的混合物搅拌均匀,加入苯乙烯、60% ~80%的丙烯酸酯类、功能单体和调节剂,搅拌均匀,加入引发剂,通氮气,保温在(80 ±5)℃3 ~5h。

(2)然后升温至(90 ±2)℃,加入剩余的丙烯酸酯类,与残留的苯乙烯继续反应;

(3)将上述得到的苯丙乳液降温至65 ~70℃,加入引发剂,然后滴加醋酸乙酯,滴加完毕后继续反应1 ~2h,之后降温,出料。

【产品应用】 本品主要用于非织造布的黏合剂领域。

【产品特性】　本品的黏合剂成本低于市场同类产品，黏合力强；储存稳定性好，放置一年后不分层；苯乙烯的转化率高。

实例23　无甲醛涂料印花用黏合剂

【原料配比】

原料		配比（质量份）		
		1#	2#	3#
软单体	丙烯酸丁酯	28.0	30.0	32.0
硬单体	丙烯酸甲酯	8.0	—	5.0
	丙烯腈	—	6.0	—
	丙烯酸	1.6	1.6	1.6
乳化剂	十二烷基硫酸钠	0.29	0.28	0.28
	聚氧乙烯壬基苯酚醚 OP－20	0.83	0.84	0.84
功能性单体	丙烯酸环氧丙酯	—	0.8	—
	封端的2－异氰酸－甲苯－4－氨基甲酸丙烯酯	—	—	0.5
	N－丁氧基甲基丙烯酸酰胺	0.66	—	—
引发剂过硫酸铵		0.17	0.17	0.17
去离子水		60.45	60.31	59.61

【制备方法】

（1）将上述配方中的1/6～1/4的软单体、硬单体、引发剂以及全部乳化剂和去离子水加入反应器，室温下搅拌25～35min，升温至75～85℃。

（2）聚合引发后滴加剩余的软单体、硬单体、引发剂以及全部功能性单体，滴加完毕后在75～85℃下保温100～140min，冷却至室温即可得到本品。

【产品应用】　本品主要用于纺织工业印染生产中纺织品涂料印花。

【产品特性】 本品制备的涂料印花用黏合剂使用后在纺织品上可不含游离甲醛或可在允许的含量范围之内。

实例24 无醛低温黏合剂

【原料配比】

原料	配比(质量份)		
	1#	2#	3#
去离子水	65	70	75
脂肪醇聚氧乙烯醚硫酸铵盐	0.3	0.1	0.2
脂肪醇聚氧乙烯醚	0.8	0.85	0.9
亚甲基丁二酸	0.6	0.5	0.4
甲基丙烯酸缩水甘油酯	1	1.5	2
丙烯酸酯	18	16.5	15
苯乙烯	3	4	5
丙烯酯	6	5.5	5
过硫酸铵	0.02	0.02	0.02

【制备方法】 将水按6:4的比例分别打入反应釜和预乳化釜,然后将脂肪醇聚氧乙烯醚硫酸铵盐、脂肪醇聚氧乙烯醚、亚甲基丁二酸、甲基丙烯酸缩水甘油酯、丙烯酸酯、苯乙烯、丙烯酯加入预乳化釜混合预乳化;乳化完成后称取乳化液的3%加入已升温至80℃左右的反应釜中,加入过硫酸铵,待物料反应后开始滴加其余乳化液及过硫酸铵,滴加结束即得本品的无醛低温黏合剂。

【产品应用】 本品主要应用于织物。

【产品特性】 本无醛低温黏合剂,使焙烘温度降至100℃甚至更低,且印花浆料不堵网,黏合剂保持高温不发黏,低温不变硬的特性。印花加工织物的干湿摩擦牢度达到国家标准,手感柔软,给色量多,满足涂料印花的要求,从而节约能源,降低成本,使印花具有更广泛的应用。

使用该产品赋予织物良好的手感，印花色泽亮丽。耐碱及耐水效果优良。

可低温自交联，无须高温烘焙及可达到高牢度、高耐干、湿擦的特性，而且环保等级为最高，超低甲醛含量，不含 APEO、邻苯二甲酸酯等违禁化学品。

实例25 自交联型丙烯酸酯印花黏合剂

【原料配比】

原料	配比(质量份)		
	1#	2#	3#
丙烯酸丁酯	680	700	688
甲基丙烯酸甲酯	60	68	72
丙烯酰胺	40	44	50
丙烯腈	120	122	130
N-羟甲基丙烯酰胺	60	66	70
OP-10	40	48	40
十二烷基硫酸钠	3	3.2	3
过硫酸铵	3	3	3.2
纯水	1200	1200	1200
乙二醇	30(体积)	30(体积)	30(体积)
氨水	适量	适量	适量

【制备方法】

(1)将总量50%的纯水、总量50%的 OP-10、总量50%的十二烷基硫酸钠投入乳化反应瓶内，再投入丙烯酸丁酯、甲基丙烯酸甲酯、丙烯腈、*N*-羟甲基丙烯酰胺，在常温下快速搅拌，乳化0.5~3h，转速为300~500r/min。

(2)另将剩余的纯水、丙烯酰胺、剩余的 OP-10、剩余的十二烷基硫酸钠、过硫酸铵投入聚合反应瓶内升温搅拌。

(3)将充分乳化好的混合单体装入滴液漏斗内,聚合反应瓶内升温至75~78℃时开始滴加乳化单体,在1~1.5h内滴加完毕,再提高聚合液的温度至85~90℃,保温1~1.5h,聚合物逐渐变稠,降温至60℃加入乙二醇,降温至50℃加入氨水调节pH值至8~8.5,即可放料过滤。

【产品应用】 本品是一种自交联型丙烯酸酯印花黏合剂。

【产品特性】

(1)本品以丙烯酸丁酯为主体,甲基丙烯酸甲酯为硬单体,另加入部分丙烯腈,并加入*N*-羟甲基丙烯酰胺改进聚合物的性能。此种黏合剂在印花浆中涂印于织物150~170℃热烘时发生自身交联形成网状结构,极大地改进了黏合剂的性能,属于第三代黏合剂。

(2)本品是在单体聚合时引进交联单体所形成自交联型黏合剂,具有涂料印花工艺简单、色泽齐全、轮廓清晰、无须热熔、无须酸碱处理、节约能源、减少污染等特点。

(3)本品在不改变黏合剂性能的前提下,将传统工艺中所用的引发剂过氧化苯甲酰改为过硫酸铵,因过硫酸铵价格仅为过氧化苯甲酰价格的1/3,大大降低了生产成本,使产品能获得更大的利润。

(4)本品是为了织物(天然纤维及化学纤维)进行涂料印花工艺的需求而研制的专用黏合剂,无须高效平洗设备,无须酸碱处理,无酸碱废液形成,有着广阔的发展前途。

第三章　洗衣粉

实例1　超强去污洗衣粉

【原料配比】

原　　料	配比(质量份)	
	1#	2#
远红外离子粉	20	30
脂肪醇乙氧化物	6	10
烷基苯磺酸钠	1	2
硅酸钠(水合型)	8	10
碳酸钠	30	20
羟甲基纤维素	0.5	1.3
荧光增白剂	0.3	0.5
香精	0.2	0.2
硫酸钠	29	20
水	5	6

【制备方法】　将远红外离子粉、脂肪醇乙氧化物、烷基苯磺酸钠、硅酸钠(水合型)、碳酸钠、羟甲基纤维素、硫酸钠、水依次加入配料罐中，搅拌均匀，于60～70℃时，喷粉、风送、干燥、冷却后加入荧光增白剂、香精拌匀后包装。

【产品应用】　本品用于织物的洗涤。

【产品特性】　本产品既可以对各类棉、麻、毛、化纤织物进行清洁去污洗涤，又可对织物消毒杀菌、柔软去皱，因不含磷(酸钠)又含有纯天然远红外离子成分，洗涤过衣物的水对环境、水源不会造成污染。

实例2　低温无磷无毒洗衣粉

【原料配比】

原料		配比(质量份)								
		1#	2#	3#	4#	5#	6#	7#	8#	9#
表面活性剂	烷基苯磺酸钠	18.5	17.5	16.7	15	13	11	9.3	7.4	5.7
	α-烯烃磺酸钠	5	4.8	4.5	4	3.5	3	2.5	2	1.5
	脂肪醇聚醚硫酸钠	5	4.8	4.5	4	3.5	3	2.5	2	1.5
	洗涤精华素	2.5	2.5	2.3	2	1.8	1.5	1.3	1	0.8
助剂	无水偏硅酸钠	9	8.5	7.7	7.5	7	6.5	6	5.5	5
	碳酸钠	10	12	13	15	16	16	17	18	20
	复合二硅酸钠	22	20	18.5	17.5	15.5	15.5	15	14	12
添加剂	秀波	1.5	1.5	1.5	1.5	1.5	1.5	1.5	1.5	1.5
	诺和诺德低温酶	1	11	1	0.6	0.4	0.6	0.4	0.4	0.4
	香精	0.2	0.2	0.2	0.15	0.15	0.15	0.1	0.1	0.1
填料	无水硫酸钠	20	22	25	28	33	36	39.5	43	45
水		5	5	5	5	5	5	5	5	5

【制备方法】

(1)制备复合表面活性剂:将烷基苯磺酸钠、α-烯烃磺酸钠、脂肪醇聚醚硫酸钠、洗涤精华素按先多后少和20%的浓度,50℃的温度配制成复合表面活性剂液体料浆待用。

(2)复合助剂的制备:将上述无水偏硅酸钠、碳酸钠、复合二硅酸钠按上述配合量冷混合均匀待用。

(3)配制料浆:将上述复合表面活性剂加热至60℃以上,然后匀速加入复合助剂,以30r/min的速度搅拌3min后,再加入无水硫酸钠和秀波,配制成温度为60℃左右,浓度50%左右的成品料浆,再通过高塔成型。

(4)将诺和诺德低温酶、秀波、香精通过后配料装置加入。

(5)采用高塔喷雾和瞬时附聚结合的工艺,即可制成高洗效的低温无磷无毒洗衣粉。

【注意事项】

该低温无磷无毒洗衣粉的表面活性剂含量较高,其去污力指数≥1.6,而且助剂含量较大,适合生产高效产品。

该低温无磷无毒洗衣粉的表面活性剂含量适中,助剂及添加剂均较平衡,去污力指数在1.2~1.5之间,适合生产一般产品。

【产品应用】 本品用于织物的洗涤。

【产品特性】

(1)本品采用的复合表面活性剂和复合助剂,部分取代已有洗衣粉中的烷基苯磺酸钠、四聚烷基苯磺酸盐等表面活性剂和磷酸盐、铝盐、氮合成物等助剂物质,具有无毒、无刺激,对人类健康无伤害,使用安全性大的优点。对环境无污染,对保护生态环境有重大意义,是一种真正的"绿色"产品。

(2)本品采用的复合表面活性剂和复合助剂,其生物降解度高,具有去污力强的优点,特别是对油性污垢,蛋白质污垢有优异的去污效果。

(3)本品采用的复合表面活性剂和复合助剂,具有洗后手感好,对织物无任何损伤,且令织物洗后柔顺、不折、不皱、无发硬现象的优点。

(4)本品采用的复合表面活性剂和复合助剂的价格低,即使提高其含量也不会过多地加大成本。所以使产品整体价格合理,略低于传统洗衣粉,适合消费者需求。

(5)本品采用的复合助剂和复合表面活性剂的灰分含量极低,洗涤后织物手感很好。

(6)本品用秀波作为助剂,提高了产品在低温状态下的去污效果,特别适宜在低于常温即20℃以下使用。

实例3　多功能消炎灭菌洗衣粉

【原料配比】

原　料	配比(质量份)		
	1#	2#	3#
磺酸	8	12	10

续表

原　料	配比(质量份)		
	1#	2#	3#
桐树油	0.1	0.2	0.1
丁香油	0.01	0.02	0.01
皂角油	1	2	1.5
木姜油	0.01	0.02	0.01
椰油基二乙酰胺	1	3	2
脂肪醇聚氧乙烯醚硫酸钠	0.5	2	1
脂肪醇聚氧乙烯醚	1	3	2
轻质硅酸钠	40	50	45
纯碱	12	20	16
脂肪醇硫酸钠	1	2	1.5
元明粉	8	12	10
4A 沸石	3	7	5
羧甲基纤维素钠	1	3	2
十二烷基苯磺酸钠	1	3	2
增白剂	0.01	0.03	0.02
蛋白酶	1	3	2
香精	0.05	0.2	0.1
樟脑粉	0.2	0.4	0.3
薄荷粉	0.1	0.3	0.2
白酒	0.1	0.2	0.1
硫黄粉	0.01	0.02	0.01
陈醋	0.03	0.07	0.05

【制备方法】

(1)将磺酸、桐树油、丁香油、皂角油、木姜油、椰油基二乙酰胺、脂肪醇聚氧乙烯醚硫酸钠、脂肪醇聚氧乙烯醚混合搅拌得到混合物A。

(2)将混合物A与轻质硅酸钠混合搅拌,得到混合物B。

(3)向混合物B中加入纯碱、脂肪醇硫酸钠、元明粉、4A沸石、羧甲基纤维素钠、十二烷基苯磺酸钠、增白剂搅拌混合得到混合物C。

(4)在混合物C中加蛋白酶、香精、樟脑粉、薄荷粉、白酒、硫黄粉、陈醋,混合搅拌均匀后得成品。

【产品应用】 本品用于衣物的洗涤。

【产品特性】 本品不仅具有较强的去污力,还有消炎杀菌的功效。使用本品不仅可以洗涤衣物,在洗涤衣物时可以杀灭衣物上的有害细菌。洗涤剩下的洗涤液可以除去狗、猪等动物、牲畜上的细菌和虱子,达到一物多用的效果。

实例4 多用途环保浓缩洗衣粉

【原料配比】

原料	配比(质量份)
月桂醇硫酸钠	20.0
脂肪酸甲酯碳酸盐	14.0
聚丙烯酸钠	10.0
柠檬酸	0.5
柠檬酸钠	2.0
硅酸钠	13.0
碳酸钠	13.0
过碳酸钠	10.0
芒硝	15.0
羧甲基纤维素	1.0
水	1.5

【制备方法】

(1)按配比将柠檬酸倒入水中搅拌至溶解,水温控制在60℃左右,当溶液由乳浊变清澈,再加入柠檬酸钠搅拌 5min,形成柠檬酸缓冲溶液。

(2)按配比将月桂醇硫酸钠及脂肪酸甲酯碳酸盐单独置于搅拌机内,混合搅拌 5min 均匀后,再慢慢加入柠檬酸缓冲溶液。

(3)按配比将聚丙烯酸钠、羧甲基纤维素加入柠檬酸缓冲溶液中搅拌 5~10min,使之成为胶状体。

(4)按配比将硅酸钠、碳酸钠及芒硝在大搅拌机混合搅拌。

(5)将步骤(3)所得胶状物加入大搅拌机与步骤(4)所得的混合物加以混合,并以 48~80r/min 的速度搅拌约 30min,由于油质与粉质相互摩擦并起反应,此时会产生热量,所以控制搅拌速度很关键,当温度过高时会产生结块现象。

(6)按配比加入过碳酸钠搅拌 10min,即成成品。

【产品应用】 本品用于衣物的洗涤。

【产品特性】 本品不必进行外部加热就能产生匀质的干燥粉末,设备简洁,制造时不会产生废气、废水,节省电力,符合环保要求。

实例5 高效浓缩无毒洗衣粉

【原料配比】

原 料	配比(质量份)		
	1#	2#	3#
十二烷基硫酸钠	24	13	2
十二烷基苯磺酸钠	2	13	24
倍半碳酸(氢)钠	40	30	18
偏硅酸钠	4	8	14
硅酸钠	10	6	2
硫酸钠	18	28.5	39
羧甲基纤维素	1.5	1.1	0.7
香精	0.1	0.075	0.05

【制备方法】

(1)碳酸钠与碳酸氢钠按35:(60~70)的质量比先制取倍半碳酸(氢)钠。

(2)按配方称取除香精以外的各种原料,置于一容器中搅匀。

(3)用喷雾器将水加香精均匀喷到混合料中,边喷边搅拌,使水均匀浸入混合料中。

(4)将喷过水的混合料放入滚筒式搅拌机或造粒机中进行造粒。

(5)将造粒好的混合料置于30℃干燥室或烘干机内干燥,使水分含量低于15%后过筛,即成。

【产品应用】 本品适合各种织物的洗涤。

【产品特性】 使用本品,织物不会僵硬,性质温和柔软,洗涤效果非常好,且价格便宜、工艺简单,高效无毒。适合各种织物的洗涤,对人体、植物、环境不会造成危害。

实例6 高效无磷合成洗衣粉

【原料配比】

原　　料	配比(质量份)	
	1#	2#
纯碱	20	19
元明粉	20	9
十二烷基苯磺酸钠	12	3
偏硅酸钠	10	—
羧甲基纤维素钠	1	2
十二醇硫酸钠	—	1
磺酸	—	8
水	—	2
烷基酰胺	—	2
轻质泡花碱	25	53
烷基酚醚	11.9	1

【制备方法】 配方1#(浓缩型):先将纯碱、元明粉、羧甲基纤维素钠、偏硅酸钠、十二烷基苯磺酸钠等粉状的原料过筛,轻质泡花碱不过筛,投入机器中搅拌均匀,约30s。再将烷基酚醚液体慢慢一点点地加入步骤(1)的原材料中搅拌均匀,时间大约3min,打开进料开关,进行附聚成型,成型后加香,即可包装。

配方2#(普通型):先将元明粉、纯碱、羧甲基纤维素钠、十二烷基苯磺酸钠十二醇硫酸钠过筛投入机器中搅拌均匀,约30s。再将磺酸和水、烷基酰胺、烷基酚醚等水剂液体原料混合物搅拌成糊状,再慢慢一点点地加入步骤(1)的原材料中搅拌均匀,约2min。最后将轻质泡花碱投入机器中搅拌均匀,约30s,打开放料开关,进行附聚成型,然后加酶加香,即可包装。

【产品应用】 本品用于衣物的洗涤。

【产品特性】 本产品的优点是无论普通型还是浓缩型均为无磷高效洗衣粉,经测试其组合的去污能力,无论是洗涤衣服还是瓜果其去污能力均较强。本品不必进行外部加热就能产生匀质的干燥粉末,设备简单,制造时不会产生废气、废水、节省电力,符合环保卫生的要求。

实例7 高效无磷洗衣粉

【原料配比】

原　　料	配比(质量份)	
	1#	2#
烷基苯磺酸钠	10	12
硫酸钠	15.5	9
α-烯基磺酸盐	3	5
硅酸钠	9	8
脂肪醇聚氧乙烯醚	8	5
硼砂	5	4.4
茶皂素	3	8

续表

原　料	配比(质量份)	
	1#	2#
对甲苯磺酸钠	5	4
二硅酸钠	8	12
羧甲基纤维素钠	1.5	2
碳酸钠	18.5	16.5
过碳酸钠	3	5
柠檬酸钠	10	9
香精	0.1	0.1
脂肪酶	0.4	—

【制备方法】 将各固体料按照配方给定量准确计量后在混合机内充分混合均匀,液体料通过计量泵准确计量,固体料及液体料在附聚造粒机内充分附聚造粒,成型后通过干燥老化后即可。

【注意事项】 本品中表面活性剂可采用硫酸钠、硅酸钠(水玻璃)、对甲苯磺酸钠、羧甲基纤维素钠、硼砂等,氧化剂采用过碳酸钠;还可加入特殊助剂如碱性蛋白酶、脂肪酶、复合酶、香精等,其加入总量为0.1%～1%。本品所采用的增效助剂为三元增效助剂,即二硅酸钠、碳酸钠和柠檬酸钠,其中柠檬酸钠又可用聚羧酸盐、乙二胺四乙酸等代替。

【产品应用】 本品用于衣物的洗涤。

【产品特性】 本品具有很强的去污能力,具有协同的作用,洗涤效果理想,洗涤废水不含磷及其他有害物质,不会对人体及环境造成危害和污染。

实例8　高效消毒强力去污洗衣粉

【原料配比】

原　料	配比(质量份)
二氯异氰尿酸盐	10

续表

原　料	配比(质量份)
十二烷基苯磺酸钠	12
三聚磷酸钠	30
羟甲基纤维素	4.5
碳酸钠	20
硅酸钠	6
草酸	8
增白剂	1
香精	0.5

【制备方法】 首先将十二烷基苯磺酸钠、碳酸钠、硅酸钠按量加入反应釜中混合,在常温下搅拌5~10min,然后加入三聚磷酸钠、羟甲基纤维素、草酸混合反应20~40min,再加入二氯异氰尿酸盐、香精、增白剂进行混合搅拌5~10min即可。

【产品应用】 本品用于衣物的洗涤。

【产品特性】 本品工艺简单、性能稳定、产品去污力强,易漂洗。经卫生部门检测,对大肠杆菌、金黄色葡萄球菌、蜡样杆菌等杀灭率大于99.99%,对甲、乙肝病毒,艾滋病毒具有较强的破坏作用。

实例9　纳米环保洗衣粉

【原料配比】

原　料	配比(质量份)	
	1#	2#
海泡石	40	—
凹凸棒石	—	60
十二烷基苯磺酸钠	16	2
碳酸钠	10	3

续表

原　料	配比(质量份)	
	1#	2#
硫酸钠	16	5
羧甲基纤维素(CMC)	1	1
柠檬酸钠	1	2
奥拜	6	10
偏硅酸钠	10	15
香精	1	1

【制备方法】 将原料混合均匀即可。

【产品应用】 用于衣物的洗涤。

【产品特性】 本品无磷、无污染,对环境水域有二次洗涤作用,杀菌、消毒;对洗涤物无黏沫,洗涤率高。

实例10　纳米抗菌无磷洗衣粉

【原料配比】

原　料		配比(质量份)				
		1#	2#	3#	4#	5#
荧光增白剂	P型纳米 SiO_x(10nm)	0.15	—	—	—	—
	P型纳米 SiO_x(100nm)	—	0.1	—	—	—
	P型纳米 SiO_x(30nm)	—	—	0.2	—	—
	P型纳米 SiO_x(5nm)	—	—	—	0.05	—
	P型纳米 SiO_x(12nm)	—	—	—	—	0.4
4A沸石		19	18	20	16	22
十二醇硫酸钠		7	5	10	3	12
碳酸氢钠		9	8	10	6	12
碳酸钠		27	25	30	23	32

续表

原料		配比(质量份)				
		1#	2#	3#	4#	5#
硫酸钠		27	25	30	23	32
羧甲基纤维素钠		1	0.8	1.5	0.5	2
天然香料	天然薄荷草香型混合剂	0.02	—	—	—	—
	天然香茅青草型混合剂	—	0.08	—	—	—
	天然艾叶草香型混合剂	—	—	0.1	—	—
	天然樟脑香型混合剂	—	—	—	0.05	—
	天然玫瑰花香混合剂	—	—	—	—	0.08
水		5	5	5	3	7

【制备方法】 向荧光增白剂中加入十二醇硫酸钠,再加入水、碳酸氢钠、碳酸钠、硫酸钠、羧甲基纤维素钠搅拌均匀,然后加入4A沸石,制粒,过筛;过筛物加入天然香料或香料混合物混合,即可。

【产品应用】 本品用于衣物的洗涤。

【产品特性】 本品具有除菌强、去污力强、易漂洗、对皮肤无刺激、不损伤织物、衣物晾干后具有凉爽的青草香气、轻微的驱避蚊虫的作用及对环境无污染的优点。

实例11 皮肤保护型无磷洗衣粉

【原料配比】

原料	配比(质量份)
十二烷基苯磺酸钠	5
脂肪醇聚氧乙烯醚硫酸钠(AES)	6
尼纳尔	6
硫酸钠	30
硅酸钠	20

续表

原　料	配比(质量份)
拉开粉	1
月桂醇硫酸钠	2
白炭黑	10
羟丙基甲基纤维素(HPMC)	4
二甲苯磺酸钠	5
β-环糊精	5
碱性蛋白酶	3
香精	0.5
脂肪酶	0.5
三乙醇胺	2

【制备方法】 先将离子型的表面活性剂,抗黏结剂(总量的5%),矿物质(硅酸钠、硫酸钠)混合并附聚或高塔喷雾成型,再将非离子表面活性剂和植物助剂,高分子助剂,混合喷雾附聚,最后喷入香精,混入生物酶颗粒,混匀、化验,即得。

【产品应用】 本品用于衣物的洗涤。

【产品特性】 本产品经皮肤刺激性试验证明无刺激性。有效地解决了洗掉黑色污垢,残留白色物对人体的伤害问题。真正提高了个人卫生和公共卫生质量。既对人无伤害,又不破坏生态环境。

实例12　杀菌驱蚊洗衣粉

【原料配比】

原　料	配比(质量份)		
	1#	2#	3#
磺酸	10	12	5
净洗剂	0.7	1	0.5

续表

原　料	配比(质量份)		
	1#	2#	3#
醇醚硫酸钠	1.5	4	1
月桂醇聚氧乙烯醚	1	1.5	—
纯碱	8	7	12
元明粉	3	2	5
硅酸钠洗衣粉母料	20	15	20
酒糟	3	2	5
十二烷醇硫酸钠	3	4	2
十二烷基苯磺酸钠	8	10	7
纤维素	1	1	0.8
蛋白酶	4	5	3
粉末状薄荷叶	2	3	4
粉末状水马桑叶	3	3	5
硫黄粉	1	1.5	—
粉末状皂角	2	2	5
粉末状茶子油饼或桐油果	3	3	5
薄荷脑	0.03	0.05	0.03
粉末状丁香	0.55	0.6	0.5
木姜子油	0.04	0.05	0.03
粉末状樟脑	0.5	0.8	0.5
谷壳灰	25	25	30
陈醋	0.8	1	0.8
白酒	0.4	0.5	0.3
香精	0.09	0.1	0.08
酒精	0.2	0.2	0.2

【制备方法】

(1)取磺酸、净洗剂,混合搅拌均匀后得A品。

(2)取醇醚硫酸钠、月桂醇聚氧乙烯醚,混合搅拌均匀后得B品。

(3)取纯碱、元明粉、硅酸钠洗衣粉母料,混合搅拌均匀后得C品。

(4)把糯米酒糟过滤后,取酒糟,得D品。

(5)取十二烷醇硫酸钠、十二烷基苯磺酸钠,混合搅拌均匀后得E品。

(6)取纤维素、蛋白酶,混合搅拌均匀后得F品。

(7)取粉末状薄荷叶、粉末状水马桑叶、硫黄粉,混合搅拌均匀后得G品。

(8)取粉末状皂角、粉末状茶子油饼或桐油果,混合搅拌均匀后,蒸2~4h后烘干,得H品。

(9)取薄荷脑、粉末状丁香、木姜子油、粉末状樟脑,混合搅拌均匀,烘干后得I品。

(10)将A品与B品混合,搅拌均匀;再将C品加入,搅拌均匀;再将D品、E品、F品、G品、H品、I品依次加入搅拌均匀后,得J品。

(11)取滤色的谷壳灰、陈醋、白酒,搅拌烘干后加入J品,搅拌均匀后得K品。

(12)取香精、酒精均匀喷洒在K品上,搅拌均匀后得成品。

【产品应用】 本品可作为洗涤衣物和洗洁用品使用,特别适合在农村地区广泛使用。

【产品特性】 本产品除具有洗涤功用外,还可作为人体洗洁用品使用,对人体的肌肤可起到一定的消炎、杀菌、止痒作用。常用本产品作为洗涤或洗洁用品,可对皮肤病起到预防作用。利用本品洗涤后的物品还有一定的驱蚊作用。一般的洗衣粉在洗涤物品后,洗衣粉液只能弃之;本品洗涤物品后的洗衣粉液,仍可用来喷洒在牛、马圈、菜园、居住环境周围等处,起到驱蚊、防虫的作用。本品具有制作成本较低,实用功能多,实用效果好的特点。

实例13 速溶膨化洗衣粉

【原料配比】

原料		配比(质量份)	
		1#	2#
表面活性剂浆料	烷基苯磺酸钠	—	16
	脂肪醇聚氧乙烯醚	10	2
	脂肪醇硫酸钠	3	—
	脂肪醇二乙醇胺	2	—
	二甲苯磺酸钠	—	2
明矾		25	25
碳酸钠		25	20
硫酸钠		10	15
无水偏硅酸钠		21	20
碱性蛋白酶		3.6	—
香料		适量	适量

【制备方法】 本品生产方法主要包括烧结、配料、喷雾三个步骤。

(1)将明矾粉碎与碳酸钠、硫酸钠混合于90~100℃经10~20s瞬间加热烧结成颗粒。

(2)在步骤(1)所述颗粒中加入柠檬酸调节pH值为9.8~10.0的同时加入无水偏硅酸钠、蛋白酶、香料等洗涤助剂。

(3)将表面活性剂料浆加热至(80±10)℃送入高压喷枪,在旋转滚筒中向步骤(2)制备的物料中喷雾成为膨胀雪花状颗粒。

【注意事项】 本品中活性剂载体为明矾15~30,碳酸钠15~25,硫酸钠10~15。适用于本品的表面活性剂包括烷基苯磺酸钠、脂肪醇聚氧乙烯醚、脂肪醇硫酸盐、脂肪醇二乙醇胺等阳离子型,非离子型或阴离子型表面活性剂的其中一种或几种。适用于本品的洗涤助剂包括pH调节剂、水软化剂、酶制剂、香料等。

【产品应用】 本品用于衣物的洗涤。

【产品特性】 本品具有优良的速溶性能和去污力，而生产设备比普通喷雾生产法大大降低，工艺简单易于掌握。

实例 14　特效洗衣粉

【原料配比】

原　　料	配比（质量份）		
	1#	2#	3#
十二烷基苯磺酸钠盐	4.5	4.0	6.0
脂肪醇硫酸钠	2	2.5	1.5
过硼酸钠	15.5	13.0	19.0
碳酸钠	17.5	20.0	16.0
羧甲基纤维素钠	1.9	1.5	2.5
乙二醇苯醚	1.8	2.5	1.5
甘油醇	4.5	3.0	5.0
水杨酸	9.35	6.6	13.0
硫酸钠	40	43	33.6
蒸馏水	2.95	3.9	1.9

【制备方法】 按配比先将上述十二烷基苯磺酸钠盐、脂肪醇硫酸钠、过硼酸钠、碳酸钠、羧甲基纤维素钠和乙二醇苯醚加入辗转式拌混机中，均匀辗转搅拌 20min，然后，将上述配比的蒸馏水加热至 35℃，并与上述配比的甘油醇混合成混合液，用喷雾器将该混合液均匀喷洒在辗转式拌混机中的上述原料中，再依次加入上述配比的水杨酸和硫酸钠，并均匀辗转搅拌 10min，最后经过筛，制成本品。

【产品应用】 本品用于洗涤织物上的污垢。

【产品特性】 本品不含多聚磷酸钠和磷酸钠，既不腐蚀被洗衣物，又不伤害人体肌肤，还具有抗病毒杀菌功效。

实例15 无磷加酶洗衣粉

【原料配比】

原料	配比(质量份)		
	1#	2#	3#
十二烷基苯磺酸钠	10	12	8
脂肪醇聚氧乙烯(7)醚	8	4	4
脂肪醇聚氧乙烯(10)醚	6	8	6
粉状硅酸钠	47.5	30	50
沸石	6	15	10
纯碱	8	10	8.5
过碳酸钠	8	10	7
荧光增白剂	0.1	0.2	0.1
蛋白酶	0.2	0.5	0.2
胰酶	1	1.2	1
氯化铵(或硫酸铵替代)	3	5	3
亚硫酸钠	1	1.6	1
香料	0.2	0.5	0.2
CMC	1	2	1

【制备方法】

(1)称取配方中的酶、1/5 的 CMC、1/10 的脂肪醇聚氧乙烯(10)醚、氯化铵、亚硫酸钠,混合均匀后造粒、烘干,装入小包装。

(2)将剩余原料依次按硅酸钠、阴离子表面活性剂、非离子表面活性剂、CMC、沸石、纯碱、过碳酸钠、荧光增白剂的顺序混合均匀,喷入香料。

(3)将步骤(1)封成的小包装装入步骤(2)的大包装洗衣粉中即为产品。

【产品应用】 本品用于多种污渍的洗涤。

【产品特性】 本产品去污力强,可有效去除血渍、奶渍、尿渍、油渍等多种污渍。

实例16　消毒杀菌洗衣粉

【原料配比】

原料		配比(质量份)		
		1#	2#	3#
阴离子表面活性剂十二烷基苯磺酸钠		20	19.0	—
非离子表面活性剂脂肪醇聚氧乙烯醚(AEO-9)		—	1.5	11.0
洗涤助剂	三聚磷酸钠	22	—	37
	沸石	—	28	—
	碳酸钠	9.6	15	15
	硅酸钠	8	8	—
	五水合偏硅酸钠	—	—	7
辅料	羧甲基纤维素钠	2.0	—	2.0
	高分子聚合物	—	0.7	—
	增白剂	0.10	0.20	0.30
	香精	0.10	0.20	0.20
消毒剂稳定态的固体二氧化氯		12	10	12
填充料硫酸钠		加至100	加至100	加至100

【制备方法】　配方1#、配方2#生产工艺:将表面活性剂、洗涤助剂、填充料和辅料(香精除外)按照配方和工艺要求制成料浆,然后高温逆流喷雾干燥,并冷却老化,再将稳定态固体二氧化氯按照配比分别加入,充分混合均匀,同时按照配比喷入香精即得最终产品。

配方3#生产工艺:将非离子表面活性剂、洗涤助剂、填充料和辅料按照配方要求直接混合均匀,然后将稳定态的二氧化氯按照配比分别加入,充分混合均匀即可。

【注意事项】　本品中采用阴离子表面活性剂或非离子表面活性剂或者两者的结合。其中:阴离子表面活性剂采用十二烷基苯磺酸钠或α-烯基(烃)磺酸盐(AOS)或C_{10}~C_{24}脂肪酸皂或其两者以上的混合,非离子表面活性剂采用脂肪醇聚氧乙烯醚(AEO－9)或脂肪醇聚氧乙烯醚(AEO－7)。

洗涤助剂采用三聚磷酸钠或沸石或层状硅酸钠或柠檬酸钠或碳酸钠或硅酸钠或偏硅酸钠或对甲苯磺酸钠或其两者以上的混合物。

辅料采用荧光增白剂或高分子聚合物或羧甲基纤维素钠或香精或其两者以上的混合物。

【产品应用】 本品广泛用于家庭、宾馆、医院等衣物和其他物品的洗涤和消毒。

【产品特性】 本产品可以作为日常洗涤用品,还可以作为日常消毒用品。作为日常洗涤用品,本产品去污性能强,同时本产品还兼有漂白除渍的功能,如能够有效去除难洗的葡萄酒污垢等。作为日常消毒杀菌用品,本产品能够有效杀灭大肠杆菌、金黄色葡萄球菌、白色念珠菌和易传染的甲肝或乙肝病毒。本产品使用简单,制造方便,安全可靠,效果显著。

实例17 抑菌去污消毒洗衣粉

【原料配比】

原料	配比(质量份)		
	1#	2#	3#
柠檬酸钠	2	5	4
氢氧化钠	3	6	5
烷基苯磺酸钠	3	6	5
碳酸钠	3	6	5
焦磷酸钠	3	6	5
超细碳酸钙	3	6	5
过硼酸钠	4	7	6
板蓝根粉	3	6	5
玫瑰香精	0.3	0.5	0.4

【制备方法】 将上述原料混合在一起，搅拌均匀，用塑料袋包装，即可。

【产品应用】 本品用于医务工作人员衣物、口罩等的消毒、杀菌。

【产品特性】 本品具有独特的去污作用，能除掉油渍、原油、沥青、树脂、油墨等污垢，能抑制细菌的产生，杀菌能力特别强，能够预防和控制非典型性肺炎的发生和细菌感染，并且能消除螨虫和预防各类虫菌的发生，对人体表面无毒、无害、无副作用、不损伤衣物。

实例18 低臭高效消杀去污洗衣粉

【原料配比】

原　　料	配比(质量份)
二氯异氰尿酸盐	12
羟甲基纤维素	4.5
碳酸钠	21
草酸	7
增白剂	1
十二烷基苯磺酸钠	12
三聚磷酸钠	30
硅酸钠	0.5
香精	0.5

【制备方法】 首先将十二烷基苯磺酸钠、碳酸钠、硅酸钠加入反应釜中混合，在常温下搅拌4～10min，然后再加入三聚磷酸钠、羟甲基纤维素、草酸混合反应20～40min，再加入二氯异氰尿酸盐、香精、增白剂进行混合搅拌6～10min。

【产品应用】 本品是一种低臭高效消杀去污洗衣粉。

【产品特性】 本品具有快速消毒洗涤，强力去污，易漂洗的特点，是同类产品中的最佳选择。

实例19 负离子洗衣粉

【原料配比】

原料	配比(质量份)	
	1#	2#
电气石粉	2	1
远红外线载银粉	2	1
海泡石	50	30
烷基苯磺酸钠	15	10
碳酸钠	10	5
硫酸钠	15	5
CMC	2	1

【制备方法】 取电气石粉、远红外线载银粉、海泡石混合在一起搅拌均匀,然后放入气流粉碎机中制成亚微米级超细粉体,再与烷基苯磺酸钠、碳酸钠、硫酸钠、CMC 搅拌均匀而得制品。

【产品应用】 本品是一种负离子洗衣粉。

【产品特性】 本品具有消毒杀菌,吸附重金属,消除酚、醛、苯类等有害物质的优点。

实例20 高效复合环保洗衣粉

【原料配比】

原料	配比(质量份)
精烷基苯磺酸钠	20
烷基磺酸钠	14
硫酸钠	30
碳酸钠	8
速溶粉状硅酸钠	5
丙烯酸—马来酸酐共聚物钠盐	2

续表

原　　料	配比(质量份)
烷基醇酰胺	2
复合酶	0.5~2
羧甲基纤维素	0.5~2
过氧碳酸钠	0.05~0.5
纳米银	0.005~0.001
香精	0.005~0.01
三乙醇胺型酯基	0.005~0.01
甲苯磺酸钠	0.005~0.01

【制备方法】 将各组分混合均匀即可。

【产品应用】 本品是一种高效复合环保洗衣粉。

【产品特性】 本品不仅环境保护和健康防护效果比现有的市场产品更加先进,而且可轻松快速去除各种顽劣污渍,并且还能最大程度减轻对皮肤的伤害;不仅免加消毒液、柔顺剂、漂白剂、彩漂剂也能达到优越的护衣、护色和舒适效果,而且消除细菌、消灭螨虫的效果更加优越。不仅功效优越,而且价格低廉,绝大多数人群都能够消费和购买,有助于洗涤环保深度推广;不仅可以用高级香精将洗衣粉调制成各种香型,各种香型可以根据具体产品生产改变替换;也可用其他可以达到同样效果的原料替代以达到其功效。

实例21　工业低温增白洗衣粉

【原料配比】

原　　料	配比(质量份)
粉状五水合偏硅酸钠	30~35
羧甲基纤维素钠	8~12
次氮基三乙酸钠	1~2
脂肪酶	0.2~0.5

续表

原　料	配比(质量份)
淀粉酶	0.2~0.5
蛋白酶	0.2~0.5
脂肪醇聚氧乙烯醚	4~7
两性咪唑啉	3~6
三氯生消毒剂	0.3~2
一水合过硼酸钠	10~20
无磷助剂	20~25
脂肪酸钾	8~12

【制备方法】

(1)先将称量好的粉状五水合偏硅酸钠、一水合过硼酸钠、脂肪酸钾及次氮基三乙酸钠通过过滤网投入搅拌釜中,搅拌10min;搅拌的同时将无磷助剂分三次加入搅拌釜中,然后再继续搅拌3min。

(2)将三氯生消毒剂、两性咪唑啉及脂肪醇聚氧乙烯醚预搅拌4min,然后加入步骤(1)的搅拌釜中搅拌4min。

(3)将羧甲基纤维素钠通过过滤网加入步骤(2)的搅拌釜中搅拌5min。

(4)将脂肪酶、淀粉酶及蛋白酶均匀地撒入步骤(3)的搅拌釜中搅拌3min。

(5)最后将荧光剂投入步骤(4)搅拌釜中搅拌4min。

【产品应用】　本品是一种工业低温增白洗衣粉。

【产品特性】　本品所用原料相互配伍,具有较好的溶解性,在低温条件下有极强的活性,洗涤力高、去污渍完全,在洗涤温度45~55℃的条件下,洗涤8~10min,即可满足洗涤要求,返洗率在2%以下,毛巾洗涤100次后,其白度(白度仪测量)仍为80。本品因降低了洗涤温度、缩短了洗涤时间,单机蒸汽用量同现有技术相比减少了35%以上,节约了大量能源。同时因本品的碱度低,洗涤时间短,减少了织物之间的磨损,毛巾、浴巾可以洗涤350次,同现有技术相比,大大延长了织物的使用寿命。

实例22 环保型洗衣粉

【原料配比】

原料	配比(质量份)		
	1#	2#	3#
无水碳酸钠	14.462	14.562	14.662
无水硫酸钠	41.9	41.8	41.7
硅酸钠	24.8	24.9	24.91
五水合偏硅酸钠	2.823	2.723	2.623
十二烷基苯磺酸钠(35%)	10.015	10.115	10.215
过碳酸钠	3.9	3.8	3.79
羧甲基纤维素(CMC)	0.9	1	1.1
碱性蛋白酶	1.1	1	0.9
香精	0.1	0.1	0.1

【制备方法】 将各组分混合均匀即可。

【产品应用】 本品是一种环保型洗衣粉。

【产品特性】 本品以特定的成分配比提供环保型洗衣粉,可以减少对环境的污染,对身体损害小,洗涤效果好,并且生产工艺简单,原料价格廉价,生产成本低。

实例23 健康零碳洗衣粉

【原料配比】

原料	配比(质量份)
速溶粉状硅酸钠	13
过碳酰胺	22
柠檬酸	15
羧甲基纤维素	3
茶皂素	13

续表

原　　料	配比(质量份)
食盐	15
乙二胺四乙酸	5
四乙酰二胺	3
万能土	11

【制备方法】

(1)先将称量好的速溶粉状硅酸钠、过碳酰胺通过滤网投入搅拌釜中搅拌10~15min。

(2)将柠檬酸、羧甲基纤维素、茶皂素、食盐、乙二胺四乙酸、四乙酰二胺通过过滤网加入搅拌釜中搅拌5~10min。

(3)将步骤(1)加入步骤(2)中搅拌5~10min后将万能土加入再搅拌5~10min。

(4)取样化验分析合格后,放料包装,即获得健康零碳洗衣粉产品。

【产品应用】　本品是一种健康零碳洗衣粉。

【产品特性】　本品所用原料相互配伍,具有较好的溶解性,在低温条件下有极强的活性,洗涤力高,去污渍完全,洗涤后排出的水可以灌溉农作物,它不仅不会对水源造成污染,且能净化水质。洗涤过程不伤织物及人体皮肤,能有效抑制金葡球菌、大肠杆菌、白念珠菌等,有除臭去味功效,节水省电,符合节能减排范畴。

实例24　颗粒状无磷膨化洗衣粉

【原料配比】

原　　料	配比(质量份)				
	1#	2#	3#	4#	5#
无水碳酸钠	54	30	80	75	20
无水硫酸钠	52	76	30	85	46

续表

原料	配比(质量份)				
	1#	2#	3#	4#	5#
十二烷基苯磺酸	16	36	4	85	16
脂肪醇聚氧乙烯醚(AEO-9)	7	16	2	35	10
椰油酸二乙醇酰胺	3	10	5	20	8
硅酸钠	79.3	67.2	96.8	150	70

【制备方法】

(1)常温下将无水碳酸钠、无水硫酸钠、十二烷基苯磺酸、脂肪醇聚氧乙烯醚(AEO-9)和椰油酸二乙醇酰胺按照质量比进行称重、混合为预混料。

(2)将预混料投入500~900r/min的剪切设备中,粉碎成≤100目的基础料。

(3)将基础料与硅酸钠按照1:(0.4~0.8)的比例配比、放入旋转形附聚成型机的造粒系统造粒,输出即得产品。

【产品应用】 本品是一种颗粒状无磷膨化洗衣粉。

【产品特性】 本品制备工艺合理简单,不采用高塔喷雾工艺,提高了工作的安全性;本品配方中不含磷酸盐,生产过程中无毒、无害、无污染、无废水排放,体现了环保的功效;配方合理,将原材料的功效发挥到最佳状态,工艺操作简单,极大地降低了生产成本,推广应用价值大。

实例25 利用4A沸石生产无磷洗衣粉

【原料配比】

原料	配比(质量份)
沸石	5~20
纯碱	30~35

续表

原　料	配比(质量份)
碳酸氢钠(小苏打)	15~20
偏硅酸钠	14~20
聚丙烯酸钠	4~10
填充剂元明粉	20~35
表面活性剂羧甲基纤维素(CMC)	0.5~2
K12	0~3
香料	0.1~0.2
蛋白酶	1~3

【制备方法】 主助剂将沸石,纯碱,小苏打,偏硅酸钠,聚丙烯酸钠,填充剂元明粉,CMC,K12,混合均匀,骨料提升至高位料仓,固料计量后送入造粒机附聚成型,造粒机室空气压力控制在0.2MPa左右,再将配好的液体料雾化喷入,充分造粒,温度控制在35~45℃并使水合反应和中和反应充分进行,反应造好粒的洗衣粉进行一次老化,再送进静置混料器,进行加香料,加蛋白酶再进行二次老化,包装即可。

【产品应用】 本品是一种利用4A沸石生产的无磷洗衣粉。

【产品特性】 本品不含聚磷酸钠,而用多种不含磷助剂,不烧手,不结块,对人体无害,无污染,去污力强,洗涤后的衣物无细菌存在,系白色衣物不易泛黄,制备工艺简单,产品流动性好,不污染环境,成本低,具有较强的市场竞争力。

实例26　去油污无磷洗衣粉

【原料配比】

原料	配比(质量份)		
	1#	2#	3#
母粉	63	61	65
AES	12	11.5	10
食用碳酸钠	18	20	16.5
硫酸钾	3	4	5
食用碳酸氢钠	2.8	3	2
活性蛋白酶	1	0.5	1.4
香精	0.2	—	0.1

其中母粉:

原料	配比(质量份)		
	1#	2#	3#
硅酸钠	5.67	4.88	6.5
硫酸钠	37.8	39.65	37.05
苯磺酸	10.08	6.1	13
碳酸钠	9.45	10.37	8.45

【制备方法】　首先按比例将AES、食用碳酸钠、食用碳酸氢钠、硫酸钾混合,并且搅拌均匀;再将活性蛋白酶和香精按比例混合均匀;最后,将这两种混合物和母粉一起搅拌均匀,化验达标后装丁包装袋。

【产品应用】　本品是一种去油污无磷洗衣粉。适用于清洗衣服、装饰布料、金属机械表面、地面、墙壁、厨房、瓷砖表面等地方的油污。

【产品特性】　本品能100%洗净植物油迹,100%清洗动物油迹,机油,含废机油、汽油、柴油、废柴油、润滑油混合迹清除率接近100%。且本品还具有接触皮肤不发烫,衣服不褪颜色等优点,属于节水型、速效型洗衣粉。

实例27 无磷无铝加香止痒洗衣粉

【原料配比】

原料	配比(质量份)		
	1#	2#	3#
十二烷基苯磺酸钠	10	30	20
脂肪醇聚氧乙烯醚	15	6	7
碳酸钠	10	20	16
二硅酸钠	20	8	19
沸石	11	4	7
氢氧化钠	6	2	4
柠檬酸钠	6	12	8
羧甲基纤维素	6	2	4
分散剂	2	6	3.7
硫酸钠	10	8	9
金银花香精	0.1	0.3	0.2
益母草香精	0.6	0.2	0.2
玫瑰香精	0.1	0.3	0.2
菊花香精	0.6	0.2	0.3
桔梗香精	0.3	0.1	0.2
半夏香精	0.9	0.3	0.4
鱼腥草香精	0.6	0.2	0.3
连翘香精	0.8	0.4	0.5

【制备方法】 将各组分混合均匀即可。

【产品应用】 本品是一种新型无磷无铝加香止痒洗衣粉。

【产品特性】 本品配方中全部采用安全、无刺激、无毒、无残留的物质,然后加上严格的制作工艺加工而成,具有良好的抗硬水性强、去污力强、洗涤效果理想等优点。所排出的洗涤废水不含磷、铅及其他有害物质,不会对人体及环境造成危害和污染,集环保、卫生、芳香、止痒于一体,达到了本品的目的。该配方配伍合理,生产工艺精细,使用量小,去污力强,芳香持久,止痒效果好,是家庭、宾馆、医院、单位等洗涤最卫生、最方便、最快捷、最有效、最理想的去油污、去异味产品。

实例28　无磷无铝杀菌消毒洗衣粉

【原料配比】

原　料	配比(质量份)
活性剂	9.8
直链磺酸	12
硅酸钠	8
四硼酸钠	4
广谱杀菌消毒剂	3
硫酸钠	20.8
碳酸钠	41
纤维素钠	1
增白剂	0.2
香精	0.2

【制备方法】

(1)碳酸钠+四硼酸钠+直链磺酸,搅拌混合(带挤压)至绵软感粉状。

(2)向步骤(1)所得料中加入硅酸钠,硫酸钠,增白剂,搅拌混合均匀。

(3)活性剂+纤维素钠+香精,搅拌均匀。

(4)将步骤(3)所得料加入步骤(2)所得料中搅拌混合(带挤压)至色泽洁白,手感绵软,而后在机械或自然通风下干燥(不加热)至散堆角≤32°。

(5)在已风干的步骤(4)所得料中加入广谱杀菌消毒剂搅拌混合均匀后包装。

【产品应用】 本品是一种无磷无铝杀菌消毒洗衣粉。

【产品特性】 本品去污力强,对环境无害,能预防疾病保护人体健康。可用于洗涤衣物,洗涤餐具,洗涤瓜果,擦洗陶瓷、搪瓷、塑料、硬质器物,安全无毒。

实例29 无磷消毒护肤洗衣粉

【原料配比】

原 料	配比(质量份)
十二烷基苯磺酸	100
硫酸钠	390
元明粉	300
硼砂	120
淀粉	40
季铵盐化合物	10
漂白粉	5
次氯基醋酸钠	10
甘油	6
过硼酸钠	10
香精	1
白砂糖	8

【制备方法】 将各组分混合均匀即可。

【产品应用】 本品是一种无磷消毒护肤洗衣粉。

【产品特性】 本品原料易购,价格低,制作工艺简化,易操作,无须大型专用设备,适合家庭和村组企业生产,且去污力强,综合性能好,无副作用。

第四章　磷化液

实例1　节能型常温快速磷化液

【原料配比】

原　　料	配比(质量份)
磷酸	170
钼酸钠	0.4
碳酸钾	5
碳酸钼	0.1
OP－10	0.25
双氧水	0.3
净水	1000

【制备方法】　将磷酸加入水中搅拌均匀后,再加入碳酸钾和碳酸钼,最后加入钼酸钠、OP－10 和双氧水搅拌均匀,静置 24h 后,即可。

【产品应用】　本品主要应用于金属表面磷化。

【产品特性】

(1)适用范围广。本品适用于各类钢铁制品、构件涂装前表面的磷化处理。磷化液适用温度宽,可以在零度以下使用,可以满足南北地方广大地区冬季使用。

(2)在通常温度下使用无须加热,节省能源。

(3)成膜速度快,膜密度均匀,附着力强,不易返锈。

实例2　节能型低宽温快速磷化液

【原料配比】

原　　料	配比(g/L)			
	1#	2#	3#	4#
磷酸	130	170	240	160

续表

原 料	配比(g/L)			
	1#	2#	3#	4#
钼酸钠	0.2	—	4	—
钼酸钾	—	0.4	—	2
AEO	—	—	—	0.2
OP 系列	—	0.25	—	—
NP 系列	—	—	0.3	—
双氧水	—	0.3	—	0.3
十二烷基苯磺酸钠	0.1	—	—	—
浓硝酸	0.2	—	0.5	—
酒石酸	—	—	20	15
硫脲	—	—	10	7.5
碳酸钠	2	—	—	—
碳酸钙	0.5	—	—	—
碳酸钾	—	5	—	—
碳酸铜	—	0.1	—	—
水	加至1L	加至1L	加至1L	加至1L

【制备方法】 将各组分溶于水混合均匀即可。

【注意事项】 为运输方便,可按所述配方减除其中相当于固体质量1~4倍的水后,制成(1:1)~(1:4)不同浓度比的浓缩磷化液。

所谓1:1的浓缩磷化液,是指按所述配方取2倍物质的量,而相应减少一份物质质量的水而成;使用时须加入相当于该份浓缩磷化液质量的水后方可正常使用。

所谓1:2的浓缩磷化液,是指按所述配方取3倍物质的量而相应减少2份物质质量的水而成;使用时须加入相当于该份浓缩磷化液2倍质量的水后,方可正常使用。

所述1:3或1:4的浓缩磷化液,可按上述方式类推。

长途运输方便,还可将配方中的液体成分和固态成分暂时分开,仅将固态物质均匀混合，制成所谓固态磷化液，使用前再在固态磷化液中加入液态成分，即可正常使用。

按所述配方1#配制的磷化液，其总酸度为50～85，游离酸度为20～35，pH值为1.0～1.5，相对密度为1.030～1.080，其形成的磷化膜呈铁灰色或略带彩虹色。

按所述配方2#配制的磷化液，其总酸度为60～90，游离酸度为30～45，pH值为1.0～1.5，相对密度为1.035～1.095，所形成的磷化膜为灰色和银灰色。

本品磷化液性能稳定、调整方便。使用中可根据磷化液的检测指标很方便地通过加入5%～10%的浓缩液来使总酸度和游离酸度及其酸比调至合适范围。

本品各种非离子型表面活性剂均可选用，如PEO（聚乙二醇系列）、AEO（平平加系列）、APG（烷基多苷）、OP系列、NP系列、LP-300、咪唑啉等。

【产品应用】 本品主要应用于各类钢铁制品、构件涂装前的表面磷化处理。

使用方法：将钢铁制品用本品快速磷化处理，在环境温度-10～40℃范围内时，一般浸泡1～10min，表面成膜厚度在2～4μm，形成的磷化膜均匀致密，室内条件下半年以上不返锈。

【产品特性】 本品节能型低宽温快速磷化液，在按原配方浓度不变时，在环境温度-10～0℃使用无须升温，成膜时间一般在7～10min，膜厚可达2～3μm；在0～10℃使用时，成膜时间在5～7min，膜厚可达2～3μm；在10～25℃使用时，成膜时间在3～5min，膜厚可达2～3μm；当使用温度在25～35℃时，成膜时间一般在2～3min，膜厚可达2μm；当温度高于35℃时，只需20～60s，膜厚即可达1μm以上。本磷化液亦可加温到不超过60℃的温度下使用，温度较高时，其成膜速度较快。一般在25℃以下各上述温度区间，若加大磷化液浓度20%～30%，可相应缩短成膜时间1～2min。

与现有的磷化液相比，本品的磷化液具有适用温度范围宽，可在零度以下使用，可满足南北方广大地区冬季使用，适用地区广；通常环境温度下使用时不须加热,节省能源,成膜速度快,膜致密均匀,附着力强,不易返锈,使用调整方便等优点。

实例3 金属表面防锈磷化液

【原料配比】

原　料	配比(g/L)	
	1#	2#
马日夫盐	50	60
硝酸锰	50	60
硝酸锌	140	160
促进剂	3	6
表面活性剂	8	12
铁屑	适量	适量
水	加至1L	加至1L

【制备方法】

(1)按照配方将除铁屑外的化学药品加入40~80℃的2/3容积的水中,充分溶解后升温到80~90℃,再冷却至室温,充分沉淀后将上部清液抽出到另外的干净磷化槽中,适量加入铁屑,以增加Fe^{+2}的含量,至槽液为棕色为止。

(2)调整溶液的酸比(游离酸度/总酸度),酸比控制范围在1:20。

【产品应用】 本品主要应用于金属表面磷化处理。

磷化方法:

(1)金属表面预处理,即表面洗净,去油、水洗(70℃)、喷砂(200目压力0.3MPa)。

(2)磷化,即水洗、磷化、热水洗(70℃流动热水1.5min)、冷水洗(流动冷水2min)、吹干(150℃,1h)。

(3)后处理,上油,最后进行检查,检查项目为外观、磷化膜厚度、磷化膜附着物和耐蚀性。

【产品特性】 磷化膜晶粒致密、均匀、膜薄，膜重1～3g/m²，膜厚1～10μm，温度降低到40～70℃，沉渣量由50%以上降低到0.5%～1%，耐蚀性由2min上升到1h，工艺成本降低30%，磷化层均匀致密、色泽丰满。

实例4 快速室温清洁型磷化液

【原料配比】

原料	配比(g/L)		
	1#	2#	3#
磷酸二氢铵	33.5	—	16
磷酸二氢锌	—	27.8	—
七钼酸铵	8.5	8.1	8
植酸	3	1	—
硝酸镍	13.5	—	—
硝酸钙	—	5.8	—
硝酸铵	—	2.1	4.5
氨水	调整pH值至5.0	调整pH值至2.4	—
磷酸	—	—	调整值pH至3.5
水	加至1L	加至1L	加至1L

【制备方法】 将各组分溶于水混合均匀即可。

【产品应用】 本品主要应用于冷轧板、热轧板、角钢等钢铁表面喷涂前的磷化处理。

【产品特性】

(1)磷化液寿命长，无废水。

(2)磷化质量有较大的提高，磷化方式多；室温磷化膜耐蚀性能和膜重有所突破，超过国家标准规定的喷涂前磷化质量要求，可采用刷、浸、喷的所有磷化方式进行磷化。

(3)节约能源。采用室温10～40℃(最低1℃)磷化，最大限度地节约能源和准备时间。

(4)节约材料。

(5)环保与使用安全。

(6)操作简单。磷化工艺控制参数宽、方式多,磷化液稳定,磷化时间30s到几十小时均可(磷化时间长虽不影响工件的磷化膜质量,但影响磷化液的寿命并产生沉渣),磷化后不水洗直接烘干或自干,可采用所有的磷化方式,刷、浸、喷或其组合。

实例5 快速无水磷化液

【原料配比】

原料	配比(质量份)		
	1#	2#	3#
聚乙烯醇缩丁醛	6	10	14
乙醇	80	80	80
磷酸	8	8	8
单宁酸	0.2	0.5	0.9
环己酮	25	25	25
丙烯酸树脂	15	—	—
氨基树脂	—	15	—
环氧树脂	—	—	15

【制备方法】

(1)制备乙醇、聚乙烯醇缩丁醛及树脂混合液:

①浸泡:向乙醇中加入聚乙烯醇缩丁醛,略加搅拌,在常温下浸泡24h。

②加热搅拌:加热至80~90℃,在常温下搅拌机中,以400r/min搅拌2h,以1000r/min搅拌1h。

③加入树脂:向乙醇、聚乙烯醇缩丁醛混合液中加入树脂,同时加入同树脂同等质量的环己酮,在80~90℃的温度下,以1500r/min的转速搅拌1h。

④过滤：以过滤器去渣滓。

(2)制备磷酸、单宁酸及环已酮混合液：

①浸泡：向磷酸中加入单宁酸，略加搅拌，在常温下浸泡1h。

②加入环已酮：在磷酸、单宁酸混合液中加入环已酮，在常温下，以800r/min 搅拌0.5h。

③过滤：以过滤器滤去渣滓。

(3)混合：在乙醇、聚乙烯醇缩丁醛及树脂混合液中加入磷酸、单宁酸及环已酮混合液，略加搅拌，制得磷化液。

【注意事项】 本品所述树脂可以从下列树脂中选用：丙烯酸树脂、醇酸树脂、聚酯树脂、氨基树脂、环氧树脂、聚氨酯树脂。

【产品应用】 本品主要应用于钢铁构件的磷化。

【产品特性】 本品无须加热即可在常温下使用，磷化时间短，可在3s内完成磷化过程。磷化质量高，磷化过程中所形成的网络状磷化膜附着力很强，并有很强的抗腐蚀能力。可一次完成磷化、钝化及泳涂。磷化液中不含水分，因此无须在使用中排出废料及更换。使用本品磷化液，可以简化涂装工序，缩短处理时间，提高工作效率，降低生产成本。

实例6 拉丝用低温快速磷化液

【原料配比】

原料	配比(质量份)								
	1#	2#	3#	4#	5#	6#	7#	8#	9#
$Zn(H_2PO_4)_2$	65	55	50	55	50	50	40	65	40
$Zn(NO_3)_2$	60	50	50	45	50	50	30	60	57
H_3PO_4	8	6	5	4	5	3	2	8	7
HAS	5	5	6	6	8	8	3	10	8.2
$La(NO_3)_3$	0.5	0.5	0.5	0.5	0.1	0.1	0.01	1	0.17
H_2O	861.5	873.5	88.5	889.5	896.9	896.9	856	924.99	695

【制备方法】 将各组分溶于水混合均匀即可。

【产品应用】 本品主要应用于金属磷化。

一种使用上述拉丝用低温快速磷化液对 SWRH82B 热轧高碳盘条件的焊接区进行处理的磷化工艺:

(1)采用细砂轮将盘条对焊处的表面氧化皮磨去。

(2)等磨光处的温度降低到常温后,采用手工打磨至表面粗糙度 $R_a < 80\mu m$。

(3)用浓度为 10% 的盐酸刷涂将磷化表面一次,后用水冲洗干净。

(4)按照上述低温快速磷化液的配方配制磷化液,采用喷雾器将磷化液均匀喷涂于焊接区表面;过 2min 后,将表面残余磷化液吹干。

(5)重复步骤(3)一次。

【产品特性】

(1)磷化温度低:拉丝用磷化膜均采用中高温(45℃以上)磷化工艺制备,本品在 0~40℃的范围内就可实现磷化处理,不用添加额外的加热设备。

(2)操作简单:普通拉丝用磷化膜的制备均采用磷化液浸泡的方式进行磷化处理,而本品采用磷化液喷涂的方法进行磷化处理,操作更简便。

(3)磷化液中原料的使用量明显降低,废液处理简单。

(4)环保性能好:普通拉丝用磷化膜采用中高温磷化技术制备,低温磷化一般需采用 $NaNO_2$ 或含 NO_3^- 的溶液或含 Ni、Cu 等离子的溶液作为氧化剂,$NaNO_2$ 对人体是有害的,NO_3^- 长期使用对人体也有不利的影响,而本品采用硫酸羟胺(HAS)替代了 $NaNO_2$,环保性能好,且更稳定,使用周期更长。

(5)效果良好:目前国内对于高碳盘条焊接区难以进行磷化处理,导致钢丝表面裂纹、拉丝断裂和绞线断裂等现象的发生,采用本品处理盘条的焊接区,可较大程度地提高对焊区的润滑性能,可消除上述问题。

实例7　冷磷化液

【原料配比】

原　料	配比(质量份)	
	1#	2#
碳酸铜	0.3	0.4
磷酸	4	4
马日夫盐	7	8
氧化锌	2	1
氢氧化钠	2	1
水	加至100	加至100

【制备方法】　将各组分溶于水混合均匀即可。

【产品应用】　本品主要应用于金属磷化。

【产品特性】　本品配方合理,工作效果好,生产成本低。

实例8　磷化液(1)

【原料配比】

原　料	配比(质量份)
氧化锌	78.2
磷酸	322
硝酸	80.5
硝酸镍	92
硝酸钙	11.5
氟硅酸镁	23
马日夫盐	60
水	69 + 69 + 92 + 161

【制备方法】 备用料并溶解,启动搅拌机并投料,将配制完成的磷化液过滤后打入储存罐中,具体包括以下步骤:

(1)取三个不锈钢桶,洗刷干净备用;将马日夫盐分两份每份30kg,分别放在两个不锈钢桶内,并分别加入69kg水,搅拌至充分溶解;将氟硅酸镁23kg放入另一个不锈钢桶内,加入92kg水,搅拌至充分溶解。将161kg水倒入反应器内,启动搅拌器,将速度调整为100r/min。

(2)缓慢向反应器内加入称量后的氧化锌,搅拌至糊状,搅拌时间不少于10min,此时将搅拌器的速度调整为50r/min。

(3)分三次称磷酸,每次称三桶,记录总量,此时工作人员需戴好防毒面具及防护用具,缓慢将9桶磷酸加入反应器中,称空桶质量,算出磷酸总投入量,并将磷酸补至322kg后继续搅拌20min,将搅拌器的速度调整为25r/min,此时缓慢将硝酸加入反应器中,将搅拌器速度调整为50r/min,搅拌至氧化锌完全溶解,溶液澄清。

(4)将搅拌器速度调整为100r/min,将硝酸镍加入反应器中,搅拌30min直至硝酸镍完全溶解;在反应器中再加入硝酸钙,继续搅拌10min。

(5)将搅拌器速度调整为50r/min,将已完全溶解的马日夫盐溶液和氟硅酸镁溶液倒入反应器中搅拌10min。

(6)再将搅拌器速度调到低速后,继续搅拌30min,将配制完成的磷化液过滤后打入大罐,过滤须使用50μm滤芯过滤。

【产品应用】 本品主要应用于金属磷化。

【产品特性】 本品磷化液,由于低锌高镍磷化与阴极电泳配套性好,改变了磷化膜成分、结构及晶体形状,提高了膜层质量,提高抗腐蚀性及耐水附着力,该产品结晶均匀,沉渣少,经磷化处理后的设备,增强了基体与涂层的附着力,提高了电泳涂层的耐腐蚀性,满足了国家技术指标的要求,产品成本较国内同类产品可减少20%~30%。

实例9 磷化液(2)

【原料配比】

原料		配比(质量份)	
		1#	2#
酸洗液	磷酸	10	15
	硫脲	0.01	0.012
	柠檬酸	2	4.104
	十二烷基磺酸钠	0.07	0.063
	平平加	0.1	0.08
	氯化十六烷基三甲铵	0.1	0.12
	水	87.72	80.621
磷化液	硝酸钙	10	12
	磷酸锌	10	12
	硝酸镍	0.2	0.22
	硝酸钴	0.05	0.052
	硝酸锡	0.05	0.047
	柠檬酸	0.2	0.169
	酒石酸	0.05	0.045
	EDTA	0.05	0.052
	表面活性剂 OP	0.015	0.015
	水	79.385	75.4

【制备方法】

(1)酸洗液制备:将酸洗液各原料搅拌均匀即可。

(2)磷化液制备:将磷化液各原料混合搅拌均匀即可。

【注意事项】 本品的磷化液配方中,其硝酸钙可用氧化钙代替,磷酸锌可用氧化锌或磷酸二氢锌代替,其质量份不变。本品的酸洗液中的柠檬酸可用氟化钠代替,其质量份不变。此外,在磷化液配方的基础上,可以加入5%(质量分数)以下的任何其他无机金属盐,使用效果不变,本品的酸洗液和磷化液的浓度,可用水在上述配方范围内调节。

本品的酸洗液,是将金属表面的氧化物、油污等杂质处理得干净、彻底;磷化液中的硝酸钙、磷酸锌、硝酸镍、硝酸钴、硝酸锡在这种体系和65~70℃的条件下,可以在金属表面形成良好致密的覆盖膜,具有防氧化耐酸的特性;柠檬酸、酒石酸、EDTA为络合剂;表面活性剂OP为活化剂;水为溶剂。

【产品应用】 本品主要应用于金属磷化。

使用方法:用本品酸洗液将金属片处理4~10min,取出后以淡水冲洗之,再置于磷化液中磷化7min。

【产品特性】

(1)本品操作方便,磷化温度一般掌握在65~70℃即可,酸洗液和磷化液在40℃以下对人的皮肤无腐蚀,使用中可减轻劳动强度,同时运输、储存都很方便。

(2)本品的酸洗液、磷化液,使用中无污染物排放,改善了操作环境,降低了设备、厂房的腐蚀率,它不含有毒元素,无味,使用后的废液加上氧化钙、铵盐、尿素成为很好的复合肥料。

(3)本品的磷化液对金属轴承在70~100℃下磷化7~20min,生成的磷化膜经在硬脂酸中皂化后,能起到润滑、防腐、耐磨的作用,这是其他磷化液无法比的。

(4)本品磷化后的磷化膜,防锈能力强。

实例10 铝合金和黑色金属共用磷化液

【原料配比】

原　料	配比(g/L)	
	1#	2#
磷酸	155	165
硝酸锌	163	167
高锰酸钾	0.1	0.2
烷基苯磺酸钠	2.2	2.4

续表

原　料	配比(g/L)	
	1#	2#
氢氟酸	5	6
氧化锌	42	48
水	加至1L	加至1L

【制备方法】 将各组分溶于水即可。

【产品应用】 本品主要应用于铝合金和黑色金属磷化。

【产品特性】

(1)本品处理液可用于铝合金和黑色金属的共用磷化处理。

(2)使用本品后,磷化工作液操作简单,工作液的组成较传统简单,原材料容易购买。

(3)本品的磷化液不含亚硝酸盐及其他重金属,此工作液便于管控,性能稳定,使用周期长。

实例11 绿色环保型常温磷化液

【原料配比】

原　料	配比(mg/L)
浓磷酸(85%)	600~650
硝酸(98%)	130~150
氧化锌	230~250
硝酸镍	3~4
硫酸锌	6~7
氟硼酸钠	9
硝酸铁	1.6
柠檬酸	8.5
EDTA	7~8
硫酸铜	1.5
水	加至1L

【制备方法】 向反应釜中加入浓磷酸以及硝酸,补加水,然后按上述顺序依此加入其他原料,混合反应均匀,得到常温磷化液。

【产品应用】 本品主要应用于金属常温磷化。

【产品特性】 本品使用温度低、沉渣少、易于管理、操作环境无刺激性气味等特点,且使用周期长、节约能耗。

实例12 锰系含钙磷化液

【原料配比】

原　料	配比(质量份)
磷酸(85%)	25
碳酸锰(含锰44%左右)	15
硝酸(99%)	6
氢氧化钙	4
水	加至100

【制备方法】

(1)先向反应釜内加入40份清水,然后添加磷酸,搅拌均匀。

(2)向反应釜内添加碳酸锰15份,该碳酸锰为含锰44%左右的粉状碳酸锰,将碳酸锰均匀搅拌,充分溶解。

(3)先用一个容器加10份清水,将硝酸加入其中,再将氢氧化钙缓慢加入,使其完全溶解后加入反应釜中,即形成锰系含钙磷化液成品溶液。

【产品应用】 本品主要应用于金属磷化。

【产品特性】 本品磷化液可以使金属表面形成一种黑色致密结晶闪烁的磷化膜,并且该磷化膜内还存在有钙离子晶核,从而进一步提高了该磷化膜性能。通过实验验证:该含钙磷化膜可有效提高金属表面的耐磨性、防黏扣性和抗咬合性,并具有一定的防锈性。本品性能稳定,各种组分及配量科学合理,调控工作液比较简单,成本低,省去了镀铜等工艺,可进行产业化生产,是现有锰系磷化液的换代产品。

实例13　锰系磷化液(1)

【原料配比】

原　　料	配比(质量份)					
	1#	2#	3#	4#	5#	6#
磷酸	2	3	4	5	6	5
马日夫盐	10	8	7	6	7	10
硝酸钠	2	4	5	6	5	7
硝酸锌	0.5	2	5	4.5	5	3
硝酸镍	3	3.5	4	4.5	3.5	5
亚硝酸钠	1	2	3	4	3	4
双氧水	0.5	1	3	4	4	6
软化水	50	55	58	48	54	60

【制备方法】　准备软化水,加入磷酸、马日夫盐、硝酸钠、硝酸锌、硝酸镍、亚硝酸钠、双氧水,待完全溶解后静置1h,即可包装。

【产品应用】　本品主要应用于改善机械零件的减磨性,特别适合于改善齿轮的抱合性能,提高抗磨性能,延长齿轮的使用寿命。

进行磷化的过程:磷化工艺温度在90~96℃下进行。

(1)脱脂:脱脂的目的在于清除掉工件表面的油脂、油污。它包括机械法、化学法两类,机械法主要是:手工擦刷、喷砂抛丸、火焰灼烧等。化学法主要有:溶剂清洗、酸性清洗剂清洗、强碱液清洗、低碱性清洗剂清洗。以化学法除油脂工艺。

①溶剂清洗:溶剂法除油脂,一般是用非易燃的卤代烃蒸气法或乳化法,最常见的是采用三氯乙烷、三氯乙烯、全氯乙烯蒸气除油脂。蒸气脱脂速度快,效率高,脱脂干净彻底,对各类油及脂的去除效果都非常好。在氯代烃中加入一定的乳化液,不管是浸泡还是喷淋效果都很好。

②碱性液清洗:碱性液除油脂是一种传统的有效方法。这是利用强碱对植物油的皂化反应,形成溶于水的皂化物达到除油脂的目的。

纯粹的强碱液只能皂化除掉植物油脂而不能除掉矿物脂。因此人们通过在强碱液中加入表面活性剂,一般是磺酸类阴离子活性剂,利用表面活性剂的乳化作用达到除矿物油的目的。

(2)酸洗:酸洗除锈、除氧化皮的方法是工业领域应用最为广泛的方法。利用酸对氧化物溶解以及腐蚀产生氢气的机械剥离作用达到除锈和除氧化皮的目的,酸洗中使用最为常见的是盐酸、硫酸、磷酸。盐酸酸洗适合在低温下使用,不宜超过45℃,使用浓度为10%~45%,还应加入适量的酸雾抑制剂为宜。

(3)磷化:本品涉及的锰系磷化液使用温度为90~96℃,按体积比配制即可使用。体积比是:磷化液:水=1:15,完全互溶后即可以使用,磷化时间为5~10min。

(4)槽液管理:本品的常温磷化液槽液管理非常简便,影响因素主要在磷化液的总酸度、游离酸度,而对槽液的浓度和酸比的控制,可以根据经验和实际产量均匀添加就可以,并通过定期的中和滴定判定槽液参数是否需要适当调整。

(5)水洗:经过磷化后的部件经过冷水洗,再进行热水洗,然后热风吹干即告结束。

【产品特性】

(1)易于生产。本品所述的磷化液为配伍型产品,不需要合成,工艺简便,节省了大型设备和厂房,易于操作。

(2)磷化液稳定性好。通常的磷化液不稳定,易产生沉淀,难以维护。本品所述的磷化液沉渣少,有较好的稳定性。

(3)成膜强度大,所生成的磷化膜中不掺杂沉淀物,膜层细密微孔均匀,优于其他普通磷化膜。

(4)耐蚀性强,膜层细密微孔均匀,可以获得优于普通磷化膜的耐腐蚀性,用CuSO4滴定在5min以上。经封闭处理后耐中性盐雾试验72h以上。

(5)磨合性好,所形成的锰基磷化磨层抗磨性能好,用SHELL四球机试验,磷化膜的卡咬负荷大于3500N。

实例14　锰系磷化液(2)

【原料配比】

原　料	配比(质量份)		
	1#	2#	3#
磷酸(85%)	8	8	6
磷酸二氢锰	17	10	20
氧化锌	3	5	5
硝酸(68%)	12	10	6
氢氧化钙	2	3	3
酒石酸	3	2	5
水	加至100	加至100	加至100

【制备方法】

(1)先向反应釜内加30份水,将2份磷酸加入,搅拌均匀后再加入17份磷酸二氢锰搅拌均匀。

(2)将氧化锌用水调成糊状,并搅拌均匀,具体方法为将5份水缓慢加入3份氧化锌,边搅拌边加水。

(3)用一容器加15份水,将7份硝酸和6份磷酸加入混合后,再缓慢加入糊状氧化锌,边加边搅拌,直至全部溶解后加入反应釜内。

(4)用一容器加5份水,将5份硝酸,再缓慢加入2份氢氧化钙使其完全溶解加入反应釜内。

(5)将酒石酸加入反应釜中,即形成含锌钙锰系磷化成品液。

【产品应用】　本品主要应用于金属磷化。

【产品特性】

(1)本品磷化膜内存在锌、钙组分,具有较高的硬度、附着力和耐蚀性,在油井管上卸扣过程中可有效改进螺纹表面摩擦性能,从而提高该磷化膜的耐磨性能、抗黏扣性能,本品的磷化液用于管接箍后上、卸扣次数可达8~10次。

(2)传统的锰系磷化液往往含有有毒物质——亚磷酸盐,本品磷化液不含有有毒物质,并且因含有络合剂酒石酸而性能稳定,减少了沉渣。

(3)该磷化液通过浸渍式方式应用,通过对磷化液中离子成分的控制,在金属表面形成一种致密黑色结晶磷化膜,生产中简化操作、方便维护,可有效应用于实际工业化生产。

(4)传统的锰系磷化液处理温度高,一般≥95℃,处理时间长,一般要在25min以上,而且沉渣多。本品锰系磷化液处理温度降至85~95℃之间,并将处理时间缩短至15~20min,减少了能源消耗。

实例15　汽车涂装用中温磷化液

【原料配比】

原料	配比(质量份)	
	1#	2#
磷酸	13	18
磷酸二氢锌	5	8
硝酸锌	16	30
硝酸锰	2	5
硝酸镍	1.5	3
有机促进剂	0.1	0.5
水	加至100	加至100

【制备方法】　取磷酸、磷酸二氢锌,加入水中,充分搅拌,取硝酸锌,加入水中,充分搅拌,取硝酸锰,加入水中,充分搅拌,取硝酸镍,加入水中,充分搅拌,加入有机促进剂,再次充分搅拌,静置4h,经过滤后补足水分到100,经熟化10天使用,对经过磷化前处理的工件进行磷化处理,浸渍、喷淋均可,磷化层均匀致密,磷化效果很好。

【产品应用】　本品主要应用于汽车涂装磷化。

【产品特性】　本品工艺范围较宽,组分少,调整容易,操作简单,在工作中可不添加任何促进剂,不污染环境,多年使用,除正常补充磷化液外,不更换槽液,仍能保护良好的磷化效果。

实例16 室温磷化液

【原料配比】

原料	配比(质量份)				
	1#	2#	3#	4#	5#
磷酸	8	12	8.8	11	11.8
硝酸	1.8	3.2	2	2.8	2.5
柠檬酸	1.1	2.9	1.5	2	2.1
硝酸锌	15.5	22.8	20	17	22
硝酸镍	0.4	1.2	0.7	1	0.6
硝酸铜	0.4	1.2	0.7	1	0.6
氧化锌	3	4.5	4.2	3.3	3.1
双氧水	0.2	0.7	0.6	0.4	0.3
苯酐	0.08	1	0.5	0.1	0.11
水	加至100	加至100	加至100	加至100	加至100
亚硝酸钠	—	0.4	0.35	0.5	0.45

【制备方法】

(1)先将磷酸、硝酸和柠檬酸在耐酸容器中混匀。

(2)并缓慢加入适量水调成糊状的氧化锌溶液,边加边搅拌。

(3)再依次加入上述配方中的水、苯酐、双氧水、硝酸铜、硝酸镍、硝酸锌,搅拌至完全溶解。

【注意事项】 本品在磷化液中需加入亚硝酸钠0.3~0.5份作促进剂,并且在磷化过程中连续补加。

【产品应用】 本品主要应用于汽车、自行车、电冰箱、洗衣机、钢窗及其他日常生活用品的金属表面静电喷漆或涂漆前的预处理以及防锈、化染、耐磨耗用。

使用方法:把经脱脂、水洗、除锈、表面调整处理后的金属浸入上述磷化溶液中,在室温下,磷化5~6min后,生成均匀的银灰色的磷化膜(锌系),其膜厚2μm。金属经本品的磷化液在室温下浸渍或喷淋处理后,在空气中放置48h不锈,并经氯化钠及硫酸铜点试破坏的防锈试验合格。

【产品特性】

(1)本品的磷化液,操作方便,无须加热,磷化处理可在室温10~25℃下进行,能耗少,节约能源。

(2)本品的磷化液的槽液游离酸度低,其总酸度也低,并且无须加热,改善了操作环境,减少了对磷化设备和加热设备的腐蚀。

(3)本品的磷化液的磷化速度快,膜外观均匀无粗粒,附着牢固。

(4)本品在磷化液中提高了磷酸根离子与硝酸根离子之比,在磷化过程中产生的泥渣较少,并且泥渣松软,容易清除。

(5)本品的磷化液,不含有害物质,在反应过程中不产生有害物质,废液自然中和后,经沉淀、凝集、定期除渣清理,清液可直接排放。

(6)本品的磷化液,经磷化处理的金属的磷化膜,防锈能力强,对环氧和聚酯粉末涂层很适应,结晶细,整个涂饰层抗剪强度高。

实例17 铁和锌表面获得非晶态膜层的磷化液

【原料配比】

原料	配比(mol/L)			
	1#	2#	3#	4#
一代磷酸锌	0.05	0.04	0.03	0.002
一代磷酸铁	0.001	0.002	0.001	—
一代磷酸钙	—	0.003	—	—
一代磷酸镍	—	—	0.001	—
一代磷酸锰	—	—	—	0.04
乙二酸	0.01	—	0.01	—
柠檬酸	0.01	0.02	0.01	—
酒石酸	—	—	—	0.01
丙二酸	—	—	—	0.005
羟乙基二膦酸	0.003	—	—	0.005

续表

原　料	配比(mol/L)			
	1#	2#	3#	4#
环己六醇六膦酸	—	—	0.003	—
乙二胺四乙酸(EDTA)	0.003	—	0.003	—
氯酸钾	0.03	0.025	—	0.02
乙二胺四膦酸	—	0.005	—	—
硝酸钠	—	0.01	0.01	0.02
亚硝酸钠	—	—	0.005	—
水	加至1L	加至1L	加至1L	加至1L

【制备方法】 将原料与水混合搅拌均匀,用氢氧化钠作为中和剂将其游离酸度调至1.0点(1点=0.01mol/L),在室温(20±10)℃下,将表面经过脱脂、水洗和除锈的钢制品或锌制品浸入以上磷化液中,经过3~8min,或用以上溶液喷淋2~5min,即能在制品表面形成非晶态磷化膜。

【产品应用】 本品主要应用于金属磷化。

【产品特性】

(1)由于本品采用了磷酸盐、非晶态磷化成膜催化剂、氧化剂、中和剂按比例作为组分组成磷化液,故它能有效地获得孔隙率较低的磷化膜(低于晶态磷化膜和通常的含钼、钨化合物的非晶态磷化膜)对钢和锌(包括热镀锌)制品涂料的附着力较好(优于通常的含钼、钨化合物的非晶态磷化膜)。

(2)由于本品未使用价格较高、资源稀缺的钼或钨化合物,故成本较低(约为晶态磷化膜成本的55%,通常的含钼、钨化合物的非晶态磷化膜成本的42%)。

(3)由于本品磷化前无须表调,磷化后无须钝化封孔,故生产简便。

实例18 铁系磷化液

【原料配比】

原料	配比(g/L)			
	1#	2#	3#	4#
磷酸二氢钠	60	30	80	50
磷酸二氢铵	40	20	60	40
三聚磷酸钠	20	10	40	25
二氧化钛	6	4	10	7
聚乙二醇	3	2	8	5
水	加至1L	加至1L	加至1L	加至1L

【制备方法】 将各组分溶于水混合均匀即可。

【产品应用】 本品主要应用于金属的磷化。

【产品特性】 磷化反应速度快,处理时间短,处理温度低,工艺幅度大,槽液的酸度低,磷化淤渣少,因而对设备要求不高,药品消耗少,成本低。如果选用合适的表面活性剂,可组成除油磷化"二合一",从而可简化磷化处理工艺。

实例19 锌钙系磷化液

【原料配比】

原料	配比(质量份)		
	1#	2#	3#
氧化锌	55	40	50
磷酸	180	160	180
硝酸	270	240	280
碳酸钙	220	185	220
碳酸氢铵	5	6	7
硝酸镍	1	1.5	3

续表

原　料	配比(质量份)		
	1#	2#	3#
柠檬酸	3	1	2
葡萄糖酸	—	—	—
柠檬酸盐(钠盐或钙盐)	—	0.5	—
葡萄糖酸盐	0.1	—	0.3
氟化钠	1	0.5	0.5
水	加至1000	加至1000	加至1000

【制备方法】 将各组分溶于水混合均匀即可。

本品的锌钙系磷化液可以物质互混，溶解，搅拌，再控制磷酸加入量调节 pH 值的方法配制而成；也可以用含硝酸钙、磷酸的水溶液，含磷酸二氢锌、磷酸的水溶液与含硝酸镍、氟化钠、磷酸、有机酸和有机酸盐的水溶液互混配制。

所述的含有硝酸钙的水溶液和磷酸二氢锌的水溶液，可以水的介质中由下述方法制备：将碳酸钙与硝酸反应制备的硝酸钙。碳酸氢铵与磷酸反应制备磷酸二氢铵，氧化锌与磷酸反应后加入磷酸二氢铵，冷却，过滤获磷酸二氢锌溶液，上述两种反应物的水溶液中，可以加入磷酸，调节 pH 值至 0.1～3，防止沉淀产生。

【产品应用】 本品主要应用于金属磷化。

【产品特性】 本品的磷化液是澄清液体，不仅成本低，而且质量好，所得的磷化膜为无定形的致密均匀的细微结晶，磷化速度快，磷化膜质量为 0.2～8g/m^2，抗腐蚀性能好，吸漆量少，磷化处理过程中沉淀量极少，槽液稳定，生产时只需少量补充磷化液而无须更换槽液。

采用本品的磷化液，由于可配成浓溶液，所以便于储存和运输。磷化处理时可稀释，采用以氧化锌计算为 3.5～5g/L 的低浓度的磷化液，在磷化温度为 50～75℃，磷化时间为 2～10min，磷化膜质量符合"钢铁工件涂漆前磷化处理技术条件"（报批稿）的标准，磷化膜—电泳漆膜的耐冲击强度大于5MPa,随着磷化液浓度、磷化温度和磷化时间的变化,可以获得不同规格的磷化膜,以满足黑色金属表面防腐处理的要求。

实例20 锌或锌铝合金用磷化液

【原料配比】

原　料	配比(质量份)		
	1#	2#	3#
氧化锌	0.3	0.2	0.2
硝酸	0.4	0.3	0.3
磷酸	4	3.5	3
硝酸镍	0.03	0.02	0.02
氟化钠	0.02	0.08	0.1
水	加至100	加至100	加至100

【制备方法】 向反应釜中加入所需要量的水,然后加入氧化锌、硝酸镍、氟化钠,边搅拌边加入磷酸、硝酸,搅拌至固体物溶解完全,过滤,即得成品。

【注意事项】 本品所述氧化锌纯度大于99%,硝酸为发烟硝酸,磷酸是浓度大于85%的工业级或食用级商品,水为自来水或去离子水,所用原材料均为市售的工业级(含)以上级别的化工材料。

【产品应用】 本品主要应用于金属磷化。

本品常温下使用,其游离酸度1~4点,总酸度25~35点,磷化时间2~8min,磷化膜均匀致密、坚实,与涂层结合力强,涂层附着力1级以上;另外,磷化过程中溶解出的过量Al^{3+}可以及时被槽液中F^-络合析出,保证磷化处理的正常进行。

【产品特性】 本品磷化效果好,加工成本低,工艺易操作调控,使用方便,经其处理后喷涂的产品,涂层附着力优异,具有良好的耐腐蚀和耐久性能。

实例21 锌锰镍三元系中温磷化液

【原料配比】

原 料	配比(质量份)	
	1#	2#
去离子水	60	50
磷酸	13	18
硝酸锌	16	24
硝酸锰	3	6
硝酸镍	1.2	1.8
有机促进剂	适量	适量

【制备方法】 取磷酸,加入水中,充分搅拌;取硝酸锌,加入水中,充分搅拌;取硝酸锰,加入水中,充分搅拌;取硝酸镍,加入水中,充分搅拌;加入少量有机促进剂,再次充分搅拌;静置4h,经过滤后补足水分到100g。经熟化10天使用,对经过磷化前处理的工件进行磷化处理,浸渍、喷淋均可,磷化层均匀致密,磷化效果很好。

【产品应用】 本品主要应用于金属磷化。本品的工作参数为:温度55~65℃,游离酸7.5~8.8点,总酸度70~85点,时间3~6min。

【产品特性】 金属制品经磷化前的正常前处理(喷砂、脱脂、表调、冲洗)后用本品对工件进行磷化处理,其磷化层致密、均衡。涂覆油漆后,经多次附着力检测,240h盐雾和30交变循环耐腐蚀等主要性能试验,都达到了轿车涂装的技术要求。

该磷化液工艺范围较宽,组分少,调整容易,操作简单,在工作中可不添加任何促进剂,不污染环境。多年使用,除正常补充磷化液外,不更换槽液,仍能保持良好的磷化效果。

实例22　锌镍锰三元磷化液

【原料配比】

原　料	配比(质量份)			
	1#	2#	3#	4#
氧化锌	0.65	1.5	1.5	2
硝酸锌	—	—	1.5	—
磷酸二氢锌	—	—	—	1
磷酸	12.5	16	20	30
浓硝酸(68%)	1.1	2.15	3.2	5
六水合硝酸镍	0.5	1.5	4	4.86
硝酸锰溶液(50%)	0.65	1.95	3.9	5.2
氯酸钠	0.64	1	1.53	1.91
硝酸钠	1.74	11.7	17.6	22.76
氢氟酸	—	—	1.58	—
氟硅酸钠	0.165	—	—	4.1
氟化钠	—	1.1	—	—
硫酸羟胺	—	2	—	—
柠檬酸钠	—	0.3	—	—
OP乳化剂	—	0.01	—	0.02
甘露醇	—	0.2	—	—
亚硝酸钠	0.5	—	1	0.3
多聚磷酸钠	—	—	2	—
酒石酸	0.5	—	—	1
葡萄糖酸钠	0.5	—	—	—
植酸	—	—	0.5	—
水	加至1000	加至1000	加至1000	加至1000

【制备方法】

(1)将氧化锌(或氧化锌和硝酸锌或氧化锌和磷酸二氢锌)用水

调成糊状,并搅拌均匀。

(2)将磷酸、硝酸缓慢加入糊状的氧化锌中,边加边搅拌,直至溶解。

(3)然后,依次加入组分镍离子、锰离子、硝酸根离子、氯酸根离子、氟离子、促进剂A、添加剂B、络合剂C,搅拌至溶解。

(4)加入余量的水,调整磷化液游离酸度为0.5~1.2点,总酸度为16~21点。

【注意事项】 本品所述锌离子为氧化锌、硝酸锌、磷酸二氢锌中的一种或两种,建议使用氧化锌和磷酸反应得来的锌离子;所述磷酸根离子包括磷酸以及其电离产生的所有磷酸根、磷酸氢根、磷酸二氢根的总和;所述镍离子为硝酸镍;所述锰离子为硝酸锰;所述氯酸根、硝酸根对应的阳离子为钠离子或者铵离子;所述氟离子为氢氟酸、氟化钠、氟硅酸钠、氟硼酸钠中的一种或两种;所述促进剂A为亚硝酸钠、硫酸羟胺、间硝基苯磺酸中的一种;所述添加剂B为酒石酸、柠檬酸钠、多聚磷酸钠、硝酸铜中的一种或两种;所述络合剂C为三乙醇胺、植酸、季戊四醇磷酸酯、葡萄糖酸钠、甘醇醇、OP乳化剂中的一种或两种。

【产品应用】 本品主要应用于金属磷化。

【产品特性】

(1)本品磷化液工作温度低,最优在38~42℃之间,节约了能源和资源,降低了生产成本。

(2)该磷化液沉渣少,稳定性好,使用寿命长。通过选用含有多个羟基的络合剂:三乙醇胺、植酸、季戊四醇磷酸酯、葡萄糖酸钠、甘露醇、OP乳化剂中的一种或两种配制的络合剂C,大大降低了磷化沉渣,增强了磷化液的稳定性,延长了使用寿命。

(3)该磷化膜完整均匀,薄而致密,耐蚀性和附着力优良。通过选用酒石酸、柠檬酸钠、多聚磷酸钠、硝酸铜中的一种或两种配制而成的添加剂B,使磷化膜结晶细化,薄而致密。

(4)本品磷化膜的耐碱性和耐蚀性优良。

实例23 新型磷化液

【原料配比】

原料	配比(g/L)
磷酸(84%)	9.04
硝酸(69%)	7.04
氧化锌(98%)	5
亚硝酸钠	0.01
硝酸镍	0.5
水	加至1L

【制备方法】

(1)首先在反应釜内加磷酸、硝酸、氧化锌和水,然后搅拌直到没有固态物质。

(2)把步骤(1)所得液体注入第二反应釜内,然后加催化剂、硝酸镍、水,搅拌2~5h。

(3)将第二反应釜内反应过的液体注入沉淀槽,经过沉淀后槽内上部清液即为本品。

【产品应用】 本品主要应用于汽车、拖拉机、冰箱、洗衣机及各种各样仪器仪表的外壳钢板油漆的底层,而且便利于大规模现代化流水线上应用。

【产品特性】 本品是低温,低渣快速薄型锌盐磷化液,使用温度低35~40℃,较目前其他磷化液低10~20℃,沉渣较疏松而且少1~3g/t,本品磷化液快120~150s,磷化膜薄致密,耐蚀性达90h以上,对漆类和油类的吸附力良好。

实例24 用于黑色金属制品表面的除锈磷化液

【原料配比】

原料	配比(质量份)	
	1#	2#
磷酸(相对密度1.7)	20	25

续表

原　料	配比(质量份)	
	1#	2#
磷酸锌	6	8
酒石酸	2	4
硫脲	0.1	0.2
水	71.9	62.8

【制备方法】

配方1#的制备:将原料分别加入盛水的槽中,搅拌使其完全溶解,槽液温度为室温,将要处理的钢铁零件经除油水洗入除锈磷化槽,时间长短随锈蚀程度而定,通常5~10min,取出干燥。

配方2#的制备:将原料分别加入盛水的槽中,搅拌使其完全溶解,槽液温度为45~50℃,用于除严重锈蚀零件,时间为8min。

用本品除锈磷化液处理过的钢铁零件,在室内存放7~30天不锈,消除了工序间的锈蚀现象,并可与任何底、面漆配合使用。

【产品应用】　本品主要应用于黑色金属表面磷化。

【产品特性】　本品与现有技术相比,由于将除锈与磷化一次完成,并经试验证明有工艺合理、工序少,提高工效、缩短生产周期,较以硫酸或盐酸除锈污染小,改善劳动条件,对操作者危害小;基本消除工序间锈蚀,磷化膜具有一定的防腐蚀能力、增加漆层与基体的附着力等优点,另外,除锈磷化液稳定,使用寿命长。

本品的除锈磷化液是根据钢铁在大气中腐蚀,属于电化学腐蚀的机理。其腐蚀产物是一个非常复杂的金属氧化物,但是其主要成分是三氧化二铁和氧化亚铁。在除锈磷化液中生成一氢磷酸铁、一氢磷酸锌以及磷酸铁、磷酸锌等化合物,同时也正是磷化膜的组成部分,当继续反应钢铁表面被磷化膜完全覆盖时,即磷化过程。

实例25 用于金属综合处理的淬火磷化液

【原料配比】

原料	配比(质量份)
硅酸钠	5
硝酸锌	5
磷酸	5
酸式磷酸锰	1
硫酸钙	1
钼酸铵	1
亚硝酸钙	1
氯化镁	1
表面活性剂	1
水	加至100

【制备方法】 将各组分溶于水混合均匀即可。

【产品应用】 本品主要应用于金属磷化。

【产品特性】 本品用于淬火液时,在高温区(550~650℃),由于大量磷酸和硝酸盐的存在会破坏蒸气膜的形成和稳定性,使冷却速度接近水;在低温区(200~300℃),由于溶液浓度高,黏度大,流动性差,对流速度慢,使冷却速度又接近油,具有淬火硬度高,淬硬层深,变形小,不易开裂的特性。

本品在淬火的同时,可以对金属表面进行去油、去锈、磷化处理,具有磷化度高,磷化层牢固大的特点,同时工序简化为原来的1/2,其处理时间只为原来的1/2,劳动效率大大提高,且处理液无毒、无重金属污染,是一种经济效益极好的综合处理液。

实例26 有机促进磷化液

【原料配比】

原料		配比(质量份)	
		1#	2#
基础液	铁粉	0.9	1.2
	水①	10	10
	磷酸	30	30
	氧化锌	200	150
	水②	120	130
	磷酸	600	550
	氢氟酸	12	14
	碳酸锰	60	50
	水③	500	400
	氟硅酸	25	20
促进剂	氟硼酸钠	0.4	6
	酒石酸	6	4
	氯酸钠	70	60
	烧碱	5	7
	间硝基苯磺酸钠	15	18
水		加至1L	加至1L

【制备方法】

(1)基础液的制备:将铁粉、水①和磷酸加入反应釜中溶解,再在反应釜中加入氧化锌,加入水②搅拌5min至糊状,再缓慢加入磷酸和氢氟酸搅拌20min至溶液呈透明,缓慢加入碳酸锰,搅拌10min至溶液呈透明,再加入水③,溶液温度冷却至30℃时缓慢加入氟硅酸搅拌至溶液呈透明并过滤,测量基础液的总酸度不低于800点,游离酸度不低于145点,密度为1.5~1.6g/cm³。

(2)促进剂的制备:将氟硼酸钠、酒石酸、氯酸钠、烧碱、间硝基苯磺酸钠加入反应釜中,再加水搅拌至 1L 体积,放置 1h,再搅拌完全溶解,促进剂的密度为 1.3 ~ 1.4g/cm^3。

【产品应用】 本品主要应用于汽车、家电、家具和机械设备的涂装前处理。

磷化液的使用:第一步为工作液的配制,在 1L 磷化槽内盛 2/3 体积的水,加入基础液组分 24 ~ 60 份,然后加入纯碱 0.3 ~ 2.5 份搅匀溶解,再加入促进剂组分 12 ~ 30 份,搅拌均匀并将水加至体积为 1L。

第二步为工件的磷化,将工件通过除油、水清洗、表调,在上述步骤制备的磷化工作液中喷淋 2min 或浸泡 10min,在用水清洗后晾干。

第三步为磷化液的维护,在生产过程中控制磷化液的总酸度和游离酸度在第一步要求的范围内;当总酸度偏高时,加水稀释或让其自然降低,总酸度每偏低 1.0 点,向每立方米槽液中加入基础液组分 2 份,同时补加 1 份促进剂;当游离酸度偏高 1.0 点时,向每立方米槽液中补加纯碱 0.6 份,游离酸度偏低 1.0 点,向每立方米槽液中加入基础液组分 8 份,同时补加 4 份促进剂。

【产品特性】

(1)磷化液没有使用镍盐和亚硝酸盐,有利于环境保护。

(2)磷化工艺范围宽,可以在 5 ~ 65℃ 范围内使用,可以采用喷淋和浸泡工艺。

(3)磷化液维护简单,无须测量促进剂指标。

(4)节省材料的使用,促进剂不含亚硝酸盐,没有有毒气体产生和促进剂的浪费。

(5)本品能在工件表面形成细致均匀的磷化膜,能提高漆膜的附着力和耐腐蚀性。

第五章 防冻液

实例1 车皮防冻液

【原料配比】

原 料	配比(质量份)	
	1#	2#
无水氯化钙(工业级)	30	25
乙醇(95%)	10	9
水	60	65
亚硝酸钠	—	1

【制备方法】 将水注入搅拌罐中,将无水氯化钙投入罐中,进行搅拌,直至全部溶解,清除搅拌,溶解过程中所产生的泡沫,继续搅拌以释放出无水氯化钙溶解时产生的热量,使溶液温度降至19~21℃,加入乙醇,搅拌均匀,投入亚硝酸钠,搅拌30min后结束,即制得具有防锈功能的车皮防冻液。

【产品应用】 本品适用于寒冷季节和高寒地区用车皮运输散装物料的防冻。

【产品特性】 采用本品的车皮防冻液在车皮静止状态下,用喷雾器在车皮的车底及四壁均匀喷洒一层防冻液。气温极低时,在装完车后在物料上喷洒一层防冻液,这样一来,物料不再冻结在车皮上,从而不必进解冻室解冻即可顺利卸车。

按照本品的车皮防冻液,是一种(多级单体+极性物)——大分子化合物所形成的大分子化合物,其冰点可达-45℃,此化合物可与物料(例如铁矿粉)中的水分相结合,结合物的冰点仍可低于-42℃。在车皮上喷洒此防冻液后,使车皮表面与物料之间保持液动相,在10h内物料中的水分不会与车皮表面冻结,避免了翻卸车的困难。采用本品车皮防冻液,具有下列效果:

(1)可免除重车进解冻室解冻,节约能源,并且可以解决解冻室能力不足导致车皮在厂内滞留时间过长的现象。

(2)可以解决因解冻不充分而导致卸车后车皮仍带料而出现二次冻结的现象,同时避免了空车带料导致空车必须返回及过磅的过程,降低了运输成本,提高了车皮的利用率。

(3)降低了装卸工人的劳动强度,节省了劳备费用,同时抑制了物料流失。

(4)由于车皮不必进解冻室,从而避免了车皮因受到高温烘烤而导致转动部位的润滑油烧损现象。

实例2　车用防冻冷却液

【原料配比】

原料		配比(质量份)				
		1#	2#	3#	4#	5#
乙二醇		95.55	94.19	89.599	92.5	94.3
水		2.5	2.8	7.9	5.4	3.1
唑类化合物	甲基苯并三唑	0.3	—	—	—	0.2
	烃基三唑	—	0.2	—	—	—
	苯并三唑	—	—	0.5	—	—
	2-巯基苯并噻唑钠	—	—	—	0.3	—
硅酸盐	硅酸钠	0.2	0.2	0.2	0.2	0.2
硅酸盐稳定剂	四甲基硅氧烷	0.05	—	—	—	—
	四乙基硅氧烷	—	0.07	—	—	—
	四丙基硅氧烷	—	—	0.05	0.05	0.05
钼酸盐	钼酸钠	0.4	0.8	0.6	0.4	0.4
缓冲剂	氢氧化钠	0.074	0.114	0.134	0.104	0.024

续表

原　料		配比(质量份)				
		1#	2#	3#	4#	5#
染色剂	亚甲基蓝	0.006	0.006	0.006	—	—
	酚红	—	—	—	0.006	—
	甲基红	—	—	—	—	0.006
消泡剂	PEG6000DS	0.04	0.01	0.01	0.02	0.02
二乙烯三胺五乙酸五钠		0.3	0.8	0.5	0.5	1.5
聚环氧琥珀酸盐		0.5	0.8	0.5	0.5	0.2
染色剂季鏻盐	十六烷基三丁基溴化鏻	0.05	—	—	0.02	—
	甲氧基甲三苯基氯化鏻	—	0.01	—	—	—
	十二烷基三苯基溴化鏻	—	—	0.001	—	—

【制备方法】 先将去离子水升温后,将钼酸盐、聚环氧琥珀酸钠、二乙烯三胺五乙酸五钠、消泡剂、染色剂、硅酸盐、硅酸盐稳定剂、唑类化合物等添加剂加入后,再加入二元醇混合均匀,加入缓冲剂调节合适的 pH 值,过滤装桶为成品。

【产品应用】 本品可用于汽车发动机的冷却回路、中央加热系统的热水回路、电阻加热的散热器、太阳能动力回路以及冷却剂冷却的循环系统中。

【产品特性】 本品防冻冷却液,淘汰了常规典型配方中容易造成泵密封磨损腐蚀的硼酸盐和磷酸盐,以及环保安全不符合环境友好理念的亚硝酸盐等,复配了二乙烯三胺五乙酸五钠、聚环氧琥珀酸盐、季铵盐等新的有效组分,优点在于有效阻垢、长效杀菌,阻隔霉菌的生长、保护水箱系统,各项金属腐蚀指标达到要求,特别是电化学腐蚀实验数据表明,其对铸铁、铸铝、黄铜的防腐蚀效果更佳。

实例3　低碳多元醇—水型汽车防冻液

【原料配比】

原　　料	配比(质量份)
乙二醇	98.59
磷酸钠	0.5
硝酸钠	0.21
硅酸钠	0.4
苯并三氮唑	0.05
硼砂	0.2
磷酸	0.049
中性红和亚甲基蓝	0.001

【制备方法】　将配方中的所有原料加入搅拌罐中,在常温常压下,搅拌至完全溶解,即可得产品。

【注意事项】　本品用正磷酸盐代替已有技术中的酸式磷酸盐,这种正磷酸盐包括磷酸钠、磷酸钾、磷酸钙等,磷酸根对防止铝和铁的腐蚀极为重要,故加入上述磷酸盐后可起到防腐作用,同时,正磷酸盐溶于水后呈碱性,因此,当它加入防冻液中可增大液体的碱性。本品用磷酸作为新的 pH 调节剂,它是一种次强酸,它与上述正磷酸盐配合起来可较好地调节防冻液的 pH 值,同时磷酸还可降低防冻液对铝和铁的腐蚀作用,用上述正磷酸盐和磷酸调节 pH 值,还具有稳定体系酸碱度的缓冲作用。

本品用适量中性红和亚基蓝作为着色剂给不冻液着色,这种着色剂可以根据防冻液酸碱度的变化而变色,即防冻液酸度增大时,其液体颜色由原来的绿色变为蓝紫色,根据这种颜色的变化,可直接判断防冻液能否继续使用,即颜色一变,说明防冻液的酸度增大,会给冷却系统中的金属造成腐蚀,因此,必须及时更换或重新调配防冻液,方能继续使用。

【产品应用】　本品主要应用于汽车发动机冷却系统。

【产品特性】　本品用正磷酸盐和磷酸配合起来调节 pH 值比用

氢氧化钾配合酸式磷酸盐调节 pH 值优越，因为正磷酸盐和酸式磷酸盐的防腐作用和程度基本相同，而氢氧化钾是一种单纯的 pH 调节剂，磷酸却是一个兼有防腐作用的 pH 调节剂，从这一点上看用正磷酸盐和磷酸配合起来调节 pH 值，可进一步降低液体对铁和铝的腐蚀，同时正磷酸盐和磷酸都比较便宜，有利于降低成本，另外，本品的着色剂，能够指示冷却液酸碱度的变化，着色剂的这一功能对使用者来说是非常重要的，有了这一功能，使用者可以对防冻液的防腐性能进行直观监督与检查。以上两点改进，使得防冻液的结构组成更为完善，使用更为方便。

实例4　多功能耐低温防腐防锈防冻液

【原料配比】

原　料	配比（质量份）							
	1#	2#	3#	4#	5#	6#	7#	8#
饱和生物离子活性水	95	60	85	50	32	90	80	75
二甲苯	1.95	2	1	5	35	1	8	10
吐温	2	28	2	5	15	7	6	10
苯甲酸	1	9	7	35	17.95	1	3	4
亚甲基蓝	0.05	1	5	5	0.05	1	3	1

【制备方法】

（1）首先将饱和生物离子活性水加温至 30～98℃。

（2）再放入二甲苯和苯甲酸混合，充分搅拌后，等到温度下降为 26～38℃。

（3）再加入吐温，进行搅拌。

（4）最后加入亚甲基蓝，混匀，此时所得液体呈浅绿色，pH 值为 7.6～8.9。

（5）即为多功能耐低温防腐防锈防冻液，进行分装，储存。

【产品应用】　本品主要用于汽车发动机、冷却水箱上。

【产品特性】　因使用了一种离子生物离子活性水为基本原料，来取代乙二醇,产品的制备和使用方法简单、便于保存和运输,成本低,不存在三废问题,本品突出的进步就在于能在各种金属表面形成一种等离子生物膜,使金属表面和水表面形成离子等电位,具有抗氧化、高沸点、强阻垢、高除锈、强防腐、超级防冻、无燃爆、无毒、无腐、缓冲酸碱、热容量大、散热快且均匀、散热性强、无泡性、减震性强、成本低的特点,对人体、植物无危害,是一种环境友好型耐低温防腐防锈防冻液。

实例5 多功能长效防冻液

【原料配比】

原料	配比(质量份)	
	1#	2#
软水	59	50
乙二醇	41	50
硅酸钠	3	2.8
磷酸二氢钾	0.3	0.25
苯并三氮唑	0.5	0.4
巯基苯并三氮唑	0.4	0.3
EDTA	1.5	1.2
PE-8100	1.5	1.5
黄色素	1.2	—
蓝色素	—	1.2

【制备方法】 将配方中的原料加入搅拌罐中,在常温常压下,搅拌至完全溶解,即可得产品。其冰点为-35℃,外观为蓝色。

【产品应用】 本品主要应用于汽车。

【产品特性】 本品制成的汽车防冻液,不含对人体及发动机有害的亚硝酸盐、硼砂和胺类添加剂,对发动机冷却系统各种非金属材料如橡胶管、密封材料和树脂无不良影响,制备该防冻液工艺简单,使用方便。

实例6 多效能防冻液

【原料配比】

原料	配比(质量份)				
	1#	2#	3#	4#	5#
乙二醇	38.5	50.9	54.7	59.9	61
水	61.5	49.1	45.3	40.1	39
甲基苯并三氮唑	0.2	0.2	0.2	0.2	0.2
TEE912	1	1	1	1	1
三乙醇胺	2.5	2.5	2.5	2.5	2.5
磷酸	10	10	10	10	10
亚硝酸钠	0.3	0.3	0.3	0.3	0.3

【制备方法】 将配方中的原料加入搅拌罐中,在常温常压下,搅拌至完全溶解,即可得产品。

【注意事项】 本品还可在产品中加入中性绿或其他着色物质,使产品呈现其色彩。

【产品应用】 本品主要应用于汽车发动机。

【产品特性】

(1)防冻。本品具有凝固点低,可在-60~-15℃的温度段内的严寒气温下不结冰,是高寒地区机动车水循环系统的最佳冷却液。

(2)防腐。本品由于加入了高性能的活性剂和缓蚀剂及金属防腐剂,故对水循环起到了不腐蚀不老化,并对金属起到防锈保护作用。

(3)防污。本品由于采用高性能离子交换水配制,故不产生水垢,从而起到防止金属表面氧化,确保了水循环系统的热效率。

(4)防沸。本品由于加入了高效防沸剂,所以沸点在110~120℃不沸腾是高原地区最佳不冻冷却液。

(5)本品无毒、无味、不燃、不爆。

实例7　多效水箱防冻液

【原料配比】

原　料	配比(质量份)		
	1#	2#	3#
乙二醇	70	80	75
邻苯二甲酸酐	1.9	1.5	2.5
三乙醇胺	2.5	2	1.5
苯甲酸钠	2.5	3	3.5
乙二醇单甲醚	10	8	5.5
水	19	20	18

【制备方法】　将各原料组分混合均匀即制成本品防冻液。

【产品应用】　本品用于汽车、拖拉机等机动车水箱内。

【产品特性】　本品使用于汽车、拖拉机等机动车水箱内,本品防冻液抗氧性能好、腐蚀性小、去锈、去垢、不污染、能使汽车在 -40℃ 环境下行驶,本品为通用型防冻液。

实例8　发动机防冻液(1)

【原料配比】

原　料	配比(质量份)	
	1#	2#
乙二醇	400	600
苯并三氮唑	1.5	2.8
去离子水	500	300
钼酸钠	1.2	2
苯甲酸钠	12	24
水解聚马来酸酐	0.4	1.6
2-巯基苯并噻唑钠	1.8	3

续表

原　料	配比(质量份)	
	1#	2#
氢氧化钠	14	20
异辛醇	8	11
癸二酸	16.8	28.5
染料	适量	适量

【制备方法】 将乙二醇加入反应釜中,启动搅拌,在搅拌状态下加入苯并三氮唑,充分搅拌溶解。然后将去离子水在搅拌状态下缓慢加入反应釜中,再将钼酸钠、苯甲酸钠、水解聚马来酸酐、2-巯基苯并噻唑钠、异辛酸、癸二酸依次加入,搅拌至呈透明。最后用氢氧化钠调整 pH 值至 8.5~10,用余量的去离子水和染料一起加入反应釜,经检验合格后通过 1μm 的过滤器分装。

【产品应用】 本品主要应用于汽车发动机冷却系统。

【产品特性】 本品不含硼砂和硅酸盐,避免了硼砂和硅酸盐在乙二醇系防冻液中易产生沉淀而使防冻液不稳定的缺点,不采用胺类、硝酸盐、磷酸盐等对环境和人体有害的物质。通过各组分之间的相互作用,使所配制的防冻液具有稳定、防冻、抑沸、防腐防垢等优良性能,对汽车冷却系统进行了多层次的防腐保护。

实例 9　发动机防冻液(2)

【原料配比】

原　料	配比(质量份)					
	1#	2#	3#	4#	5#	6#
乙二醇	60	70	80	60	70	80
乙醇	3	2	1	2	1	2
亚硅酸钠	10	10	2.8	0.4	4	1
亚硝酸钠	0.8	0.8	0.5	0.4	0.8	0.3

续表

原　料	配比(质量份)					
	1#	2#	3#	4#	5#	6#
氢氧化钠	0.2	0.2	0.3	0.3	0.4	0.2
苯甲酸钠	0.5	0.5	0.5	0.5	0.8	0.5
硼砂	0.4	0.4	0.3	0.3	0.6	0.3
三乙醇胺	1	1	0.4	1	0.8	0.6
苯并三氮唑	0.1	0.1	0.04	0.08	0.08	0.1
去离子水	24	15	15	35	21.6	15

【制备方法】 将配方中的原料加入搅拌罐中,在常温常压下,搅拌至完全溶解,即可得产品。

【产品应用】 本品主要应用于发动机冷却系统。

【产品特性】 本品含有稳定的亚硅酸盐(不含磷酸盐),并给冷却系统提供卓越的抗腐蚀保护。其优点是:防凝结、过热、生锈和腐蚀,保护制冷系统的所有金属表面,包括铝制零件。不会损坏散热器软管、垫圈等橡胶部件,同时,还能防止产生过多的泡沫,防止由于水的硬度所引起的钙镁沉淀,从而避免在端部和堵塞部位形成热点。经检测本防冻液能达到 -60℃左右而保持液态,沸点在 108℃以上。

实例 10　发动机冷却系统防冻液

【原料配比】

原　料	配比(质量份)
乙二醇	80
水	10
苯并三氮唑	2
巯基苯并噻唑	2.5
硼砂	4
磷酸氢二钠	3.5

续表

原料	配比(质量份)
苯甲酸钠	4.5
氯化锌	1.2
氯化铅	3
氟化氢铵	1.5
壬基氧化聚乙烯氧化乙醇	1.5
新型 EAE 金属缓蚀剂	5
螯合络合剂乙二胺四亚甲基膦酸	2
单齿络合剂柠檬酸	10
水	20

【制备方法】 用乙二醇、水、苯并三氮唑、巯基苯并噻唑、硼砂、磷酸氢二钠、苯甲酸钠、氯化锌、氯化铅、氟化氢铵、壬基氧化聚乙烯氧化乙醇、新型 EAE 金属缓蚀剂配制成 1 号液;取螯合络合剂乙二胺四亚甲基膦酸、单齿络合剂柠檬酸和水制成 2 号液,将 2 号液在搅拌下徐徐倒入 1 号液中即配成所需防冻液。

【注意事项】 本品所述螯合络合剂选自氨基三亚甲基膦酸、乙二胺四亚甲基膦酸、甘氨酸二亚甲基膦酸、甲氨二亚甲基膦酸、1-膦酰基乙烷-1,2-二羧酸、1-膦酰基丙烷-1,2,3-三羧酸、2-膦酰基丁烷-1,2,4-三羧酸、水杨醛肟、安息香肟、辛酰基肌氨酸、十二酰基肌氨酸、十四酰基肌氨酸。

所述单齿络合剂选自水杨酸、酒石酸、柠檬酸、草酸、抗坏血酸、葡萄糖酸及它们的钠盐和锌盐,乙酰丙酮、二巯基丙醇、硫醇、氨基硫脲。

【产品应用】 本品主要应用于发动机。

【产品特性】 本品制得的乙二醇型发动机冷却系统长效防冻液,工艺简单经济,性能稳定可靠,消除了水垢对发动机的危害作用,其稀释水可直接采用高硬度自来水,提高了防冻液的使用方便性,改善了体系对金属的防腐能力,具有显著的经济效益。

实例11 防冻冷却液

【原料配比】

原料		配比(质量份)			
		1#	2#	3#	4#
水		100	100	100	100
乙二醇		90	100	100	100
苯并三氮唑		—	0.2	0.4	0.4
硼砂		—	1.2	3	1.5
硅酸钠		0.6	2	1.3	0.8
苯甲酸钠		—	0.5	1.1	0.8
桂皮酸		0.05	0.05	0.1	0.1
甘露醇		0.5	0.05	1	0.5
硝酸钠		—	0.5	1.4	0.8
癸二酸		0.8	1	1	0.8
二乙胺四乙酸二钠		—	0.15	0.07	0.12
消泡剂	OF50(商品名)	0.04	—	—	—
	磷酸三丁酯	—	0.05	—	—
	聚乙二醇	—	—	0.05	—
	甲基丙烯酸酯	—	—	—	0.03

【制备方法】 将水与乙二醇混合均匀,混合的温度为40~70℃,然后依次加入苯并三氮唑、硼砂、硅酸钠、苯甲酸钠、桂皮酸、甘露醇、硝酸钠、癸二酸和二乙胺四乙酸二钠混合均匀,再加入氢氧化钠和氢氧化钾调节pH值为9~11,之后加入消泡剂,得到防冻冷却液。

【注意事项】 本品所述消泡剂可以为有机硅氧烷、聚乙二醇、失水甘油醚、甲基丙烯酸酯、磷酸三丁酯和乙酸钙中的一种或几种。

【产品应用】 本品主要应用于汽车水箱的防冻。

【产品特性】 本品防冻冷却液中含有桂皮酸和甘露醇,能够显著地提高硅酸钠稳定性,抑制了硅酸钠的沉淀,从而大幅度地提高了防冻冷却液的储存稳定性，进而提高了对铝及铝合金腐蚀的抑制效果。例如，本品配方1# ~配方4#制备的防冻冷却液，在88℃的条件下，放置5周没有沉淀出现；而对比例制备的参比防冻冷却液在相同条件下放置2周后，出现絮状沉淀，说明本品防冻冷却液的储存稳定性更好，并且本品提供的防冻冷却液大幅度地提高了对铝腐蚀的抑制效果。

实例12 防冻液(1)

【原料配比】

原料		配比(质量份)		
		1#	2#	3#
1,2-丙二醇		454	610	—
1,3—丙二醇		—	—	500
纯净水		540	—	—
去离子水		—	380	—
蒸馏水		—	—	494
阻垢缓蚀剂	羧基亚乙基二膦酸	5	—	—
	氨基三亚甲基膦酸	—	8	—
	苯并三氮唑	—	—	5
抗氧化剂	对叔丁基邻二酚	1	—	—
	对羟基苯甲醚	—	2	—
	对苯二酚	—	—	1

【制备方法】 向反应罐中依次加入丙二醇、水，再加入阻垢缓蚀剂、抗氧化剂，经2h充分搅拌即可装桶。

【注意事项】 本品阻垢缓蚀剂为有机膦类阻垢缓蚀剂，优选为羧基亚乙基二膦酸、氨基三亚甲基膦酸或苯并三氮唑中的一种。

抗氧化剂为对苯二酚、对叔丁基邻苯二酚或对羟基苯甲醚中的一种。

【产品应用】 本品广泛应用于汽车、拖拉机、矿山机械、冷冻机组，以保证在冬天或低温下设备不被冻裂，能够正常运行。

【产品特性】 本品稳定性能高,不易挥发,不堵塞管道,且防冻、防锈、抗结垢性高。

实例13 防冻液(2)

【原料配比】

原料	配比(质量份)	
	1#	2#
乙二醇	40	—
丙二醇	—	70
水	58.4	27.67
三乙醇胺	0.8	1.2
羟基亚乙基二膦酸(HEDP)	0.5	—
氨基多酰基亚甲基膦酸	—	0.75
水解聚马来酸酐	0.25	0.3
EDTA 或其钠盐	0.04	0.06
亚甲基蓝染料	0.01	0.01

【制备方法】

(1)将水加入可加热并带有搅拌的搪瓷釜或不锈钢釜,并进行搅拌。

(2)将三乙醇胺、有机膦酸、EDTA 或其钠盐、水解聚马来酸酐,依次加入水中,不断搅拌,使其溶解,必要时可进行加热。

(3)缓缓地将乙二醇或丙二醇加入上述混合体系中,搅拌充分混匀。

(4)将亚甲基蓝染料加入混合液中,充分混匀,此时混合液的 pH 值为 8 ~9。

(5)过滤即得防冻液。

【产品应用】 本品可适用于进口、国产各种汽车发动机的冷却系统。

【产品特性】 本品具有优良的防冻、防沸、防腐蚀、抗锈蚀、抗结垢且能除去水箱污蚀,不易挥发,长期储存稳定。

实例14 防冻液(3)

【原料配比】

原料	配比(质量份)
甘醇	5~80
水	16~90
重铬酸钾	0.05~0.2
亚硝酸钠	1~3
四硼酸钠	0.3~1
六偏磷酸钠	小于0.01
颜料	适量

【制备方法】

(1)在搅拌罐中加入水,加热至40~60℃。

(2)取重铬酸钾、亚硝酸钠、四硼酸钠、六偏磷酸钠加入水中,搅拌溶解。

(3)加入甘醇,搅拌混合。

(4)添加颜料,搅拌溶解。

【注意事项】 本品所述甘醇主要选自乙二醇、二乙二醇,丙二醇或者其混合物。最好选乙二醇。

防冻液中,还可包括染料或颜料用于着色,在制造过程中,还可加适量(<0.01)的消泡剂磷酸三丁酯。

【产品应用】 本品广泛用于全国各地区的汽车、空调等冷却系统的防冻、防沸、防腐。

【产品特性】 本品生产工艺简单,设备要求低且能充分满足防冻、防腐要求的防冻液。

实例 15 防冻液(4)

【原料配比】

原料	配比(质量份)	
	1#	2#
乙二醇	700	400
水	200	520
甲基苯丙三氮唑	0.5	0.4
苯并三氮唑	1	0.7
硝酸钠	1.6	1.2
钼酸钠	1.1	0.8
苯甲酸钠	13.2	9.6
癸二酸	13.2	9.6
十一碳二元酸	4.4	3.2
辛酸	3.3	2.4
氢氧化钾	15	10
磷酸(85%)	5.4	4
水解聚马来酸酐	0.8	0.6
消泡剂	0.012	0.016
染料	0.03	0.04

【制备方法】 将乙二醇打入反应釜,随后加入水,开始搅拌,随后加入甲基苯丙三氮唑、苯并三氮唑、硝酸钠、钼酸钠,搅拌 10min 待溶解后加入苯甲酸钠,搅拌溶解 15min 后,加入癸二酸、十一碳二元酸、辛酸,同时加入氢氧化钾,溶解透明后加入磷酸,然后在搅拌下用剩余氢氧化钾调节 pH 值至 7.8 ~8.5,再加入水解聚马来酸酐,用剩余的水混合配方量的消泡剂和染料一起加入反应釜,最终形成了一种浅绿色的透明溶液,经过检验合格后通过 0.5 ~1μm 的过滤器过滤后即为本品。

【注意事项】　本品所述染料颜色为绿色系、黄色系、红色系、蓝色系中的一种或多种混合。

【产品应用】　本品主要应用于汽车冷却系统。

【产品特性】　本品采用以有机物为主,无机为辅的新型配方,有机酸采用多品种复合,以便达到长效目的,无机材料摒弃了硼酸盐、硼砂、胺类等对环境和人员影响较大的物质,从而达到绿色环保的特点。

实例 16　防腐防冻液

【原料配比】

原　　料	配比(质量份)		
	1#	2#	3#
乙二醇	48.9	49	48.6
去离子水	48.1	48	48.6
苯甲酸钠	0.9	0.9	0.9
磷酸氢二钠	0.6	0.4	0.6
苯并三氮唑	0.3	0.1	0.2
三乙醇胺	1	1.2	0.8
磷酸	0.37	0.37	0.27
消泡剂	0.01	0.03	0.03

【制备方法】

(1)取乙二醇、去离子水放入配料缸中,搅拌均匀,备用。

(2)另取去离子水加热至 60 ~ 70℃,然后依次加入苯甲酸钠、磷酸氢二钠,搅拌均匀使各种组分完全溶解,再将苯并三氮唑、三乙醇胺加入,待完全溶解,然后将此混合物加入步骤(1)的配料缸中充分搅拌均匀。

(3)加入磷酸调节配料缸制备液的 pH 值,控制 pH 值至 8 ~ 10,加入消泡剂,控制泡沫的产生。

【产品应用】　本品主要应用于发动机冷却系统。

【产品特性】 本品依照多次进行腐蚀性和稳定性试验,经过筛选而得,用乙二醇和去离子水作为主要成分,经过物理及化学加工,控制组合物冰点,同时加入磷酸氢二钠和苯甲酸钠作为防腐剂,目的是提供长效防腐,价格低廉,无污染,同时加入苯并三氮唑,阻垢防腐剂三乙醇胺,具有很好的防腐防锈作用,同时不易产生沉淀及结垢。其中磷酸氢二钠作为 pH 值缓冲剂,同时又具有防腐、不易结垢的作用。本品有效地解决它对铜、钢、铁、铝、锡的腐蚀问题和储存中的沉淀问题,同时显著地解决了组合物的 pH 值的稳定性问题,同时还具有以下优良性能及特点,良好的散热能力,冰点低,为 -35℃,适用于我国绝大部分地区使用,沸点高,可在炎热的夏季及高温季节使用,环保,无毒害,使用寿命长;泡沫体积小,消泡时间短,传热效率高。

实例 17 防腐抗垢防沸汽车冷冻液

【原料配比】

原料	配比(质量份)		
	1#	2#	3#
乙二醇	98.7	98.45	98.75
亚硝酸钠	0.25	0.48	0.25
硅酸钠	0.25	0.25	0.2
磷酸钠	0.15	0.2	0.48
苯并三氮唑	0.05	0.05	0.05
硼砂	0.48	0.25	0.17
氯化亚锡	0.12	0.32	0.1

【制备方法】 将配方中的原料加入搅拌罐中,在常温常压下,搅拌至完全溶解,即可得产品。

【产品应用】 本品主要应用于汽车发动机冷却系统。使用时可按照冰点要求用水稀释使用。

【产品特性】 本品不仅具有冰点低、防腐、阻垢功能,还具有高沸点、阻燃功能,因此,不但冬季防冻、夏季也可防沸,是一种长效防冻液。

实例18　硅型防冻液稳定剂

【原料配比】

原　料	配比(质量份)					
	1#	2#	3#	4#	5#	6#
水	1569.6	1569.6	1569.6	1569.6	1569.6	1569.6
氢氧化钾	475.2	480.2	500	485	480.2	490
磷硅烷混合物	800	920	1020	940	910	965
乙二醇	772.2	780.2	800	790	780.2	790

其中　磷硅烷混合物:

原　料	配比(质量份)					
	1#	2#	3#	4#	5#	6#
氯丙基三甲基硅烷	800	800	800	800	800	800
磷酸二甲酯	500	—	1002	700	—	—
磷酸二乙酯	—	700	—	—	700	700
正丁胺	6	6	6	6	—	—
N,N-二甲基苄胺	—	—	—	—	12	12
苄基三乙基氯化铵	20	20	20	30	—	—
四丁基溴化铵	—	—	—	—	20	30

【制备方法】

(1)在2L不锈钢材质的反应釜中加入氯丙基三甲基硅烷、有机磷酸酯、有机胺催化剂和苄基三乙基氯化铵或四丁基溴化铵,通氮气冲压至0.15MPa,检验设备气密性,加热开搅拌,升温至120℃,搅拌4~7h。

(2)取样分析其合成产品,此时打开氮气开关,控制氮气流量在0.6~1L/min,此时反应釜温度控制在150~170℃,通氮气时间为1~

2h,脱除一些低沸点的氯化物和未反应的原料。

(3)在脱除氯化物反应结束后,用真空油泵对合成产物闪蒸,切取(120±20)℃馏分,得磷硅烷混合物。

(4)水解皂化:在5L带有搅拌、冷凝管的三口烧瓶中,加入水、氢氧化钾,于50~80℃下在5~10min内缓慢加入磷硅烷混合物,并加入乙二醇和占反应物总质量1%~2%的硅藻土,搅拌1h。

(5)在85℃蒸出大部分甲醇和水后,再升温至115℃,继续搅拌30min,并打开真空,在-0.09~-0.08MPa下脱除剩余微量甲醇和水,得到的产品用水稀释至25%~27%含固量,常规过滤得到磷硅烷类稳定剂。

【产品应用】 本品主要用作防冻液稳定剂。

【产品特性】 本品能在合适的温度下,有效地提高反应的选择性和产率,关键是能够有效地降低产物中氯化氢的含量,得到适用于硅型防冻液用的稳定剂。

实例19 化雾防霜防冻液

【原料配比】

原料	配比(质量份)
磷酸钠	10
丙二醇	13
软水	32
松节油	1
纯甘油	33
酒精	4.5

【制备方法】 将原料各成分按比例混合均匀即制成本品防冻液。

【注意事项】 为了使液体具有芳香宜人气味,可在上述成分基础上,再加入适量的日用香水,用量为各组成总量的0.2%。

【产品应用】 本品用于各种机动车船、瞭望塔、门窗、仪器仪表的透视玻璃和浴室镜面的防雾、防霜冻,以及在低温下工作而不需结霜的装置,如冰箱、冰柜等。

将本品防冻液喷洒在被防护物表面上,会在其上形成一层极薄的憎水保护膜,聚结的雾珠无法在上面附着,且形成的薄膜具有延温抗冻能力,低温下的水汽亦不能在其上结成冰霜。

【产品特性】 本品不易挥发、无腐蚀性及毒害作用,气味芳香,长期贮存不变质。通过对冬季汽车挡风玻璃、浴室镜面、家用电冰箱冷却冷藏室进行试验,结果表明直至最大相对温差30℃条件下,可保持被防护物表面5~7天不起雾、不结冰霜,即玻璃能保持原有的透明度,冰箱内不结霜。

实例20　环保型汽车防冻防沸液

【原料配比】

原　　料	配比(质量份)
乙二醇	20
二乙二醇	20
丙二醇	30
重铬酸钾	2
硫酸钾	0.9
亚硝酸钠	1
六偏磷酸钠	0.1
水	26

【制备方法】 将乙二醇、二乙二醇、丙二醇、重铬酸钾、硫酸钾、亚硝酸钠、六偏磷酸钠,逐一加入水中,在搅拌器中搅拌溶解均匀则得成品。

【产品应用】 本品主要应用于汽车发动机散热防冻防沸。

【产品特性】 本品工艺简单,原料易得,成本低廉,但产品既能抗冻,又能抗沸,无毒环保,具有较高的性价比,特别是低温工作性能好,可在-60~-50℃低温环境下工作。

实例21 机动车用防冻液

【原料配比】

原料	配比(质量份)			
	1#	2#	3#	4#
超纯水	30	70	55.7	45.7
涤纶级乙二醇	50	18	30	30
工业级甘油	15	10	10	20
防锈剂	3.7	1.29	3	3
亚硝酸钠	—	0.5	—	—
硅酸钠	0.8	—	—	—
甘氨酸	—	—	0.8	—
对羟基苯甲酸	—	—	—	0.8
磷酸氢二钠	0.25	—	0.25	—
氢氧化钠	—	0.15	—	0.25
1210 消泡剂	0.2	0.05	0.2	0.2
溴甲酚绿	0.05	0.01	0.05	0.05

【制备方法】 将配方中的原料加入搅拌罐中,在常温常压下,搅拌至完全溶解,即可得产品。

【注意事项】 本品中防霉剂选用硅酸钠、硝酸钠、亚硝酸钠、甘氨酸、对羟基苯甲酸、苯并三氮唑中的一种,pH 调节剂选用磷酸氢二钠或氢氧化钠,消泡剂选用 1210 消泡剂,色素选用溴甲酚绿。

防冻液的冰点为:-60 ~ -15℃。

【产品应用】 本品主要应用于机动车。

【产品特性】

(1)由于防冻液配方中加入了工业级甘油,减少了对暖风管处等橡胶的变性,延长了腐蚀性,并提高沸点。

(2)在 -60 ~ -15℃的范围内防冻液可以进行任意冰点的配制,能够满足各类需求。

实例22　内燃机车防沸、防冻冷却液

【原料配比】

原　　料	配比(质量份)		
	1#	2#	3#
乙二醇	30	55	65
磷酸二氢钠	3.8	3.6	2
三乙醇胺	1.5	2	3
苯甲酸钠	2	1.6	1
钼酸钠	0.8	1	1.5
硅酸钠	0.3	0.2	0.1
苯并三氮唑	0.1	0.1	0.15
聚马来酸酐	0.15	0.1	0.05
乙二胺四亚甲基磷酸钠	0.3	0.1	0.1
工业水	加至100	加至100	加至100

【制备方法】　首先把苯并三氮唑用热水或乙醇溶解之后即可和其他药剂一起投入工业水中溶解、稀释至规定浓度，搅拌均匀即配制完成，必要时用氢氧化钠调节 pH 值至大于8。

【产品应用】　本品不仅能在汽车、坦克、拖拉机和工程机械上使用，在大功率内燃机上也可以使用。

【产品特性】　本品缓蚀效率高；腐蚀速度慢，用工业水配制使用简便，凡符合铁路蒸汽机车锅炉给水水质标准的工业水都可以使用，而且可以使内燃机车和蒸汽机车一样在铁路沿线就地随时补水，从而使机车整备工作简化，运行效率大幅度提高；使用功能较大。

实例23　内燃机水箱防冻防垢液

【原料配比】

原　　料	配比(质量份)		
	1#	2#	3#
乙二醇	97	90	82

续表

原　　料	配比(质量份)		
	1#	2#	3#
橡碗栲胶的饱和溶液	1	4	8
三乙醇胺的饱和溶液	2	6	10

【制备方法】 (1)将固体橡碗栲胶在搅拌状态下缓慢加入40℃的热水内,使橡碗栲胶溶解于水中,直至不溶解为止,制成40℃的橡碗栲胶的饱和溶液,然后将其冷却至室温,虹吸上清液备用。

(2)三乙醇胺饱和溶液的制备:将黏稠状的三乙醇胺加入水内,待发生分层后停止加入,虹吸上清液(三乙醇胺的饱和溶液)备用。

(3)将乙二醇、橡碗栲胶饱和水溶液、三乙醇胺饱和水溶液在搅拌状态下加入搅拌器内,加完后继续搅拌20min,即为防垢液原液以铁制或玻璃容器加盖密封分装。

【产品应用】 本品适用于内燃冷却循环系统。

【产品特性】 本品不但具有防冻的效果,而且具有防垢、除垢的作用,对无结垢、轻微结垢和严重结垢的水箱有选择地使用,有利于热传递(散热),与水混溶后不产生泡沫,无结垢时起到软化水质的作用,对多种机动车发动机的水循环系统均有防冻、防垢、除垢、防锈、防腐蚀的作用,可有效地提高机动车的工作效率,延长使用寿命。

实例24　汽车发动机防冻液

【原料配比】

原　　料	配比(质量份)
乙二醇	95
水	5
巯基苯并噻唑	0.2
氢氧化钾	0.18

续表

原　　料	配比(质量份)
磷酸二氢钾	1.5
邻苯二甲酸	0.24
间苯二甲酸	2.4
苯甲酸钠	1

【制备方法】 先将乙二醇、水、巯基苯并噻唑加入混合器内，搅拌溶解后，再加入其他成分，搅拌溶解混合均匀，即得成品。

【产品应用】 本品主要应用于汽车发动机。

【产品特性】 本品防冻效果好，-40℃低温使用不结冻。本品不含胺类，不生成亚硝酸铵，使用安全，不存在致癌问题。抑制腐蚀效果好，对铝无腐蚀，对钢和铸铁腐蚀甚微。

实例25　汽车防冻液

【原料配比】

原　　料	配比(质量份)				
	1#	2#	3#	4#	5#
超纯水	29	87	77	67	47
乙二醇	68	10	20	30	51
防锈剂	1	1	1	1	0.7
防霉剂	0.6	0.6	0.6	0.6	0.5
pH调节剂	0.9	0.9	0.9	0.9	0.5
抗泡剂	0.45	0.45	0.45	0.45	0.28
色素	0.05	0.05	0.05	0.05	0.02

【制备方法】 将配方中的原料加入搅拌罐中，在常温常压下，搅拌至完全溶解，即可得产品。

【注意事项】 本品所用的超纯水是水中电解质几乎全部去除，水中不溶解的胶体物质、微生物、微粒、有机物、溶解气体降至很低程度，25℃时，电阻率为10MΩ · cm以上，通常接近18MΩ · cm。

【产品应用】 本品主要应用于汽车的防冻。

【产品特性】

(1)汽车防冻液实现自制后，可节约成本。

(2)技术范围内(−68 ~ −4.1℃)汽车防冻液，可以自行配制任意冰点产品，以满足各类特殊要求。

实例26 全效多功能耐低温防冻液

【原料配比】

原料	配比(质量份)	
	1#	2#
乙二醇	30	40
二甲基亚砜	10	15
硼砂	1.8	2
钼酸钠	0.1	0.1
硝酸钠	0.16	0.16
磷酸钠	0.3	0.36
硅酸钠	0.56	0.66
苯并三氮唑	0.22	0.27
苯甲酸钠	2.1	2.6
2-巯基苯并噻唑钠	0.3	0.37
甲苯基三氮唑钠	0.14	0.18
聚乙二醇(600)	0.12	0.14
氢氧化钠	0.19	0.18
乙二胺四乙酸二钠	0.17	0.17
亚甲基蓝	0.0009	0.0003
去离子水	加至100	加至100

【制备方法】　先将乙二醇和二甲基亚砜加入200L不锈钢罐中，启动搅拌，在搅拌状态下依次加入苯并三氮唑、聚乙二醇、亚甲基蓝，充分搅拌至溶解。然后将去离子水在搅拌状态下缓慢加入罐中，再将硼砂、钼酸钠、硝酸钠、磷酸钠、硅酸钠、氢氧化钠、2－巯基苯并噻唑钠、甲苯基三氮唑钠、乙二胺四乙酸二钠和苯甲酸钠依次在搅拌状态下加入，搅拌至完全溶解，最后在搅拌下调整pH值至9～10，最后形成淡蓝色透明液体，取少量溶液检验合格后，即可分装。

【产品应用】　本品主要应用于汽车冷却系统。

【产品特性】　本品配方组分之间的相互作用，有效地解决了硼酸盐和磷酸盐易生成沉淀物和硅酸盐在乙二醇系防冻液中不稳定的缺点，本品配方中没有亚硝酸盐，不会生成对人体有害的物质。使所配制的防冻液具有稳定、抑沸、高效防垢、高效防腐防锈、低温防冻和不燃不爆安全可靠的性能。尤其防腐性能异常突出。对汽车冷却系统所用的各种金属基材都进行了多层次的防腐保护。

通过本品的配方，令传统的防腐剂又有了一定的应用空间，对降低成本，改善防冻液的各种性能，适合现代汽车保养的进一步要求，具有积极的作用。

实例27　阻垢阻燃无腐蚀长效防沸防冻液

【原料配比】

原　料	配比(质量份)
去离子水	30～45
甘油	45～65
低碳醇	0～5
复合添加剂	10～15
消泡剂	0.0001～0.001
荧光剂	0.001～0.01
水性颜料	0.001～0.01

其中　复合添加剂:

原　　料	配比(质量份)
硼酸、硼砂及其混合物	0.5~5
小苏打或纯碱及其混合物	3~8
多聚磷酸盐	0~2
去离子水	90

【制备方法】　将配方中的原料加入搅拌罐中,在常温常压下,搅拌至完全溶解,即可得产品。

【产品应用】　本品主要应用于机动车冷却系统防冻。

【产品特性】　本品具有冰点低,最低可达 -70℃,沸点高,通常高于110℃,最高可达150℃,防腐防阻垢阻燃功能,性能稳定、可靠,可以长期对冷却系统起到防腐、阻垢、阻燃、防沸、防冻、防菌的良好作用。同时排放物易生物分解吸收,对环境无污染。

实例28　新型多功能防冻液

【原料配比】

原　　料	配比(质量份)					
	1#	2#	3#	4#	5#	6#
乙二醇	10	40	40	40	60	60
蒸馏水	10	58	58	58	38.1	38
三乙醇胺	0.5	0.8	0.8	0.8	1	1
多聚磷酸钠	0.1	0.2	0.35	0.25	0.3	0.25
水解聚马来酸酐	0.1	0.2	0.2	0.2	0.25	0.2
乙二胺四乙酸或其二钠盐	0.01	0.08	0.03	0.03	0.04	0.03
亚甲基蓝染料	0.005	0.01	0.01	0.01	0.01	0.01

【制备方法】

(1)在可加热并带有搅拌的搪瓷反应釜或不锈钢反应釜中配制防

冻液。

(2)按配方精确称取三乙醇胺、多聚磷酸钠、水解聚马来酸酐、乙二胺四乙酸或其二钠盐、亚甲基蓝及乙二醇。

(3)将水加入反应釜中,升温并开启搅拌。

(4)将三乙醇胺、多聚磷酸钠、水解聚马来酸酐、乙二胺四乙酸加入70~80℃的水中,不断搅拌,使其全部溶解。

(5)缓缓地加入乙二醇于混合液中在搅拌条件下,使其混合均匀。

(6)将亚甲基蓝染料加入混合液中充分混均,调整其颜色和pH值至8~9。

(7)对产品进行检验,主要检验冰点、沸点、pH值及颜色。

(8)对合格的防冻液进行灌装、贴标签、入库。

【产品应用】 本品可适用于进口及国产的小轿车、中巴、大巴、小货、大货车,汽油及柴油发动机、空调等。

【产品特性】 本品具有较优的防冻、防沸、防腐蚀、防锈、防结垢及除垢性能,且不易挥发、储存稳定、一般灌装一次防冻液三年内不用更换、配制方法简单、设备投资低,有颜色指示是一种较理想的防冻液。

实例29 新型防冻液

【原料配比】

原料	配比(质量份)			
	1#	2#	3#	4#
乙二醇	40	50	60	70
水	58.4	48.245	37.67	27.67
三乙醇胺	0.8	0.85	1.2	1.2
有机膦酸	0.5	0.55	0.75	0.75
水解聚马来酸酐	0.25	0.3	0.3	0.3
EDTA或其钠盐	0.04	0.045	0.06	0.06
亚甲基蓝	0.01	0.01	0.01	0.01

【制备方法】

(1)将水加到可加热并带有搅拌的搪瓷釜或不锈钢釜中,并开始搅拌。

(2)将三乙醇胺、有机膦酸、EDTA 或其钠盐、水解聚马来酸酐,依次加入水中,不断搅拌,使其溶解,必要时可通过加热器加热。

(3)缓缓地将乙二醇加到上述混合体系中,搅拌充分混均。

(4)将亚甲基蓝染料加入混合液中,充分混均,此时混合液的 pH 值为 8~9。

(5)抽滤,滤液即为防冻液。

【注意事项】 本品所述有机膦酸包括羟基亚乙基二膦酸(HEDP)、氨基多酰基亚甲基膦酸(PAPEMP)、1,2,4-三羧酸,PBTC2-羟基膦酰基乙酸(HPA)羟基亚乙基二膦酸(HEDP),优选羟基亚乙基二膦酸。

本品添加有机膦酸或有机磺酸可有效地阻止由于钙和镁盐的结垢,提高防冻液的抗碱程度,同时提高防冻液的储存稳定性,确保可直接采用高硬度的自来水作为防冻液的稀释水。

本品中使用金属离子螯合物 EDTA 或其二钠盐,能有效地除垢、防垢和消除锈蚀,确保防冻液不被污浊。

本品添加水解聚马来酸酐和三乙醇胺,以形成缓冲体系,有效地调节防冻液的 pH 值,提高防冻液的抗酸、碱能力,以达到防腐和储存稳定性能。

【产品应用】 本品可适用于进口,国产各种汽车发动机的冷却系统。

【产品特性】 本品防冻液具有优良的防冻、防沸、防腐蚀、抗锈蚀、抗结垢、且能除去水箱污浊,不易挥发,长期储存稳定。本品制备方法简单,化学物品全部来自国内且为常用试剂,设备投资少,不失为一种较理想的制备多功能防冻液的方式方法,此防冻液可适用于进口,国产各种汽车发动机的冷却系统。

实例30 新型汽车防冻液

【原料配比】

原　料	配比(质量份)
乙二醇	94.15
三乙醇胺	0.2
硼砂	3
苯并三氮唑	0.8
三硝基苯酚	0.15
氢氧化钠	0.3
硝酸钾	0.25
亚硝酸钠	0.15
硅酸钠	1

【制备方法】 首先将三硝基苯酚用热水溶解,然后把硼砂、硅酸钠混配均匀,再把硝酸钾、亚硝酸钠、三乙醇胺、苯并三唑、氢氧化钠倒入乙二醇中搅拌均匀后,再把所有混配材料搅拌在一起,溶解于乙二醇中,所有材料溶解均匀后产品即完成。

【产品应用】 本品适合所有汽车发动机冷却系统,也适用于柴油发电机组的冬季防冻。

【产品特性】 本品防冻液增加了苯并三氮唑的含量,提高了防冻液和金属间的热传导速度,而且目前的自来水含氯量都很高,防冻液中增加了苯并三氮唑的比例,使防冻液在使用时,可以加入比常规防冻液多至2倍的自来水。本品的防冻液与水按1∶1的比例混合使用时,将使冰点降至-36.7℃,如果按北方的最低温度东三省的温度-25~30℃,可以使水的加入量加至1∶3,如果是在北京、天津、河北、山西等地最低温度-15℃的话,可以使本品的防冻液加至(1∶3~1∶5)。

实例31 长效防冻液

【原料配比】

原料	配比(质量份)
乙二醇	45
缓蚀剂	0.005
绿色染料	0.001
水	加至100

【制备方法】 将乙二醇、缓蚀剂、绿色染料混合后,加水至100份配制成本品防冻液。

【注意事项】 本品中的缓蚀剂为含磷酸或磷酸盐的无机溶剂或采用商品用于金属防腐蚀的缓蚀剂,颜料或色素可采用无机盐或有机染料,这些都可参照常规技术进行选择。

【产品应用】 本品可用于汽车或内燃机水箱。

【产品特性】 汽车或内燃机水箱采用本品的防冻液,可使冷却液凝固点降至-50℃以下,且随防冻液使用中不断减少到40%(体积分数)后,添加水继续使用,并可持续添加二次以上水,因而延长了防冻液的使用寿命,降低了汽车的运行费用。

实例32 阻垢阻燃无腐蚀防沸防冻液

【原料配比】

原料		配比(质量份)
去离子水		35~45
乙二醇		40~50
壬二酸二辛酯		5~8
二乙二醇单甲醚		8~10
阻垢剂	三聚磷酸钠	0.2~0.3
	多聚磷酸钾	0.4~0.5
	丙烯酸盐	1.1~1.2

续表

原　料		配比(质量份)
阻燃剂	磷酸二氢铵	0.2～0.4
	次磷酸钾	0.2～0.35
	亚磷酸钠	0.3～0.45

【制备方法】

(1)阻垢剂的配制：将三聚磷酸钠、多聚磷酸钾、丙烯酸盐分别加入已加热至60℃的去离子水中搅拌，保温30min后，冷却至常温。

(2)阻燃剂的配制：将磷酸二氢铵、次磷酸钾、亚磷酸钠分别加入已加热至50℃的去离子水中，搅拌加热至沸腾，保温20min，再冷却至常温。

(3)成品的配制：在乙二醇中分别加入去离子水、壬二酸二辛酯、二乙二醇单甲醚，搅拌均匀，加热至110～130℃，并保温30min，冷却至常温，再分别加入阻垢剂和阻燃剂，搅拌均匀，形成产品。

【产品应用】　本品用于发动机冷却水中添加的防沸防冻液。

【产品特性】　本品防冻液不仅具有冰点低、防腐、阻垢功能，还具有高沸点、阻燃功能，因此，不但冬季可以防冻，而且夏季可以防潮，从而拓宽了使用季节。由于增加了阻燃功能，使容易着火的防冻液在使用中比较安全。

第六章　复合肥

实例1　多元有机磁化复混肥

【原料配比】

原料		配比(质量份)					
		1#	2#	3#	4#	5#	6#
氮肥	尿素	450	350	300	200	150	200
磷肥	磷酸一铵	200	—	130	—	315	200
	磷酸二铵	—	150	—	200	—	—
钾肥	硫酸钾	160	—	—	—	100	100
	氯化钾	—	120	70	180	—	—
有机质	腐殖酸铵	—	80	120	—	—	120
	腐殖酸钠	40	—	—	100	—	—
	腐殖酸钾	—	—	—	—	80	—
微肥	硫酸亚铁	5	5	3	5	5	5
	硫酸锌	3	3	3	5	5	3
	硫酸铜	1	1	2	—	5	2
	钼酸铵	1	1	2	—	—	—
黏结剂	有机硅藻土	30	40	—	—	20	20
	无机膨润土	—	30	38	—	—	17
	糠醛渣	10	—	—	29	—	—
酸化粉煤灰		50	150	200	150	200	200
红灰		50	70	90	80	70	80
稀土		—	—	2	1	2	3
防结块剂		—	—	40	50	58	50

【制备方法】

(1)将所有原料分别粉碎至80～200目,分装于各个料仓中备用。

(2)按照组分配比计量混配,并均匀混合。

(3)在转鼓式造粒机中,根据对混合物料酸碱度的需要,用蒸汽夹带水和稀薄的酸或碱液对混合物料进行 pH 值调整和混合造粒。

(4)在转鼓式烘干机中,用 80 ~ 110℃ 的烟道气,对混合物料进行烘干。

(5)在转鼓式冷却机中,用冷空气将混合物料的温度降至 50℃以下。

(6)通过筛分机对混合物料进行筛分。

(7)将符合要求的颗粒状混合物料通过电磁磁化机,在磁场强度为 1500 ~ 4000Gs 的环境下磁化 3 ~ 4s。

(8)计量包装。

【注意事项】 本品中氮肥可以是尿素、硝酸铵、硫酸铵复合肥或磷酸铵。

磷肥可以是复合肥——磷酸一铵、磷酸二铵、硝酸磷肥、磷酸二氢钾或磷酸氢二钾。

钾肥可以是硫酸钾、氯化钾、硝酸钾或复合磷酸二氢钾、磷酸氢二钾。

有机质是指已被从风化煤中萃取提纯的水溶性腐殖酸钾、腐殖酸钠、腐殖酸铵、黄腐殖酸或黄腐殖酸钠的成品。

红灰是指生产硫酸时产生的工业废渣,其主要成分是三氧化二铁和四氧化三铁,其作用是作为磁性载体填充料。

黏结剂是指有机硅藻土、无机膨润土和/或糠醛渣的混合物。

酸化粉煤灰是指将热电厂水除尘所得的烟道灰经过酸化后所得的产物,具体酸化方法如下:用 1 份 25% ~ 35% 的稀硫酸与 9 份干燥的粉煤灰(质量份数计)混合后搅拌均匀;然后在常温下堆焖熟化 2 ~ 3 天,使其 pH 值为 3 ~ 5;再经翻晒干燥粉碎后所得产物即为酸化粉煤灰。

微肥是指硫酸亚铁和/或硫酸锌和/或硫酸铜和/或钼酸铵的混合物。

本品的 pH 值范围为 5 ~ 6.5,本品中还可以加入适量的稀土、防结块剂。

【产品特性】 本品原料易得,配比及工艺科学合理,造粒均匀,成型性好;产品养分浓度高,适合新疆土质要求,能够促进植物生长、改良土壤。

实例2 腐殖酸复合肥

【原料配比】

原　　料	配比(质量份)
腐殖酸	43.6
硫酸钾	12
氯化钾	12
尿素(含氮46%)	15
磷酸铵(含氮18%、含磷46%)	17.4

【制备方法】 本品的工艺流程如下:

将腐殖酸粉碎到60~80目→在搅拌机内活化粉碎后的腐殖酸→加水至腐殖酸含水70%~80%→将磷酸铵、尿素、硫酸钾和氯化钾加入搅拌机充分搅拌→进入反应釜在50~60℃保温2~3h,至含水量为30%~35%→进造粒机造1~4.75mm直径颗粒→进烘干机烘干→冷却→筛分→包装。

【产品应用】 本品为农业生产用复合肥。

【产品特性】 本品原料来源广泛,价格低廉,工艺简单合理,设备投资少;制得的肥料成本低、肥效好,具有涵养土壤和恢复板结土地功能,符合环保要求。

实例3 腐殖酸有机无机复混肥

【原料配比】

原　　料	配比(质量份)				
	1#	2#	3#	4#	5#
尿素	180	230	230	290	250

续表

原　料	配比(质量份)				
	1#	2#	3#	4#	5#
过磷酸钙	330	—	—	—	—
磷酸一铵	—	170	170	170	120
氯化钾	100	90	120	140	180
硫酸钾	—	30	75	100	150
硫酸镁	—	—	—	—	20
石膏粉	—	—	—	—	10
硫酸锌	—	—	—	—	10
硼砂	—	—	—	—	10
硫酸铜	—	—	—	—	10
硫酸锰	—	—	—	—	5
腐殖酸铁	—	—	—	—	10
腐殖酸钠	—	—	—	—	30
腐殖酸有机肥	390	470	405	300	200

【制备方法】

(1)将原料风化煤(本品采用的有机质原料为山西省灵石地区出产的优质风化煤,风化煤中腐殖酸含量达到60%～65%)粉碎至100～150目,而后加入碳酸氢铵改性处理,碳酸氢铵的加入量为原料风化煤质量的10%～15%。

(2)将尿素、磷肥、氯化钾、硫酸钾分别粉碎至100～150目。

(3)将步骤(2)所得粉碎物料与步骤(1)所得改性腐殖酸有机肥混合搅拌均匀,经输送带送往圆盘造粒机造粒,造粒时喷洒含量为20%的氯化钾水溶液,喷水量为4%～8%,水温控制在30～40℃。

(4)物料成球后送往烘干机烘干,烘干采用中煤,进口温度控制在150～180℃,出口温度控制在80～85℃,烘干后进入冷却滚筒冷却,冷却后经过筛分,粒径1～4.5mm为成品,成品含水量为10%～15%,不合格的筛余物料重新返料加工。

为降低粉碎温度,以保证腐殖酸的活性和避免化学肥料元素的分解和挥发,对生产原料采用两级粉碎,一级粉碎采用锤片式粉碎机,将物料粉碎至40~60目,二级粉碎采用振动磨机,将物料粉碎至100~150目。

为避免阴天或下雨化学三元素肥返潮、发黏,可以在上述原料中加入2%~3%(质量百分比)的石膏粉,使用时不影响溶解度,且成球率高。

【产品应用】 本品适用于多种农作物。

配方1#肥料适用于花卉、草坪、林木、苗圃、牧草,配方2#肥料适用于小麦、玉米、谷子、高粱,配方3#肥料适用于果树、经济作物,配方4#肥料适用于瓜果、蔬菜类,配方5#肥料适用于大棚作物(按照每亩大棚12~15kg本品加水溶解后直接冲施使用)。

【产品特性】 本品采用常温成球、低温粉碎、低温烘干,保证腐殖酸的活性,避免化学肥料元素的分解和挥发,符合GB 15063—2009复混肥质量标准;与喷浆法、半湿法相比造粒温度显著降低,烘干使用中煤,在低温下即可完成,既节约了能源,又保护了环境,实现了洁净化生产;本品施用后可改善土壤理化性能,增加肥效达20%以上,有效促进作物对养分的吸收,实现配方施肥,平衡施肥,增产增收。

实例4 复合肥(1)

【原料配比】

原料	配比(质量份)	
	1#	2#
尿素	35	39
过磷酸钙	40	38
氯化钾	25	23

【制备方法】 将各粉状化肥配料充分混合,搅拌制成粉状复合肥。

【产品应用】 本品特别适宜杂交水稻、早稻、晚稻、小麦及板栗、油菜、水果等农作物施用。

用量:杂交水稻每亩施本品 50~60kg,早稻、晚稻每亩施本品45~50kg,小麦每亩施本品 30~35kg。

【产品特性】 本品根据农作物在生长过程中实际所需要的营养成分,按营养学原理科学搭配,肥料的有效成分除富含氮、磷、钾外,还含有镁、钙、硫等 18 种微量元素,N、P、K 总含量超过 36%,能完全满足农作物在整个生长期内所需要的全部营养成分,不会发生营养不良的现象,综合肥效得以提高,而价格仅为进口复合肥的一半。

实例5 复合肥(2)

【原料配比】

原　　料	配比(质量份)	
	1#	2#
麦饭石	30	20
畜粪	8	10
磷矿石	8	5
大麻饼	20	20
草木灰	5	2
人粪	10	6
氯化钾	8	10
硫酸(3%)	6	8
硝酸铵	5	3

【制备方法】 将上述各组分经配料、混匀、造粒、烘干即得成品。

【注意事项】 本品中磷矿石可增加土壤中磷的含量,一般以使用12%以上的磷矿石为宜;大麻子饼含氮 5%,含磷 2.4%,含钾 1.35%,含有机质达 80%,比其他油料饼使用效果好;硝酸铵可增加含氮量,含氮达 35% 左右;使用 3% 的硫酸作为发酵剂,可以促进各成分原料的有机结合;氯化钾可以保证作物对钾的需要;麦饭石中含有较多的微量元素及具有生物活性作用。

【产品应用】 本品适用于多种农作物。

【产品特性】 本品中微量元素全面、比例适当,可有效地改善土壤生态,增强地力,防止板结;本品营养丰富,含氮4.1%、有效磷10.26%、钾6.3%,肥效长、后劲大,施用后作物长势好、色泽鲜艳、叶色深绿、茎秆坚韧、抗倒伏能力强,可以大大减少作物因长期施用无机化肥而造成的作物晚熟、倒伏、立死、果味变质等病害,还能促使作物早熟。

实例6 复合肥(3)

【原料配比】

原料	配比(质量份)	
	1#	2#
硫酸(50%~80%)	1	—
硫酸(60%~80%)	—	0.8
氯化钾①	0.5~0.8	0.5
水①	0.1	0.06
循环母液	1.5	0.9
氯化钾②	0.4~0.8	0.5
水②	1	0.65
氯化铵	0.2~1	—
碳酸铵	—	0.3

【制备方法】

(1)将硫酸、氯化钾①、水①及循环母液放入1500L的反应釜中,在100℃下反应0.5h,完成料浆冷却到20℃分离,可得硫酸氢钾1~2.5;得30%的盐酸0.6。

(2)将硫酸氢钾、氯化钾②、水②放入1500L的反应釜中,缓缓加入氯化铵或碳酸铵,在40℃下反应0.5h,完成料浆冷却到15℃,分离可得氧化钾为50%的硫酸钾0.9~1.3。母液经蒸发去水、冷却分离后可得到N、K、S三元素复合肥0.7。

【注意事项】

步骤(1)中硫酸和氯化钾的物质的量比为(1:1)~(1.5:1)。

步骤(2)中硫酸氢钾和氯化钾的物质的量比为(1:1)~(1.5:1)，盐析剂在硫酸氢钾和氯化钾混合料浆中的浓度为10%~30%。

【产品应用】 本品特别适用于烟草、甜菜、马铃薯、葡萄、柑橘、西瓜、亚麻等农作物。

【产品特性】 本品主要具有以下优点：

(1)本品利用硫酸和氯化钾为原料，采用低温转化和盐析两步法，使硫酸和氯化钾在一种平和的反应环境中得到硫酸钾，克服了曼海姆法转化温度高、设备腐蚀严重以及萃取法和蒂置法生产流程长等工艺缺陷。

(2)本品工艺流程短，得到的硫酸钾产品中的氧化钾含量在45%~52%，并且可得到盐酸和N、K、S三元素复合肥。

实例7 复合肥(4)

【原料配比】

原 料	配比(质量份)
硫酸铵	100
磷酸一铵	182
尿素	174
氯化钾	217
干燥剂	150
水	50
沸石粉	127

【制备方法】 利用具有二次造粒功能的圆盘或转鼓式造粒机造粒，然后筛分。

一次造粒时，将一般复合肥N、P、K含量的原料硫酸铵、磷酸一铵、尿素、氯化钾、沸石粉与100份干燥剂均匀地混在一起;在二次造粒区再加入剩余50份的干燥剂,造粒后经筛分80%~90%的成品即可包装,包装后堆放40~60min即可达到复合肥的成品验收标准;剩余的大粒和碎料回造粒机重新造粒。

【注意事项】 本品的配方是在满足一般复合肥N、P、K含量配比的基础上,配入干燥剂15%。其中,所述的N的两个养分含量可来自硫酸铵。干燥剂中含有氧化镁18%,含有效硫15%,含有效钙10%。

在满足N、P、K含量和干燥剂成分的基础上,造粒过程中可以添加沸石粉等原料。

干燥剂成分中富含Ca、Mg、S等中量元素,还含有Zn、Mn、Fe等微量营养元素,干燥剂可由常用的无水硫酸镁、半水硫酸钙及沸石粉按3:1:0.5的比例组成。

【产品应用】 本品为农用复合肥。

【产品特性】 本品将通常造粒过程中所喷的水结晶为稳态的水存在于颗粒中,因而可以免去通常方法中烘干和冷却两个环节,节约了人力物力,降低了成本,并且肥效明显提高,使用效果显著。

实例8 复合肥(5)

【原料配比】

原料		配比(质量份)		
		1#	2#	3#
尿素		45	48	50
氯化钾		25	24	20
磷酸铵	磷酸一铵	25	—	—
	磷酸二铵	—	20	—
	磷酸三铵	—	—	30
填充剂	白云石粉	5	—	—
	滑石粉	—	2	—
	黏土	—	—	1

【制备方法】

(1)将尿素经过高温熔融(130～145℃),进入缓冲槽内,再经输送泵加压,计量后送至塔顶混合槽内。

(2)另将氯化钾(或硫酸钾)、磷酸铵及填充剂分别计量后,送入搅拌器充分混合。

(3)将步骤(2)所得的混合料经破碎筛分后,由斗式提升机提升到塔顶料仓。

(4)将步骤(3)所述料仓中的混料经螺旋喂料机后,送入混料加热器中,加热至60～95℃。

(5)将步骤(4)中加热后的混料送入上述步骤(1)所述混合器中,经快速搅拌混合制成黏稠状物料,温度控制在115～120℃,自动溢流至造粒喷头,在喷头旋转离心力作用下,将混合物均匀喷洒成小球状的小液滴。

(6)采用塔顶喷淋自然冷却技术,上述步骤(5)中从喷头喷淋落下的小液滴在直径8～20m的塔内自由落下,经与塔内的自然上升气流换热后冷却至40～60℃,一次成型成粒,即成为复合肥小颗粒。

塔高在60～120m,塔径在8～20m。制备过程中不向系统内引入水分来黏合造粒,能够防止因水分超标而结块。

【产品应用】　本品为农业用肥料。

【产品特性】　本品是在微观分子水平上,将各种原料融合成一个有机养分整体,通过各种养分之间的相互作用,形成均衡的稳定养分单元。这样,可以根据农作物的各个生长期对不同养分的吸收情况,连续不断地释放养分,供作物吸收,从而减少肥料在农田中的分解损失,提高化肥的利用率。

本品在制备过程中最大的特点就是采用高温熔融法,将原料融合在一起,避免向系统内引入水分,防止肥料结块,避免了存储和施用的麻烦,同时省去了传统的造粒后烘干筛分过程,降低能耗。

本品在制备过程中采用高塔喷淋自然冷却,一次成粒成型,不存在返料,使生产能力大为提高,节省能源,提高设备利用率,无粉尘污染,避免了三废排放,有利于环境保护。

实例9　复合肥(6)

【原料配比】

原料	配比(质量份)		
	1#	2#	3#
锅炉烟道气脱硫生成的混合物	50	60	70
尿素	20	15	10
过磷酸钙	15	20	10
硫酸钾	10	—	5
氯化钾	—	10	5
磷酸一铵	—	10	5

【制备方法】　取烟道气经氨法脱硫生成的混合物、尿素、过磷酸钙、硫酸钾、氯化钾、磷酸一铵在搅拌机中混合均匀后进行成球盘,喷入水分造粒,经烘干、冷却、筛分,得到1~4.75mm颗粒的复合肥。

【注意事项】　本品中锅炉烟道气脱硫生成的混合物为硫酸铵与煤灰组成,硫酸铵含量为80%~90%,余量为煤灰。

【产品特性】　本品充分利用烟道气环保治理生成的混合物,既解决了污染问题,又综合利用了资源,增加治理污染积极性,经济效益和社会效益显著。本复合肥是具有N、P、K,又有微量元素的高效复合肥,其原料来源广泛,工艺简单,成本低。

实例10　复混肥

【原料配比】

原料	配比(质量份)					
	1#	2#	3#	4#	5#	6#
尿素	501	330	450	348	304	325
磷酸二铵	177	—	120	231	—	200
硫酸钾	142	102	120	201	90	150

续表

原　料	配比(质量份)					
	1#	2#	3#	4#	5#	6#
普钙	140	543	350	180	586	400
硫酸锌	20	10	15	12	8	10
硫酸锰	10	6	7.5	10	5	8
硼砂	6	4	5	12	3	9
硫酸镁	7.7	4.8	5.8	5.65	3.8	4.5
钼酸铵	0.2	0.14	0.17	0.25	0.15	0.21
氯化钴	0.1	0.06	0.08	0.1	0.05	0.08

【制备方法】 先将粉状的普钙、硫酸钾、硫酸锌、硫酸锰、硼砂、硫酸镁、钼酸铵、氯化钴进行粉碎并充分混合,加入适量水,用圆盘造粒机或其他造粒设备进行造粒、干燥。粒径大小控制在1~4mm之间,粒级差限在8%~14%之间。这时再与现有粒状的尿素、磷酸二铵进行掺混即可。

【产品应用】 本品广泛适用于多种农作物。配方1#~配方3#为水稻类专用复混肥,配方4#、配方5#为果蔬、玉米、小麦等旱地作物专用复混肥,配方6#为水稻类专用复混肥。

【产品特性】 本品原料易得,利用现有的农用肥料,根据土壤测试的实际情况,综合平衡设计配方,因地制宜解决了土壤中养分差异问题,大大提高了现有肥料的利用率,使用效果理想;本品工艺简单,制造成本低廉,便于农村广泛应用。

实例11 硫酸钾复合肥

【原料配比】

原　料	配比(质量份)			
	1#	2#	3#	4#
尿素	21	23	22	23

续表

原　料	配比(质量份)			
	1#	2#	3#	4#
过磷酸钙	39	39	38	37
硫酸钾	20	19	21	19
高钙黏土	20	19	19	21

【制备方法】 本品的工艺流程为:混拌→造粒→烘干→冷却→计量包装,冷却工序后还可以有筛分工序,冷却工序或筛分工序后还可以有包膜工序,具体如下:

(1)混拌工序:按照尿素、过磷酸钙、硫酸钾、高钙黏土的加料顺序投料,每槽扣除倒料时间,净混拌时间为5min,以保证原料混拌均匀,每槽放料时间控制在6min左右,不能忽快忽慢,以免影响造粒质量。

(2)造粒工序:采用圆盘喷雾造粒,水压必须达到以喷出雾为标准,确保造出的颗粒大小均匀、圆滑,表面光泽度好。

(3)烘干工序:要准确控制炉温,炉头温度在400~440℃,炉尾在110~130℃范围内,严禁温差波动过大。

(4)冷却工序:以风冷为主,根据成品的干湿度(水分应在10%以内),及时调节风力的大小,确保成品水分不超标。

(5)筛分工序:应及时敲打筛子,并检查成品,确保成品内颗粒均匀,小粒不超过5%。

(6)包膜工序:将成品表面扑上一层有机植物油。

(7)计量包装工序:成品计量包装。

【注意事项】 所述原料中,尿素氮含量≥46%,过磷酸钙的P_2O_5含量≥14%,硫酸钾的K_2O含量≥50%,综合$N + P_2O_5 + K_2O$含量≥25%。

【产品应用】 本品既适用于苹果、蔬菜、烟草、大樱桃、西瓜等经济作物,又适用于小麦、玉米、水稻、花生等粮油作物。

【产品特性】

(1)配方科学,所含N、P、K各元素均为可供植物吸收利用的硝态氮、铵态氮、磷酸盐、钾离子，肥料有效成分可完全溶于水，利于作物吸收，以充分发挥肥效，肥料性质稳定，在储存、运输中不会发生肥效退化。

（2）大量使用可降低土壤盐碱度，防止土壤板结，不含重金属等对植物和土壤有害的杂质，有利于环境保护。

（3）应用广泛，施用方便，可作追肥，满足作物生长前期、块茎膨大期和果树开花结果期对N、P、K的需求，也可作基肥。

（4）对作物增产效果显著，还可提高作物品质，提高瓜果、蔬菜的抗逆性，增强抗病能力、抗旱能力和抗其他不良环境的能力，有助于瓜果、蔬菜稳产高产，可延长瓜果、蔬菜的保鲜期和货架寿命，改善果实的耐藏性，可满足忌氯作物对钾的需求，可提供大量、中量元素硫，保证作物品质。

（5）不含任何有害成分，是发展生态农业的绿色肥料，能最大限度地降低成本，提高肥效，高产、高效、优质。

实例12　木质素有机无机复合肥

【原料配比】

原　　料	配比（质量份）		
	1#	2#	3#
木质素	25	21.8	25
尿素	34	32.6	34.5
磷酸二铵	36.5	37.2	38
氯化钾	9.5	—	9.6
硫酸钾	—	10.9	—
膨润土	2.5	4.5	2.5
石蜡	1	—	1
硼酸	0.75	—	—
硫酸锌	—	0.5	1.2
钼酸铵	—	0.8	1.4

【制备方法】

配方 1#:将各组分混合均匀,送入造粒机中造粒,造粒后送入干燥机中于 30～80℃下烘干后,送入筛分机进行筛选,1～5mm 颗粒为合格成品,小于 1mm 颗粒直接返回造粒机中再造粒,大于 5mm 颗粒粉碎后返回造粒机中重新造粒。

配方 2#:将各组分与木质素总量的 60% 混合均匀,送入造粒机中造粒,然后将 40% 的木质素加入造粒机中完成包覆造粒,产品造粒后经自然风干,送入筛分机进行筛选,1～5mm 颗粒为合格成品,小于 1mm 颗粒直接返回造粒机中再造粒,大于 5mm 颗粒粉碎后返回造粒机中重新造粒。

配方 3#:将除木质素以外的各组分混合均匀,送入造粒机中完成造粒的第一步,然后加入木质素于造粒机中完成木质素包覆造粒,送入干燥器中于 30～80℃温度下烘干后,送入筛分机进行筛选,1～5mm 颗粒为合格成品,小于 1mm 颗粒直接返回造粒机中再造粒,大于 5mm 颗粒粉碎后返回造粒机中重新造粒。

【注意事项】 木质素是通过亚硫酸酸化法处理造纸制浆黑液得到的副产物,它是一种酚型三维空间有分枝的网状结构高分子聚合物,其结构单元含有多种活性基团,如羧基、羟基、羰基等,其较高的反应活性以及其被土壤微生物降解产生有机酸,一方面可削弱活性磷酸根的化学沉淀和土壤组分固定,增加土壤中磷的有效性,能提高土壤肥力;另一方面可降低肥料的水溶性,减少环境流失,提高肥料利用率。

氮肥可以是尿素、碳酸氢铵等含氮化肥。

磷肥可以是过磷酸钙、磷酸一铵、磷酸二铵、钙镁磷肥、重过磷酸钙等含磷化肥。

钾肥可以是氯化钾、硫酸钾、硝酸钾等含钾化肥。

添加剂可以是膨润土、石蜡、微量元素、硫酸、磷酸中的一种或几种的混合物。

【产品应用】 本品适用于玉米、小麦等农作物。

【产品特性】 本品不仅具有养分浓度高、生产工艺简单的特点,而且可减少因肥料性能不良以及不良气候与土壤不利环境造成的肥料损失与因肥料流失造成的环境污染，提高作物对氮、磷等的利用率和磷的有效性，实现节肥增产、促进农业与环境保护可持续发展。

施用本品与施用等养分颗粒无机复合肥（不含木质素）相比，玉米和小麦的产量均可增加20%以上，并可利用木质素达到消除使用不良肥料改性材料对土壤等生态环境造成的潜在性污染。

本品的基本技术指标为：木质素≥20%，N≥20%，P_2O_5≥15%，K_2O≥5%，水分≤5%，粒度1～5mm。

实例13 浓缩液体多元复合肥

【原料配比】

原料		配比（质量份）
尿素（46%）		200
磷酸（85%）		210
氯化钾（58%）		175
氧化钙		15
氧化镁		20
微量元素添加剂	硼砂	6
	硫酸亚铁	4
	硫酸锌	2.5
	硫酸锰	2
	硫酸铜	2
	硫酸硅	1.5
	钼酸钠	1
工业用葡萄糖		6
EDTA		5
痕量元素添加剂		常规量
水		适量

【制备方法】

（1）将钾盐用热水溶解后，冷却至室温，加入总量1/3～1/2的葡萄糖。

(2)将钙与镁的氧化物加入3~5倍的水中,经过25~35min使之充分溶解。

(3)将步骤(1)所得钾盐溶液与步骤(2)所得钙镁溶液充分混合,3~5min后,加入1/3~2/3量的尿素,搅拌使尿素充分溶解,再加入磷酸,5~10min后加入余量的尿素。

(4)向步骤(3)所得物料中分别加入微量元素添加剂并充分溶解,再加入痕量元素添加剂。

(5)向步骤(4)所得物料中加入余量的葡萄糖,然后加入螯合剂EDTA,原料完全混合后,充分搅拌30min,用水调至规定的液量,再经35~40h自然化合,制成浓缩液体多元复合肥。

【注意事项】 钾盐可以是氯化钾、硫酸钾和硝酸钾。含钙镁原料可以是氧化钙和氧化镁。

微量元素添加剂主要包括铜、锌、铁、锰的硫酸盐,钼酸钠和硼砂,硼砂可以用硼酸代替;痕量元素添加剂为钴、镍、碘、硒、钒的硫酸盐。上述的微量及痕量元素的加入剂量按农用肥料常规剂量添加量加入即可。其他常用的微量、痕量元素添加剂同样可以添加。

本品所使用的水应为不含有毒重金属离子的净化水,以保证复合肥的无毒,防止有毒物质在农作物上的残留。同时,为了加快钾盐的溶解,提高去除氯的效果,一般使用80~100℃的热水,钾盐与热水的比例为(1∶1)~(1∶1.4)。

【产品应用】 本品适用于粮食作物、经济作物、果树、蔬菜、花卉以及橡胶等多种农林作物。

本品可作基肥,也可作追肥,还可以与其他肥料及农药混合使用。

【产品特性】 本品使用方便,施用后能够有效地补充植物所需的营养成分,产生氨基酸,活化土壤,提高土壤肥力。

钾盐溶解后,先行加入一定量的葡萄糖,让钾首先与葡萄糖混合,是本品制备工艺的关键,其目的在于利用葡萄糖的包裹作用,将钾离子保护起来,以防止其与后续混合的其他盐类反应产生结晶。不仅提高了钾离子的溶液浓度,而且实现了复合肥中营养成分浓度的任意调整,以制备出高浓缩的液体多元复合肥料。

实例14　全价复合肥

【原料配比】

原　料	配比(质量份)
尿素	30
磷酸氢二铵和/或磷酸二氢铵	20
氯化钾和/或硫酸钾	30
二氧化硅	1.8
二氧化钙	4
氧化镁	3
硫酸锌	2
硫酸锰	2
硫酸亚铁	2
硫酸铜	2
硼砂	2
钼酸铵	0.2
稀土	1

【制备方法】　将上述原料混合均匀即得成品。

【产品应用】　本品广泛适用于各种果树、农作物、蔬菜、花卉等。

本品可以代替其他化学肥料，底肥、口肥、追肥均不用其他化肥，但配合施用效果更好。

【产品特性】　本品含有植物生长所需的氮、磷、钾、硅、钙、镁、锌、锰、铁、铜、硼、钼、稀土等多种营养元素，能够使植物获得全面的营养，迅速、茁壮生长，有很强的抗病能力，产量高，质量好。

使用本肥料生产的水果、粮食、菜类等，由于所含营养元素齐全，人通过经常食用，体内必然吸收积累同植物相同的多种元素，从而能预防和解除各种因养分缺乏而导致的病症，提高人体的健康水平，增强免疫能力。

实例15　全效复合肥

【原料配比】

原　　料	配比(质量份)		
	1#	2#	3#
氯化铵	48	46	44
过磷酸钙	20	11	15
氯化钾	7.2	10	14.5
磷酸一铵	8.8	10	6.5
硼砂	0.1	0.1	0.1
硫酸锰	0.1	0.1	0.1
硫酸锌	0.3	0.3	0.3
绿豆岩粉	14	21	16.5
含活性氧化镁的物料	1.5	1.5	3

【制备方法】　将氯化铵、过磷酸钙、氯化钾、磷酸一铵、硼砂、硫酸锰、硫酸锌等原料粉碎过筛,按比例配料后,添加绿豆岩粉,经搅拌混合送入造粒机成型后,再加入含活性氧化镁的物料,即得全效复合肥。

【注意事项】　本品中绿豆岩粉的全钾含量≥7%。

含活性氧化镁的物料是指钙镁磷肥或蛇纹石煅烧粉等。

【产品应用】　本品为农业生产用复合肥。

【产品特性】　复合肥施入土壤后,因绿豆岩易碎成粉,极易化解,因此肥效快,具有改土作用,长期使用土壤不板结,不影响肥力。同时,绿豆岩粉与肥料中的其他成分作用,可促进其矿物中钾的释放,从而提高钾素的有效性。

实例16　全营养腐殖酸复合肥

【原料配比】

原　　料	配比(质量份)	
	1#	2#
腐殖酸	10	—

续表

原　料	配比(质量份)	
	1#	2#
硝基腐殖酸	—	15
尿素	20	25
骨粉	40	50
磷酸二铵	5	10
硫酸钾	15	20
芝麻饼	7	—
蓖麻子饼	—	10
苦土	15	2
硼砂	1	1.5
硫酸锌	0.5	0.8
稀土	0.04	0.05
尿素增效剂	0.015	0.06

【制备方法】　将以上各原料过20目筛并在常温常压下混合搅拌均匀，经造粒、干燥、筛选得2~10目粒状物。

在筛选过程中，对于不能过筛的大颗粒及细小粒，重新粉碎返回造粒机。

【产品应用】　本品适用于果树、蔬菜及水旱田农作物。

【产品特性】　本品以腐殖酸为主体，以酸化骨粉为载体，构成含有多种中量及微量元素的有机肥料，施用后能够改良低产土壤理化性状，增加土壤中的有机质含量，对作物病害有一定的防治作用，长期使用不会减退土壤的肥力，可减缓土壤板结。

实例17 三元复混肥

【原料配比】

原料	配比(质量份)		
	1#	2#	3#
硝酸铵	16	16	26.8
硫酸铵	39	39	30
磷酸一铵	12	12	8
氯化钾	13	—	—
硫酸钾	—	13	18
氧化镁	3.5	—	4.1
硫酸镁	—	12.5	—
碳酸钙	16	6.3	12.2
硫酸铜	—	0.2	0.4
硫酸锌	—	—	0.5
硼砂	0.5	1	—

【制备方法】

(1)将硝酸铵投放到熔浆罐中,用蒸汽夹套加热到120~130℃,使其成为熔融态;将除硝酸铵之外的其余原材料投放到转鼓造粒机中,在转动情况下喷入熔融态的硝酸铵。

(2)将成团粒状态的物料送入回转干粒机,用热空气将物料加热至95~100℃,进一步造粒,干燥,然后送入筛分机,经包膜防结块处理后计量、包装。

【产品应用】 本品是针对南方土壤特征制备的复合肥,适用于苦瓜、杨桃、青枣、水稻、小白菜等多种农作物。

【产品特性】 本品原料易得,价格低廉,某些原材料从化工生产过程中回收利用,既消除了环境污染,又降低了产品成本;配方针对性强,显著提高肥料的肥效,并且提高作物的品质和安全性。

实例18 生态抗旱保水复合肥

【原料配比】

原料		配比(质量份)						
		1#	2#	3#	4#	5#	6#	7#
硝酸铵		312.5	175	—	273.4	312.5	175	—
磷酸一铵		100	167.5	67	—	100	167.5	67
磷酸二铵		—	—	—	333	—	—	—
碳酸氢铵		—	125	—	—	—	125	—
硝基磷铵		—	—	400	—	—	—	400
钙镁磷肥		125	—	—	—	125	—	—
氯化钾		125	—	—	255	125	—	—
硫酸钾		—	300	360	—	—	300	360
填充料		67.5	42.5	13	18.6	67.5	42.5	13
保水剂	羧甲基化淀粉水溶液(0.1%)	适量	—	—	—	适量	—	—
	纤维素接枝丙烯酸盐水溶液(0.05%)	—	适量	—	—	—	适量	—
	纤维素接枝丙烯腈水溶液(0.005%)	—	—	适量	—	—	—	适量
	聚丙烯酸盐水溶液(0.5%)	—	—	—	适量	—	—	—
保水剂	羧甲基化淀粉	100	—	—	—	100	—	—
	纤维素接枝丙烯酸盐	—	80	—	—	—	80	—
	纤维素接枝丙烯腈	—	—	40	—	—	—	40
	聚丙烯酸盐	—	—	—	20	—	—	—
泥炭粉		40	60	30	20	—	—	20
粉煤灰		—	—	—	—	—	60	10
复粉		80	40	10	50	100	40	10
硫黄粉		50	10	80	30	—	10	60
硅胶粉		—	—	—	—	70	—	20

【制备方法】

(1)将选好的氮、磷、钾三种元素的化肥以及填充料分别粉碎,称量后混合均匀。

(2)将粉碎、过200目以上的筛子的泥炭粉、硫黄粉、复粉和保水剂粉分别计量称取,将计量好的泥炭粉和保水剂粉均匀混合。

(3)配0.001%~1%的保水剂溶液。

(4)将步骤(1)中均匀混合后的复合肥基础原料逐渐放入造粒机中进行造粒,在造粒的过程中,不断喷洒步骤(3)所得的保水剂溶液,待符合标准的肥料颗粒造好后干燥,在滚动的肥料颗粒上一边喷洒步骤(3)所得的保水剂溶液,一边均匀加入步骤(2)中的硫黄粉和/或至颗粒外形成一层均匀的分隔膜止。

(5)硫分隔膜加工好后,再在滚动的颗粒上一边喷洒步骤(3)所得的保水剂溶液,一边均匀加入步骤(2)中的泥炭粉和保水剂粉的混合粉末,至颗粒外形成一层均匀的混合保水膜止。

(6)混合保水膜加工好后,再在滚动的颗粒上一边喷洒步骤(3)所得的保水剂溶液,一边均匀加入步骤(2)中的复粉粉末,至颗粒外形成一层均匀的保护膜止。

(7)将加工好的肥料进行干燥,密封包装。

【注意事项】 本品是将保水剂包覆在常规复合肥颗粒的表面形成保水膜,而在保水膜内衬垫一层分隔膜,在保水膜外覆盖一层保护膜。

分隔膜由硫黄粉或/和硅胶粉形成,质量配比范围是2~10。

保护膜由非金属矿粉或复粉形成,质量配比范围是1~10。非金属矿粉包括膨胀珍珠岩粉、膨胀蛭石粉、硅藻土粉、膨润土粉、凹凸棒石粉、海泡石粉、沸石粉、高岭土粉、黏土粉、石膏粉、滑石粉和石灰石粉等,两种以上的混合粉称为复粉。

本品最佳为由硫黄粉形成的分隔膜,由保水剂粉和泥炭粉混合粉形成的混合保水膜,由复粉形成的保护膜。质量配比范围如下:硫黄粉2~10,保水剂粉0.1~10,泥炭粉1~10,复粉1~10。

成膜用的各种原料均需粉碎,至少过200目筛。

【产品应用】　本品用于解决干旱、半干旱地区农业生产缺水问题。

【产品特性】

(1)本复合肥是把保水剂均匀地包裹在肥料表面，同时在保水剂的外面还扑了一层粉，可防止保水剂吸潮、结块，稳定了产品质量，有利于肥料的规模生产、运输和储存。

(2)由于在化肥外包裹有保水剂，在有水的时候，保水剂可吸收、富集、储存水分，在农作物根系周围形成一个“小水库”，当环境干旱缺水时，此“水库”可以直接供作物吸水，减少了浇水次数，解决了作物缺水问题，提高了作物的抗旱能力。

(3)保水剂可把肥料封闭在其中，减少了磷和钾的流失以及氮的流失和挥发，减轻肥料对环境造成的污染，同时提高肥料的利用率。

(4)本复合肥在保水剂和肥料之间有一层硫隔膜，使保水剂与肥料不至于直接接触，故可以保证保水剂的保水、吸水能力，起到了抗旱保水的效果。

(5)本复合肥也可以改善土壤的团粒结构，增加透水性和透气性，进而增产增收。

(6)保水剂对植物无害，对人体无毒，无任何副作用，可以自动降解，对环境无不良影响。

(7)本复合肥对作物的生长发育有明显的增强作用。

实例19　速溶锌硒复合肥

【原料配比】

原　　料	配比(质量份)
二氧化硒	10.4
七水合硫酸锌	81.5
硼酸	20.9
七水合硫酸镁	21.6

续表

原　　料	配比(质量份)
五水合硫酸铜	2
四水合硫酸锰	2
四水合钼酸铵	0.22
七水合硫酸钴	0.1
尿素	610
六偏磷酸钠	82.3
氯化钾	127
三水合醋酸钠	42

【制备方法】

(1)将硫酸锌、二氧化硒、硼酸、硫酸镁、硫酸铜、硫酸锰、硫酸钴、钼酸铵加入球磨机中研细混匀。

(2)将尿素、六偏磷酸钠、氯化钾和醋酸钠混合研细,使之均匀。

(3)将步骤(1)和步骤(2)所得半成品混合均匀,即得成品。

【注意事项】 本品所述磷盐可以是六偏磷酸钠、偏磷酸铵等。

本品所用的硒化物是溶解度较大的工业品二氧化硒。

【产品应用】 本品适用于粮食、经济作物,也适用于瓜果、蔬菜、树苗、花卉等。

1 公顷地叶面喷施作业,用 1.5kg 速溶锌硒复合肥加 300kg 水搅拌溶解,适用于飞机喷施作业,若人工喷施需加 600kg 水搅拌溶解。

【产品特性】 本品速溶、无臭,使用方便,在农田加水搅拌即溶,可以与农药混合喷施,省工省力。农作物在抽穗扬花季节喷施本复合肥,不但可以增产,而且通过茎、叶的吸收提高作物果实的含锌、硒量。产品稳定性好,虽然容易吸水受潮,但肥效不变,如塑料袋密封性良好其保存期可达五年。

实例20　速效有机无机复混肥

【原料配比】

原　　料	配比(质量份)
蓖麻饼或豆饼	30~40
腐殖酸	7~10
麦饭石	7~10
保水剂	1~3
EM 有效微生物	0.1~0.5
尿素	12~16
磷酸铵	12~16
氯化钾	11~15

【制备方法】

(1)将蓖麻饼或豆饼、腐殖酸、麦饭石、保水剂、EM 有效微生物充分混合搅拌均匀,再喷淋加水 30% ~40%,常温密闭发酵 5~15 天,即制得高效有机肥。

(2)将制得的有机肥干燥脱水(水含量小于 20%),磨制成粉。

(3)将步骤(2)所得的有机肥粉加入尿素、磷酸铵、氯化钾,充分混合搅拌均匀,即得速效有机无机复混肥成品。

【产品应用】　本品为植物用肥料,适用于多种农作物。

【产品特性】　本品不但能为植物提供所需的养分,改善土壤结构,而且具有固氮、解磷、解钾、分解残留农药、保水抗旱等功能,施用效果理想。

实例21　微量元素复合肥

【原料配比】

原　　料	配比(质量份)	
	1#	2#
微量元素组分的混合物	0.2	1

续表

原　料	配比(质量份)	
	1#	2#
过磷酸钙	10	4
硼砂	0.2	—
硼土	—	10
尿素	10	—
碳酸氢铵	—	15
草木灰	—	10
炉渣粉粒	—	60
硫酸钾+草木灰(硫酸钾:草木灰=1:19)	10	—
炉渣粉粒+草木灰(炉渣粉粒:草木灰=10:1)	69.6	—

其中微量元素组分的混合物:

原　料	配比(质量份)	
	1#	2#
硫酸铜	1	2
硫酸锰	1	—
柠檬酸锰	—	4
硝酸钴	2	—
硫酸钴	—	2
硫酸锌	10	—
柠檬酸锌	—	2
柠檬酸铁	20	10
钼酸铵	4	2
β-羧乙基锗倍半氧化物	0.2	0.1
硫酸镁	61.8	77.9

【制备方法】

(1)先将微量元素铜、锰、钴、锌、铁、锗、镁组分的混合物用少量水溶解,在不断搅拌下均匀喷洒于载体中,混合均匀,晾晒或烘干以去除水分。

(2)将上述物料与过磷酸钙、硼组分、氮组分、钾组分混合均匀,包装即为成品。

【产品应用】 本品施用于果树时,可以浅施、沟施,也可以浅施、表施,也可以作底肥,在土壤潮湿或雨天前后施肥效果更佳。

【产品特性】 本品在提供植物氮、磷、钾的同时,提供丰富的微量元素,借助于载体对微量元素组分的吸附,使肥效稳定持久、不易为雨水冲刷而流失,而且施用方便,适用范围广泛,也为废渣和农副产品的综合利用开拓了新途径。

实例22 稀土腐殖酸全价复合肥

【原料配比】

原料	配比(质量份)				
	1#	2#	3#	4#	5#
稀土	3	7	1.5	5	1.5
尿素	30	60	17	42	20
磷酸二铵	15	30	12	18	12
磷酸一铵	15	—	12	—	—
硝酸钾	20	45	11	30	15
氯化钾	20	—	—	—	—
硫酸钾	20	—	—	30	—
二氧化硅	3	10	2	4	2
二氧化钙	3	10	2	4	2
氧化镁	3	10	1	4	1
硫酸锌	2	6	0.5	3	1
硫酸锰	2	7	0.5	3	1
硫酸亚铁	2	7	0.5	3	1

续表

原　料	配比(质量份)				
	1#	2#	3#	4#	5#
硫酸铜	2	7	0.5	3	1
硼砂	2	7	0.5	3	1
钼酸铵	2	7	0.5	3	1
腐殖酸	8	15	1	15	1

【制备方法】

(1)将氮肥如尿素,磷肥如磷酸二铵、磷酸一铵,钾肥如硝酸钾、氯化钾、硫酸钾混合。

(2)将步骤(1)所得混合物喷水1～5份制成浆,加入稀土和其余原料,搅拌均匀,制粒、烘干(于50～80℃下在烘干机内制粒烘干),烘干后过10～400目(最佳为100～200目)筛,制得成品。

【注意事项】

对于忌氯作物使用硫酸钾取代氯化钾。

稀土的含义是:一类稀有金属,包括镧、铈、钕、钜、钐、铕、钆、铽、镝、钬、铒、铥、镱、钇、钪15种元素形成一组,这类元素化学性质相似,在自然界中常混杂在一起,也称为稀土金属,含有上述稀土金属的土为稀土,该稀土可以从市场购得。

腐殖酸是天然生物,尤其是植物、微生物作用的植物及其土壤混合物的提取物质,包括多种复杂成分,所述腐殖酸可以从市场购得。

【产品应用】　本品广泛适用于各种果树、农作物、蔬菜、花卉等,可应用于植物栽培、农作物栽培、园艺栽培。

【产品特性】　本品具有以下优点:

(1)本品作用于植物的机理是:促进植物内部生物酶的合成,增强酶的活性和细胞通透性,提供构建细胞的必要元素,从而改善土壤品质,最终使土壤形成良性循环;提高植物抗病虫害、抗倒伏能力,并加速植物的生根、开花和结果,提高作物产量,改善作物品质,达到提前成熟,减少投入,增加经济收入。

(2)本品是一种全能广谱肥料,应用范围广,它含有植物生长所需的氮、磷、钾、硅、钙、镁、锌、锰、铁、铜、硼、钼、稀土金属等多种营养元素,使植物获得全面的营养,能够迅速、茁壮生长。

(3)使用本复合肥生产的水果、粮食、蔬菜等,由于养分齐全,人体通过经常食用上述食物,体内吸收积累多种元素,能够预防和解除各种因营养元素缺乏而导致的病症,提高人体的健康水平。

(4)本复合肥可以代替其他化学肥料、底肥,无须其他肥料追肥,如果配合农家肥使用效果更好。

(5)本复合肥所含氮、磷、钾及各种微量元素总含量在80%以上,施用后可使作物获得稳定的增产效果。

实例23　盐碱地水稻专用复合肥

【原料配比】

原料		配比(质量份)				
		1#	2#	3#	4#	5#
A	尿素	450	450	500	500	500
B	硝酸铵	200	314	250	250	—
	硫酸铵	—	—	—	—	430
C	磷酸二氢铵	226	—	—	—	—
	磷酸一氢铵	—	208	—	—	—
	普钙	—	—	800	—	800
	三料过石	—	—	—	226	—
D	石膏矿粉	600	—	—	—	—
	磷石膏	—	534	—	—	—
E	糠醛渣	494	462	420	394	240
F	硫酸锌	30~40	30~40	30~40	30~40	30~40

【制备方法】　将以上各原料充分混合,压制成粒状即可。

【产品应用】　本品为农业肥料,对盐碱地水稻的节肥、增产、改土、防病都有积极的效果。

【产品特性】 本品可制作成粒状,减少与土壤的接触面积,可减轻肥料被土壤所固定;复合肥呈酸性,可中和土壤中的碱性,施用后可满足水稻发育生长的需要。

实例24 有机复合肥(1)

【原料配比】

原料	配比(质量份)		
	1#	2#	3#
柠檬菌渣	1000	140	1540
钙镁磷肥	250	15	150
尿素	218	22.5	—
磷酸一铵	—	—	80
硝酸铵	—	—	100
磷酸二氢钾	84	13	—
硫酸钾	47	4	185
硫酸锌	50	—	—
硼砂	—	适量	—
钼酸铵	适量	适量	—
稀土肥	适量	适量	适量
植物生长调节剂	适量	适量	—

【制备方法】

(1)取含水70% ~80%的柠檬酸菌渣,残余柠檬酸含量为6.93%,加入钙镁磷肥,充分搅拌混合后,静置24 ~48h,干燥至水分约为35%。

(2)向步骤(1)所得物中加入尿素、磷酸一铵、硝酸铵、磷酸二氢钾、硫酸钾、硫酸锌,再加入硼砂、钼酸铵、稀土肥、植物生长调节剂,混合均匀,干燥至水分为10%,即为成品。

【注意事项】 本品中菌丝体残渣可以采用生产柠檬酸时的废弃菌渣，菌渣中还残留有一定量的有机酸和有机养分，它可与碱性化肥发生化学反应，使生成物呈中性，可使肥料中的钙、镁离子具有活性，使磷变为速效性磷，更易被植物所吸收，同时又可起到改良土壤的作用。

本复合肥中的总含氮量为5%~20%，有效 P_2O_5 为5%~18%，其中有机态氮占总氮的4%~55%，速效性 P_2O_5 占总有效 P_2O_5 的45%~95%，氧化钾占5%~20%，其中水溶性氧化钾占总氧化钾的98%以上。

【产品应用】 本品既可作基肥用，又可作为追肥。配方1#为茶桑有机复合肥，配方2#为小麦、油菜专用复合肥，配方3#为烤烟专用复合肥。

【产品特性】 本品原料易得，使废物得到充分利用，生产成本较低，工艺简单，能够改良土壤，消除污染。

实例25 有机复合肥(2)

【原料配比】

原料	配比(质量份)		
	1#	2#	3#
废骨料	55	40	53
钾肥	12	10	14
尿素	10	12	10
磷酸二铵	10	20	10
饼肥(或禽粪)	5	10	5
过磷酸钙	5	5	5
氢氧化钙	2	2	2
硼镁复合盐(微量元素)	1	1	1

【制备方法】 采用普通的化肥加工工艺，即可制得有机复合肥

成品。

【注意事项】 为保证肥效,本品中氮、磷、钾各成分的最低含量应均大于4%,三个成分含量之和介于25%~45%之间。

废骨料取骨胶厂脱胶后的废料,测定废骨料的pH值,并经酸或碱处理后使其呈中性。

二铵均为市售产品。对于钾肥、尿素、二铵,可选用P_2O_5、N含量分别为48%和16%的磷酸二铵,或P_2O_5、N含量分别为30%和5%的钾肥、尿素、二铵。如选用后者,则其用量应适当放大,以保证复合肥中氮、磷的含量。钾肥可以选用氯化钾或硫酸钾。

饼肥可以采用豆饼、菜子饼、花生饼等。

禽粪可以是鸡粪、鸭粪。

微量元素为含铁、铜、钼、锰、锌、硼及镁等离子的盐。铁、铜离子可提高作物的活化能力,促进光合作用;硼、钼及锰离子可促进瓜果早熟,并增加甜度;锌离子可使作物的返青期缩短;镁离子可提高作物吸收有效养分的能力。

本品中所含的微量氢氧化钙可杀灭危害作物的害虫;饼肥(或禽粪)使产品的有机肥含量提高,有效养分增加;过磷酸钙为黏合剂,既可起黏合作用,又可补充P_2O_5的含量,并可中和复合肥的碱性,以保证其pH值在7~7.8之间。

【产品应用】 本品适用于小麦、水稻、瓜果等多种作物。

【产品特性】 本品有机肥含量高、肥效好,施用后易于作物的吸收及品质的改良,并能增强土壤团粒结构,且具有较好的灭害虫能力。

实例26 有机复合肥(3)

【原料配比】

原　　料	配比(质量份)
大豆粉	14
芝麻粉	9.35
玉米粉	9.3
小米糠粉	9.4

续表

原　料	配比(质量份)
麸皮粉	9.35
玉米棒芯粉	9.3
磷矿粉	14.5
炉灰粉	9.3
细黏土	9.3
干草	0.93
邻磺酰苯酰亚胺	0.95
EM 菌群	1.9
硫酸锌	0.45
硫酸铁	0.94
硝酸铵	1.85
磷酸铵	0.94
白炭粉	0.24
纯硼	0.23
氯化钙	0.023

【制备方法】

(1)粉碎混合:将大豆、芝麻粉、玉米、小米糠、麸皮、玉米棒芯和磷矿粉、炉灰粉、细黏土分别粉碎过筛(30~50 目),混合待用。

(2)发酵液的制备:在发酵罐中加 50kg 水,放入粉碎的干草(甜草根),大火升温至 100℃,改小火烧煮 10min 倒入发酵罐内,加入邻磺酰苯酰亚胺,搅拌至充分溶解,再冲入 400kg 清水,使水温降至 20℃以下,加入 EM 菌群原液搅拌,即为发酵液。

(3)高温发酵:将粉碎辅料硫酸锌、硫酸铁、硝酸铵、磷酸铵、白炭粉、纯硼、氯化钙加入发酵液中,搅拌充分溶化后加入步骤(1)制得的有机主料和无机主料,充分搅拌,其湿度要求手握成团,落地粉碎。及时装入大发酵池内密封发酵,发酵池内温度控制在 50~80℃,发酵时间为96h,发酵物颜色为灰白色,有芬芳甜味即可,待冷却后造粒。

(4)强化加菌:将1kg EM菌群原液兑200kg清水稀释,配成高浓度菌液,喷洒在发酵好的原料中,加大菌群密度和原料湿度,含水量达20%。

(5)造粒包装:将强化加菌的发酵原料送入造粒机造粒,颗粒直径3~8mm,烘干装袋。

【产品应用】 本品适用于瓜果类作物。

【产品特性】 本品以有机物为主料,采用复合配方,活菌发酵制得颗粒状肥料,具有工艺简单合理,施用方便,成本低,优质高产,抗病害效果好,可重茬种植等优点。

实例27 有机高效多元复合肥

【原料配比】

原料	配比(质量份)
乙二醇	38
废蜜(糖蜜)	10
尿素	10
三聚磷酸钾	8
磷酸	15
酒石酸钾钠	3
硫酸锌	0.2
硼酸	6
钼酸铵	1.5
亚硒酸根	0.2
维生素B	1.5
乳化剂OP-10	2.5

【制备方法】 首先将乙二醇、废蜜(糖蜜)分别加入水温反应锅充分搅拌,慢升温至20~30℃,再将尿素、三聚磷酸钾、磷酸、酒石酸钾

钠、硫酸锌、硼酸、钼酸铵分别加入，继续升温至55~60℃，充分搅拌2~3h，开始降温至30~36℃，再将亚硒酸根、维生素B加入进行搅拌反应，然后加入乳化剂OP-10，即可制得成品。

【产品应用】 本品适用于小麦、玉米、棉花、果蔬类等各种作物，可广泛用于多种植物叶面喷施、浸种和沾根，并可与酸性农药和抗菌素配伍同时使用，使用后可使农作物增产15%~40%以上。

【产品特性】 本品的主要技术指标为：有机质≥45%，氮≥1.5%，磷≥8.8%，钾≥2.8%，锌≥0.3%，硼≥1%，钼0.04~0.08。具有增强抵抗病虫害的能力，能够使遭受风、旱、涝等灾害而落叶、枯黄、死根的农作物恢复正常生长，具有保花、保果、提高产量和品质及促进早熟的特点，并且使用方便，大大减轻劳动强度。

实例28 有机无机复合肥

【原料配比】

原料	配比(质量份)		
	1#	2#	3#
玉米秆	35	—	5
棉子饼粉	4	—	30
麦秸	—	5	—
豆秸	—	5	—
甘蔗叶	—	10	—
花生藤	—	5	—
豆饼粉	—	5	—
酒糟	—	5	—
粉渣	—	5	—
菜子饼粉	—	5	—
麦壳粉	—	—	10
尿素	45	40	35
磷酸一铵	10	15	13

续表

原　　料	配比(质量份)		
	1#	2#	3#
氯化钾	6	8	7
硫酸镁	0.3	0.6	—
碳酸钙	0.1	0.6	—
硫酸锌	0.4	0.4	0.3
硫酸铜	0.02	0.03	—
硫酸锰	0.02	—	0.04
硼酸钠	0.4	—	—
钼酸铵	0.01	—	—
硫酸铁	0.1	0.3	0.4

【制备方法】

(1)将农作物废弃料粉碎物与糟粕粉碎物混合后,再与 pH =4 ~5 的水混合搅拌均匀,使之手捏成团,放开即松散,堆放 36 ~72h 以上,利用自然界中广泛存在的酵母菌、类酵母菌,分解纤维素的微生物等作用,使之发酵,增加有机物含量。

(2)取步骤(1)所得物料与尿素、磷酸一铵、氯化钾以及硫酸镁、碳酸钙、硫酸锌、硫酸铜、硫酸锰、硼酸钠、硫酸铁、钼酸铵、硒酸钠中的至少三种混合均匀,经造粒机成型,烘干至含水量≤8%,分装即为成品。

【注意事项】 本品中硫酸镁、碳酸钙、硫酸锌、硫酸铜、硫酸锰、硼酸钠、硫酸铁、钼酸铵、硒酸钠选用其中至少三种,当选用四种以上时,其总含量为 1.2% ~2% 。

农作物废弃料可以是秆茎、叶片、谷壳等其中的一种或数种粉碎物;糟粕可以是豆饼、菜子饼、棉子饼、花生饼、豆渣、酒糟、醋糟等其中的一种或数种粉碎物。以上两者可以按除零以外的任何比例混合,粉碎物以小于 2mm 为好。如果土壤肥力较好,废弃料的相对密度可达

90%（质量分数）以上，而对于较贫瘠的土壤，废弃料的相对密度应减少至50%（质量分数）以下，多数情况下以废弃料：油脂渣饼或糟粕＝（0.5～0.8）：（0.2～0.5）为宜。

【产品应用】 本品适用于不同地区的土壤及多种农作物。

【产品特性】 本品原料来源广泛，不含有对植物生长及人畜健康有害的物质，运输方便。农作物废弃物能够膨松土壤、增加土壤的通气性、利于植物生长，同时其具有吸附水分、无机肥、微量元素并缓慢释放的作用，延长肥效时间，防止无机物和微量元素被雨水冲失，其本身在微生物的作用下，不断释放供植物生长所需要的营养物。

实例29　有机专用复合肥

【原料配比】

原料		配比（质量份）	
		1#	2#
烟丝		12	5
肌醇渣		5	10
动物粪便		—	10
无机化学肥料	尿素	5	15
	氯化铵	28	—
	硫酸铵	—	13
	过磷酸钙	30	26
	钙镁磷肥	3	3
	氯化钾	6	—
	硫酸钾	—	12
氨基酸微量元素锌		1	1
精细凹凸棒土（颗粒定型剂）		10	5

注　配方1#为小麦有机复合肥，配方2#为茶叶有机复合肥。

【制备方法】 将有机物中的杂物除去,特别是金属类杂物去掉,可采用粉碎过筛或磁铁吸去。然后将上述各种原料进行粉碎,再分层分批混合在一起,进行搅拌后送至造粒机造粒,最后包装即可。

由于原料中的有机物料具有较强的吸湿性、可燃性,部分无机物料氮在加热时具有挥发的可能性,所以本品只能采用不加热的挤压造粒工艺生产,这样既可以减少生产过程中氮素的损失,又可降低能源消耗,并且不降低其施用效果。

【注意事项】 烟丝和肌醇渣有机物可以单独使用,也可以混合使用。对于蔬菜类作物,有机物中最好添加动物粪便,加入量为整个总量的10% ~20%,相应地降低一些其他有机物量和一些无机化肥量。对一般的粮食作物,可在有机物中添加适量的植物废弃物或处理过的生活垃圾。对花卉等植物,在有机物中最好添加适量的泥炭。

含有氮磷钾元素的无机化学肥料可以是尿素、氯化铵、过磷酸钙、钙镁磷肥、氯化钾混合肥,对于忌氯作物,如茶叶、烟草、马铃薯、甘蔗、甜菜等,则用硫酸铵和硫酸钾分别取代上述肥料中的氯化铵和氯化钾。以上各种无机化肥选用时,需保证氮、磷、钾肥至少有两种被加入,或者是氮、磷肥加入,或者是氮、钾肥加入,或者是磷、钾肥加入,或者三者均加入。

氨基酸微量元素中,以硼和锌元素为主,它们可以单独使用,也可以混合使用,如油菜加硼元素,粮食作物加锌元素,还可根据作物的丰缺情况适量加入铜、铁、锰、钼微量元素。

【产品应用】 本品为农用化学肥料,适用于小麦、茶叶等多种粮食作物及经济作物,也适用于蔬菜类作物、花卉等。

【产品特性】 本品将有机物与无机化肥混合复配为一体,有机物料中含有氮、磷、钾及多种微量元素,还含有一定杀虫、驱虫及生物活性物质,具有较强的供肥能力,除能供给作物各种养分外,还具有一定的防虫抗病效果,有利作物生长,同时还能改善土壤的物理性能,提高产量,提高化肥利用率,增加生理活性物质。

实例30　蛭石复合肥

【原料配比】

原　　料	配比(质量份)
滤液	298
工业硫酸(92.5%)	12
硼砂	0.1
硫酸锌	0.13
尿素	54
废蛭石矿	234
浓氨水(25%)	72
磷矿(含32% P_2O_5)	100
工业硝酸(53%)	210

【制备方法】

(1)将磷矿和工业硝酸在带有搅拌器的反应釜中进行混合分解1~2h,经过滤,滤去10%~12%的酸不溶物,得到滤液。

(2)向步骤(1)所得滤液中加入工业硫酸、硼砂或硼酸、硫酸锌或碳酸锌,配制成酸解液,将该酸解液升温至60~90℃,加入尿素进行溶脲反应,得到原料备用液。

(3)将经过加工处理的蛭石(使蛭石矿在950~1000℃的条件下,经煅烧15~25min,出炉后风冷降温至150~250℃)与步骤(2)所得备用液混合吸附,用氨水或氢氧化钾将混合吸附后的产物中和,pH值调整到3.5~4.5,用蛭石煅烧炉的尾气(烟道气)在回转干燥窑内干燥,即得蛭石复合肥。

上述溶脲反应、混合吸附、中和过程在5~10min内完成。

【注意事项】　本品采用的蛭石矿,粒度小于0.5mm,膨胀率在10左右,这样的蛭石矿在煅烧膨胀后的粒度在0.5~4mm之间。

【产品应用】　本品适用于蔬菜花卉的无土栽培和家庭养殖,也适用于土壤施肥。

【产品特性】 本品包含有蔬菜花卉生长发育所需的12种营养元素,和普通蛭石按一定比例混合可作为无土栽培基质,同时代替营养液,简化了无土栽培技术,降低了无土栽培成本,使用效果理想。

实例31 中微量元素复合肥(1)

【原料配比】

原料	配比(质量份)		
	1#	2#	3#
海洋生物贝壳、壳体及残体	82	75	65
硫酸钾(K_2SO_4)	10	8	7.5
磷酸三钙[$Ca_3(PO_4)_2$]	10	8	7.5
氯化铵(NH_4Cl)	10	8	7.5
氧化镁(MgO)	20	15	18
七水合硫酸锌($ZnSO_4 \cdot 7H_2O$)	8	5	7
七水合硫酸亚铁($FeSO_4 \cdot 7H_2O$)	12	7	9
硫黄(S)	18	10	15
三水合硫酸锰($MnSO_4 \cdot 3H_2O$)	7	3	1.2
硼酸(H_3BO_3)	7	3	1.2
氧化硅(SiO_2)	10	6	7.5

【制备方法】

(1)将贝壳、甲壳类动物的壳体以及残体进行拣选,去除沙石,送入干燥烘道中在90~120℃干燥5~20min,干燥后输送至粉碎机进行粉碎加工,加工后进行筛选,产品的细度为80~200目。

(2)将七水合硫酸亚铁、七水合硫酸锌、硫黄三者混合,然后在90~120℃的烘道中干燥5~20min,粉碎、筛选,产品的细度为80~200目。

(3)将硼酸、三水合硫酸锰、氧化硅三者混合,然后在90~120℃的烘道中干燥5~20min,粉碎、筛选,产品的细度为80~200目。

(4)将硫酸钾、氯化铵、磷酸三钙三者混合,然后在30~60℃的烘道中干燥5~20min,粉碎、筛选,产品的细度为80~200目。

(5)将步骤(1)~步骤(4)和氧化镁分别输入混合釜中,充分搅拌混匀,加水调整混合物的湿度使之含水量为3%~5%(质量分数)。

(6)将调整湿度后的混合物送入造粒机中进行造粒,得到抗压强度≥5N,直径为0.2~1mm的圆粒状或圆柱形颗粒。

(7)将上述颗粒在30~50℃下烘干、包装。

【产品应用】 本品适用于花生、瓜果、水稻、玉米、大豆、棉花、蔬菜等多种作物。

【产品特性】 本品综合成本低,并且选用的是海洋生物的下脚料,显著减少了环境污染;本复合肥不仅能为农作物提供主要营养元素(氮、磷、钾等)、中量元素(钙、镁、硫、硅)和微量元素(铁、铜、锰、锌、硼),还具有改良土壤,特别是具有平衡土壤中中微量营养元素与主要营养元素的比例的作用,生产的农作物钙含量高,而且具有防病虫害作用,增产效果明显。

实例32　中微量元素复合肥(2)

【原料配比】

原　料	配比(质量份)								
	1#	2#	3#	4#	5#	6#	7#	8#	9#
海洋生物贝壳、壳体及残体	82	75	65	198	130	140	8	15	24
硫酸钾	10	8	7.5	14	12	13	4	2	7
磷酸三钙	10	8	7.5	12	13	14	4	7	3
氯化铵	10	8	7.5	13	14	12	7	2	4
氧化镁	20	15	18	25	20	18	5	12	8
七水合硫酸锌($ZnSO_4 \cdot 7H_2O$)	8	5	7	10	9	9	1	3	2

续表

原料	配比(质量份)								
	1#	2#	3#	4#	5#	6#	7#	8#	9#
七水合硫酸亚铁($FeSO_4 \cdot 7H_2O$)	12	7	9	12	9	10	12	9	10
硫黄	18	10	15	18	17	20	3	7	5
三水合硫酸锰($MnSO_4 \cdot 3H_2O$)	7	3	1.2	7	6	0.5	3	1	0.5
硼酸	7	3	1.2	7	6	0.8	1	3	0.8
氧化硅(SiO_2)	10	6	7.5	15	8	4	4	2	7
生石灰	11	8	6	18	16	4	8	10	5

【制备方法】

(1)将海洋生物贝壳、壳体及残体的混合物进行拣选,去除沙石,送入干燥烘道中在90~120℃下干燥5~20min,干燥后输送至粉碎机进行粉碎加工,加工后进行筛选,产品的细度为80~200目。

(2)将硫酸亚铁、硫酸锌、硫黄三者混合,然后在90~120℃的烘道中干燥5~20min,粉碎、筛选,产品的细度为80~200目。

(3)将硼酸、硫酸锰、氧化硅、生石灰四者混合,然后在90~120℃的烘道中干燥5~20min,粉碎、筛选,产品的细度为80~200目。

(4)将硫酸钾、氯化铵、磷酸三钙三者混合,然后在30~60℃的烘道中干燥5~20min,粉碎、筛选,产品的细度为80~200目。

(5)将步骤(1)~步骤(4)和氧化镁分别放入混合釜中,充分搅拌混匀,加水调整混合物的湿度使之含水量为3%~5%(质量分数)。

(6)将调整湿度后的混合物送入造粒机中进行造粒,得到抗压强度≥5N,直径为0.2~1mm的圆粒状或圆柱形颗粒。

(7)将上述颗粒在30~50℃下烘干、包装。

【产品应用】 本品适用于花生、瓜果、水稻、玉米、大豆、棉花、蔬菜等多种作物。

【产品特性】 本品综合成本低,并且选用的是海洋生物的下脚料,显著减少了环境污染;本复合肥不仅能为农作物提供主要营养元素(氮、磷、钾等)、中量元素(钙、镁、硫、硅)和微量元素(铁、铜、锰、锌、硼),还具有改良土壤,特别是具有平衡土壤中中微量营养元素与主要营养元素的比例的作用,生产的农作物钙含量高,而且具有防病虫害作用,增产效果明显。

第七章 防锈剂

实例1 防锈剂(1)

【原料配比】

原 料	配比(质量份)				
	1#	2#	3#	4#	5#
纯碱	1.5	2	1.7	1.8	1.6
磷酸钠	0.5	1	0.8	0.7	0.9
丙酸钠	0.3	1	0.6	0.5	0.8
三聚磷酸钠	0.5	0.7	0.6	0.5	0.6
水	加至100	加至100	加至100	加至100	加至100

【制备方法】 将各组分溶于水混合均匀即可。

【产品应用】 本品主要用作枪支防锈防霉清洁剂。

使用方法:

(1)将枪支各部件拆卸开。

(2)因本品是水基溶液,使用前应确保各部件处于干燥的状况,否则应置于室温下放置待干。

(3)仔细将本品均匀喷洒在已拆卸的各部件表面。

(4)可用干的刷子或洁布对不洁部位进行擦拭。

(5)置于室温下放置待干,确保装配前各部件完全干燥。

(6)如有必要,可在干燥后滴加高质润滑油进一步增加润滑效果。

(7)请勿将本品与其他枪支维护剂混用。

【产品特性】 本品在于化合物的合成方法简单,都是稳定的化合物,长期存放无变质现象;采用纯天然原料、高科技手段、特殊配方、经特殊工艺流程精制而成,经急性毒性试验和致癌试验,表明该防锈剂属于无毒类化合物,无毒害、完全没有致癌性和致畸性,而且对人体皮肤无任何刺激作用;集防锈、杀菌、防霉与清洁为一体,杀菌谱广,对酵母菌、细菌等具有广泛的杀菌抑菌作用，还可杀灭所有的原核和真核微生物，对青霉属、曲霉属、根霉属、毛霉属、镰刀霉属、交链霉属、木霉属等常见霉属试菌都有明显的杀菌作用，彻底保护用户的生物安全；防锈杀菌效果速度快，药效稳定，作用时间长。

实例2　防锈剂(2)

【原料配比】

原　　料	配比(质量份)		
	1#	2#	3#
油性蜡	6	8	4
凡士林	8	6	10
石油磺酸盐	1	1	1
酰胺类气相防锈剂	0.5	0.5	0.5
煤油	4	4	4

【制备方法】　将各组分混合，加热至60～80℃，混合均匀即可。

【注意事项】　本品中油性蜡是一种成膜剂，提供所需要的蜡膜，凡士林为蜡与防锈剂之间的调和剂，并起到辅助成膜及调节蜡膜软硬的辅助剂，石油磺酸盐为油性防锈剂。煤油为载体。

【产品应用】　本品用于海洋运输及室外暴露防锈、防腐。

【产品特性】　本品防锈性能优异，完全能满足海洋运输及室外暴露防锈、防腐的需要。

实例3　钢铁表面防锈剂

【原料配比】

原　　料	配比(质量份)
铬酸	0.5
硼酸	2
十二烷基苯磺酸(钠)	1

续表

原　料	配比(质量份)
磷酸	60
过氧化氢	适量
水	加至100

【制备方法】

(1)称取铬酸加5份水,溶解后,滴加过氧化氢,使其显示出绿色。

(2)称取硼酸加10份水,加热搅拌使其尽量溶解。

(3)称取十二烷基苯磺酸(钠),用10份热水溶解。

(4)将上述三种溶液加到磷酸中,分别用水洗净容器,洗液并入主液中,最后用水稀释到100而成本产品,此品称为原液。

使用时可根据需要,将原液和水按1+3体积稀释。

【注意事项】 本品是由磷酸、铬酸、硼酸、水四种成分组成,还可加入过氧化氢,也可根据所处理的钢铁表面油污情况,在上述四种或五种成分中再加入十二烷基苯磺酸(钠)。

【产品应用】 本产品可广泛地用于各种钢铁表面的处理。

本产品的使用方法是:先用湿抹布抹去钢铁件上的灰尘砂土,对氧化皮、铁锈和微量油污的部件可浸入其中或循环喷淋。使用时按体积一份原液加三份水,可以在常温(<30℃)使用,也可以在中温(50~65℃)使用。部件处理完毕,未干时应避免叠放,应放在通风良好处晾干,有条件时可用热风扇吹,以加速干燥。

【产品特性】 用本处理剂能使钢铁表面上的微量油污脱去,随后即去掉处理件的氧化皮和铁锈,不经冲洗形成一层薄膜,这层薄膜就是一种优良的防腐保护层涂料,此涂料对涂漆和喷塑有很好的附着力,它的最大优点就是排除大量"盐"的成分,从根本上消除了钢铁工件经涂漆后的隐患,经处理后的工件一般在半年内不会锈蚀,不改变材料的力学性能。

使用本产品可以大大减少以往钢铁表面的前处理工艺流程,节省厂房面积,减轻劳动强度,减少环境污染。

实例4　钢铁除锈防锈剂

【原料配比】

(1)除锈膏。

原　　料	配比(质量份)
盐酸(30%)	27.3
$C_6H_{12}N_4$	0.04
苯胺	0.008
$SnCl_3$	0.0003
脂肪醇聚氧乙烯醚	0.04
水	11.3
膨润土	62.5

(2)防锈液。

原　　料	配比(质量份)
亚硝酸钠	20
$(CNH_2)_2CO$	15
$C_6H_{12}N_4$	0.04
三乙醇胺	1.4
苯甲酸钠	0.4
蒸馏水	加至100
液体氢氧化钠	适量(调节 pH 值至12 以上)

【制备方法】　除锈膏制备:将各组分混合均匀制成膏体即可。

防锈液的制备:将各组分溶于水中,搅拌混合均匀即可。

【产品应用】　使用时,将白色稠厚的除锈膏涂敷在锈钢铁表面,厚度为2~3mm,经一定时间后做检查,如锈未除尽,将除锈膏翻动,如锈层特厚(如旧船板等)除锈膏经翻动后已变为豆灰色,可将除锈膏刮去,重新涂敷新的除锈膏。除锈膏与锈层初接触时变为黄色,待翻动后变回白色时,说明锈已除尽,钢材呈钢灰色,这时可将除锈膏刮去下次再用。刮净除锈膏后即用预先以10:1 稀释的防锈液进行清洗,待钢材表面不留除锈膏残渣,立即将防锈液在钢材表面来回刷2遍,即可保持7~10天不生二次锈。

【产品特性】 本品适应面广,解决了不能在池槽中浸泡或喷淋的大型固定的,如输变电铁塔、船舰、汽车、栏杆等钢结构件的表面彻底除锈防锈的问题,比较用砂纸、钢丝刷等落后的手工除锈工艺则大大提高除锈质量,减轻劳动强度,避免铁锈粉尘对操作工人健康的损害与空气污染,降低生产成本,提高经济效益。

实例5 钢铁防锈剂

【原料配比】

原料		配比(质量份)					
		1#	2#	3#	4#	5#	6#
缓蚀剂	五羟基己酸钠	8	—	8	7	4	3
	苯并三氮唑钠(BTANa)	—	9	2	3	3	4
表面活性剂	脂肪醇聚氧乙烯醚(聚合度为9)	—	—	—	—	—	10
	脂肪醇聚氧乙烯醚(聚合度为20)	7	—	—	—	—	—
	脂肪醇聚氧乙烯醚(聚合度为25)	—	8	—	—	—	—
	脂肪醇聚氧乙烯醚(聚合度为40)	—	—	9	—	—	—
pH调节剂	月桂酰单乙醇胺	—	—	—	9	9	—
	氢氧化钾	2	—	—	4	—	—
	氢氧化钠	—	—	3	—	—	3
	过氧焦磷酸钠	—	—	—	—	4	—
	氨水	—	3	—	—	—	—
去离子水		加至100	加至100	加至100	加至100	加至100	加至100

【制备方法】　在室温下依次将各组分加入到去离子水中，搅拌混合均匀，即成为钢铁防锈剂成品。

【产品应用】　本品主要用作钢铁防锈剂。

【产品特性】　本品配方科学合理，生产工艺简单，无须特殊设备，仅需要将上述原料在室温下进行混合即可；其除锈能力强；防锈时间长；使用时节省人力和工时，工作效率高；该防锈剂为碱性水溶液，对设备的腐蚀性较低，使用安全可靠，并利于降低设备成本；该防锈剂不含磷酸盐，不含对人体和环境有害的亚硝酸盐，便于废弃防锈剂的处理排放，符合环境保护的要求。

实例6　高效除锈防锈剂

【原料配比】

原　料	配比(质量份)	
	1#	2#
磷酸(85%)	60	40
氢氧化铝	2.5	2
明胶	0.01	0.01
明矾	0.1	0.1
磷酸锌	6.5	1.0
柠檬酸	0.1	1
乙醇	0.5	2.5
邻二甲苯硫脲	0.01	0.05
脂肪醇聚氧乙烯醚	0.01	0.01
水	加至100	加至100

【制备方法】　配制时，将磷酸和氢氧化铝混合均匀，适当加热，至溶液澄清，趁热加入邻二甲苯硫脲，搅拌至溶解，得1号液，将动物胶、明矾、适量的水混合，加热溶解，得2号液；将1号液和2号液混合并依次加入磷酸锌、柠檬酸、乙醇、脂肪醇聚氧乙烯醚和水，搅拌至全部

溶解,配制成的处理剂略带棕色,pH 值为 1~2,相对密度为 1.2~1.4,配方 1#适用于涂刷或喷涂处理金属构件,配方 2#适用于浸泡处理金属构件。

【注意事项】 本品配方中磷酸为除锈成分,氢氧化铝和磷酸锌为主要的防锈成分,采用氢氧化铝替代铝粉,氢氧化铝来源广,价格低廉,可直接同磷酸反应,生成磷酸二氢铝,该反应安全可靠、无污染,减少动物胶用量,这样,既能保证成膜光滑、致密、减少流挂,又能降低成本,提高干燥速度和膜层耐温,取消添加高铝熟料粉。添加磷酸锌可增强防锈膜抗水抗温能力;微量的动物胶提高了防护膜同金属基体的附着力,改善了防护膜隔潮和隔绝空气的性能;明矾可防止动物胶质变,提高防护膜的防护性能;柠檬酸作为络合剂;乙醇可提高膜层光滑性和加速膜层干燥,添加柠檬酸和乙醇,可减少工件表面流挂及防止溶液沉淀;微量的脂肪醇聚氧乙烯醚作为渗透剂,可提高除锈速度和清除少量油迹,增加处理剂的渗透性,提高除锈速度;邻二甲苯硫脲为缓蚀剂,可防止工件表面的过腐蚀。

【产品应用】 本品可广泛用于金属构件涂装前的预处理。

【产品特性】 本品化学性能稳定,适用于涂刷或浸泡处理金属构件,除锈速度快、质量高,并能自干成裂。该膜坚韧致密,与金属基体附着力强,可作底漆使用。经处理的金属构件有较好的中远期防锈效果,并能与涂层、镀层有良好的附着。该处理剂成本低,配制简单安全,无三废污染。

实例 7　高效化锈防锈剂

【原料配比】

原　　料	配比(质量份)	
	1#	2#
水	200	300
重铬酸双四正丁基铵	1	5
硝酸钠	0.5	4

续表

原料	配比(质量份)	
	1#	2#
磷酸钠	1	8
烷醇聚氧乙烯醚溶剂	1	4
氧化锌	1	6
正磷酸	80	160
四氧化三铁	0.5	1
羟丙基甲基纤维素	1	8
钼酸钠	0.05	1

【制备方法】 将上述组分在常温下搅拌均匀,即可制成本品。

【产品应用】 本品用于金属表面的防锈处理。

【产品特性】 本品是一种更环保,性能更优异,有更好渗透力和附着力,实现更好去锈防锈作用的高效化锈防锈剂。

实例8 纳米二氧化钛防锈剂

【原料配比】

原料		配比(质量份)		
		1#	2#	3#
基础油	45#变压器油	176	—	—
	α-烯烃油	—	190	—
	乙基硅油	—	—	170
表面修饰剂	油酸	18	—	—
	硅烷偶联剂	—	4	—
	硬脂酸	—	—	20
四氯化钛		12	12	12
蒸馏水		2.8	2.4	3
无水氯化钙		适量	适量	适量

【制备方法】

(1)取矿物油或合成油作基础油,加入表面修饰剂—油酸或硅烷偶联剂或硬脂酸,强烈搅拌,缓慢滴加四氯化钛,混合均匀。

(2)向已加入表面修饰剂和四氯化钛的基础油液中缓慢滴加蒸馏水,控制混合油液的温度不超过70℃,使四氯化钛与水的基础油介质中反应2~4h。

(3)反应完成后,用蒸馏水对混合油液反复清洗,至洗后蒸馏水pH值为2~4止。

(4)加入无水氯化钙,混合均匀,静置,取上层清液,其中所含二氧化钛颗粒的平均直径≤100nm,制得油溶性的含纳米二氧化钛的防锈剂。

【产品应用】 本品适用于金属表面的防锈处理。

【产品特性】 本品制备工艺简单,生产成本低,纳米材料分散性好、制备的防锈剂性能稳定。

实例9 黑色金属表面脱脂防腐防锈剂

【原料配比】

原料	配比(质量份)	
	1#	2#
磷酸	28	25
盐酸	8	5
洗涤剂	7	5
二乙烯三胺	0.3	0.23
氯酸钠	0.7	0.5
水	63	62
添加剂	4	3

【制备方法】

(1)先将水加入反应釜中,在不断搅拌下将氯酸钠加入。

（2）搅拌溶解完全后将二乙烯三胺、添加剂、洗涤剂加入，搅拌均匀后，加入盐酸，再次搅拌均匀后，加入磷酸，搅拌 20min 后转化成脱脂除磷防腐防锈剂成品。

【产品应用】 本品主要应用于黑色金属表面脱脂除磷除锈、防腐防锈工艺。如钢铁厂生产的冷轧板、热轧板、棒材、丝材、角钢、工字钢、管道带钢、机械、汽车、火车、船舶、军舰、军用坦克、装甲车、枪炮、码头、集装箱、包装箱、五金、器具、各种建筑物等的主件及零部件的表面脱脂除磷除锈、防腐防锈。

取代常规的表面处理工艺，本品可长期清洗，只需添加原剂无须换槽排放，减少环境污染，消除安全隐患，降低成本 30% 以上，提高产品质量一个等级，取代常用盐酸、硫酸、无机酸酯洗工艺。

【产品特性】 本品用于黑色金属表面处理，只需一道工艺同时完成脱脂、除磷、除锈、防腐、防锈，为黑色金属表面处理减少了多道工艺，使黑色金属表面基体不再遭受过酸，不遭受破坏公差造成损伤报废，从而大幅度提高工效，提高成材成品率，降低成本 70% 以上；彻底消除了氯离子、亚铁离子、硫酸根、二氧化硫等对社会环境的污染，大大降低能源消耗、劳动力消耗，保护操作工人身安全。

实例 10　黑色金属气相防锈剂

【原料配比】

原　料	配比（质量份）				
	1#	2#	3#	4#	5#
磷酸氢二铵	25	17	7	17	17
碳酸氢铵	6	10	10	6	6
亚硝酸钠	19	23	33	27	27
水	50	50	50	50	50

【制备方法】 按配方量将水加热至 30～40℃，加入碳酸氢铵，搅拌溶解后，逐渐加入磷酸氢二铵，再加入亚硝酸钠，搅拌至全部溶解后即可。

【产品应用】 本品用于黑色金属的防锈处理。

【产品特性】 本品能有效地将成本、效果及气相结合在一起,产品本身挥发出的气体在密闭的条件下能对黑色金属起到保护作用。

实例11 黑色金属物防腐防锈剂

【原料配比】

原料	配比(质量份)		
	1#	2#	3#
热固性酚醛树脂	35	30	40
环烷酸	10	15	12
氧化铝	7	10	9
黏土	8	10	10
石膏粉或滑石粉	10	5	10
环烷酸铝	10	11	12
铝银粉	15	18	15
添加剂	5	7	10

【制备方法】

(1)首先将氧化铝粉、石膏粉或滑石粉、黏土等先用雷磨机研成超细至350~400目粉末。

(2)将环烷酸、添加剂、环烷酸铝、黏土、石膏粉或滑石粉、氧化铝、铝银粉等在不断搅拌中逐渐逐项分别加入反应釜中,充分搅拌混合反应10min后,反应得络合混合物待用。

(3)将混合物配入反应釜中,在不断搅拌中逐渐地将热固性酚醛树脂滴配进去,充分搅拌铬合反应20min后,已铬合成粗糙的防锈剂半成品。

(4)将粗糙的防锈剂移置三辊球磨机上,连续球磨2~3遍后得防锈剂成品,包装入库或销售。

【注意事项】 本品长期防锈剂的机理:一是选用能与黑色金属接

触时能络合的，而且能产生金属螯合和金属络合的材料，并能促使防锈剂膜层成为冶金型接合，同时增厚防锈膜层，隔绝空气侵入金属体。二是防锈剂应具有黏度大、黏结力强、密度大、成膜率高、膜层致密，隔绝气相、水分的性能。防锈膜层能遇水脱水，遇潮湿脱潮湿。

【产品应用】 本品主要用作黑色金属物防腐防锈剂。

【产品特性】 涂本防锈剂后能延长黑色金属物的使用寿命两倍以上。防腐防锈时间：露天的防锈时间达20年以上，水中及井下的防锈时间达10年以上，不燃烧、无毒、无环境污染，附着力强，生产成本低。

实例12　洁光防腐防锈剂

【原料配比】

原　料	配比(质量份)
三乙醇胺	3
水玻璃	1
液体石蜡	16
油酸	3
硬脂酸	1
石蜡	4
烷基糖苷(APG)	2
两性离子表面活性剂	2
水	加至100

【制备方法】 将三乙醇胺溶于水中搅拌，加入水玻璃搅拌，加入APG和两性离子表面活性剂搅拌均匀，将硬脂酸和石蜡溶解于油酸中，再将液体石蜡倒入其中搅拌均匀，最后将上述两种混合液合在一起进行充分搅拌，使之均匀制成本成品。还可以加入少量的杀菌剂和香料。

【产品应用】 本品用于硬质表面的洁光、防腐。

【产品特性】 本品集去污、上光于一体,对油漆、涂料、染料、油脂、沥青等污物有较强的清除功能,采用本品擦抹后的汽车光洁如新,可使老旧和褪色的木器家具等硬表面获得复新,对铁质管道、门窗、箱柜涂料后再涂上一两层本品可长期保持不腐蚀、不生锈、不脱漆、不褪色,本品在物体表面潮湿的情况下可进行涂抹,长时间存放不分层,无沉淀物。

实例13 金属表面防锈剂

【原料配比】

原　　料	配比(质量份)
醇酸树脂清漆	35
甲苯	29
乙酸乙酯	25
异丁醇	1
铝粉	0.1

【制备方法】 分别称取醇酸树脂清漆、甲苯、乙酸乙酯、异丁醇和铝粉,置于容器中,搅拌均匀后,取0.5kg的混合液加入金属气雾剂瓶中,充入0.1kg的丁烷喷射剂,在装罐机上封口,即制成自喷型防锈剂。

【注意事项】 本品将金属颜料防锈的电化学机理改为漆膜屏蔽的防锈机理,降低金属粉末含量使防锈剂具有可焊性和防锈性。

【产品应用】 本防锈剂适用于金属焊接坡口的防锈,无须打磨直接焊接。使用方法为距金属表面20~30mm,向防锈面喷涂1~2次,待漆膜干燥后即可。在空气中可封存半年以上,还可耐酸、碱、盐分等不同环境。

【产品特性】 本防锈剂是一种特殊防锈漆,既具有金属防锈功能,又可带漆焊接,且不影响焊口的焊接质量,将传统涂料金属颜料防锈的电化学机理改为漆膜屏蔽的防锈机理,使带锈焊接成为可能。

实例14　金属防锈剂(1)

【原料配比】

原　　料	配比(质量份)		
	1#	2#	3#
山梨醇	40	45	35
三乙醇胺	27	25	27
苯甲酸	15	13	17
硼酸	18	17	21
山梨酸钾	30	40	35
甘油	6	9	9
马丙共聚物	6	7	8
氢氧化钠	20	23	24
碳酸钠	5	6	5
植酸	—	—	0.8

【制备方法】　将山梨醇加热至完全熔化后,再加入三乙醇胺,搅拌均匀;在上述混合物中缓慢加入苯甲酸,升温至100~110℃,使苯甲酸完全溶解;再在上述混合物中缓慢加入硼酸,并升温至110~120℃,使硼酸完全溶解;在温度为(120±10)℃的情况下保温1.5~2h,室温冷却至90~100℃时,停止搅拌,形成组分A,继续冷却至80~90℃时,向其中加入含有氢氧化钠和碳酸钠混合的水,使组分A完全溶解于水中;再向上述溶液中加入山梨酸钾、马丙共聚物、甘油、植酸搅拌均匀,加水至规定容量即可,此时溶液的pH值在9~10。

【注意事项】　本品金属防锈剂反应原理为:在高温下,把高分子状态下的醇氧化为醛和酸,山梨酸与三乙酸醇反应生成高分子网状结构的物质,网状物质与马丙共聚物共同作为成膜剂;三乙醇胺还与防锈剂中的苯甲酸、硼酸反应,生成相应的盐,所生成的盐与山梨酸钾一起作为复合缓蚀剂;所述的复合缓蚀剂具有较好的缓蚀性能;甘油作为表面活性剂,它起到降低溶液的表面张力,增加防锈水的润湿性,把缓蚀剂和成膜剂完全黏附在金属表面,覆盖性和吸湿性较好;马丙共聚物还具有表面活性和消泡活性。

【产品应用】 本品主要用作金属防锈剂。

【产品特性】 本品所采用的原料部分为食品级而且价格低;在工业使用中对人体不会造成伤害,不含有重金属以及致癌物质亚硝酸钠,符合环保的要求;防锈剂附着于金属表面,在金属表面所形成的保护膜,不与金属表面基体发生化学反应,能保持金属表面平整、润湿、光滑,防锈剂维持 pH 值在 8 ~9 范围之内,使金属表面含氧量降低,防锈性能好,特别适用于工序间的防锈,金属防锈在 1 年以上;由于是水性金属防锈剂,因此在进入下道工序时,清洗方便;防锈剂能与水按任意比例相溶,可反复使用。

实例 15 金属防锈剂(2)

【原料配比】

原料	配比(质量份)		
	1#	2#	3#
纯水	44.7	42.7	44.2
吗啉	35	40	38
1,3 - 戊二酸吗啉	13	12	11
硼酸吗啉	7	5	6.5
苯并三氮唑	0.3	0.3	0.3

其中 1,3 - 戊二酸吗啉的制备:

原料	配比(质量份)
吗啉	550
1,3 - 戊二酸	450

其中,硼酸吗啉的制备:

原　　料	配比(质量份)
吗啡啉	600
硼酸	400

【制备方法】

(1)1,3－戊二酸吗啉的制备:在一反应容器中加入吗啉和1,3－戊二酸搅拌并加热升温至沸腾,控制温度在140～150℃,当有大量气体产生时停止加热,使其自然反应60min左右,得到1,3－戊二酸吗啉备用。

(2)硼酸吗啉的制备:在另一反应容器中加入吗啡啉和硼酸,搅拌并加热升温至140～160℃保温2h,旋转冷却至50～60℃得到硼酸吗啉备用。

(3)金属防锈剂的制备:向纯水中加入吗啉搅拌使其完全溶解,再加入1,3－戊二酸吗啉搅拌至完全溶解,然后加入硼酸吗啉搅拌至完全溶解,最后加入苯并三氮唑搅拌至完全溶解即可得到本品的金属防锈剂。

【产品应用】 本品主要用作金属防锈剂。

【产品特性】 本品的金属防锈剂对铸铁具有很好的防锈效果,并对铜、铝有较好的适应性,与压缩机工质、冷冻机油具有良好的兼容性,适用于压缩机行业的工序间防锈及最终防锈,其残留率较低,并与压缩机工质具有良好的兼容性,可形成极薄的防锈膜,具工序间防锈,防锈时间长,可达3个月以上,并对铜、铝有较好的适应性,同时本品不含对人体有害的物质,对人体无毒、无害,具有良好的环境效果。

实例16 金属防锈剂(3)

【原料配比】

原　　料	配比(质量份)		
	1#	2#	3#
平平加	4	6	8
聚乙二醇	2	3	6
油酸	2	4	6

续表

原　料	配比(质量份)		
	1#	2#	3#
三乙醇胺	6	10	15
亚硝酸钠	2	3	3
苯并三氮唑	0.2	0.5	1.2
硅酮消泡剂	0.5	0.5	1.2

【制备方法】　将各组分混合均匀即可。

【产品应用】　本品主要用作金属防锈剂。

使用方法:本品在使用时可采用超声波清洗、喷淋清洗、浸泡清洗,清洗液可以重复使用,待去污能力下降时,可以添加新的原清洗液继续使用。

【产品特性】

(1)不含三氯乙烷、四氯化碳等有害物质,会破坏高空中的臭氧层,污染环境。

(2)脱脂去污的能力强,对有色金属无不良影响。

(3)防锈能力强。

(4)抗泡沫性强,高压下不会产生溢出现象。

实例17　金属防锈剂(4)

【原料配比】

原　料	配比(质量份)		
	1#	2#	3#
纯水	6.38	5.8	5.58
月桂酸	1.8	1.88	2
环己胺	1	1.2	1.5
碳酸环己胺	0.8	1.1	0.9
苯并三氮唑	0.02	0.02	0.02

其中碳酸环己胺的制备：

原　料	配比(质量份)
环己胺	0.7
二氧化碳	0.4

【制备方法】

(1)碳酸环己胺的制备：先将环己胺在丙酮溶液中通入二氧化碳，聚合反应3~6h的产物，备用。

(2)再按比例在纯水中加入环己胺，搅拌均匀，加入月桂酸使其与环己胺中和反应安全，再控制温度在90℃以下加入碳酸环己胺搅拌均匀，然后加入苯并三氮唑搅拌至溶解即得到本品金属防锈剂。

【注意事项】 所述碳酸环己胺是环己胺0.6~0.8和二氧化碳0.3~0.5在丙酮溶液中，加成聚合3~6h的产物。

【产品应用】 本品主要应用于压缩机行业的工序间防锈。

处理方法：本品可采用直接浸泡、超声、喷淋的方法对设备进行防锈处理。

【产品特性】 本品具有很好的防锈效果，并对铜、铝有较好的适应性，与压缩机工质，冷冻机油具有良好的兼容性，适用于压缩机行业的工序间防锈及最终防锈，其残留率低，用量小，并与压缩机工质具有良好的兼容性，可形成极薄的防锈膜，具工序间防锈，防锈时间长，可达3~6个月，并对铜、铝有较好的适应性，同时本品不含对人体有害的物质，对人体无毒、无害，具有良好的环保效果。

实例18　金属防锈喷雾剂

【原料配比】

原　料		配比(质量份)				
		1#	2#	3#	4#	5#
粘接剂	硝基清漆	10	—	—	—	10
	醇酸清漆	—	23	19	16	—

续表

原料		配比(质量份)				
		1#	2#	3#	4#	5#
稀释剂	硝基稀料	80	—	—	—	85
	200#溶剂油	—	66	—	—	—
	醇酸稀料	—	—	—	74	—
	二甲苯	—	—	70	—	—
铝粉		10	11	8.4	7	2.2
银粉		—	—	0.6	1	0.4
镁粉		—	—	2	3	1.4

【制备方法】

(1)将粘接剂、稀释剂分别过140~180目的筛网,除去粗渣、污物待用。

(2)将铝、镁、银金属制成粉末过140~180目的筛网,除去粗渣待用。

(3)按上述配比将过筛后的粘接剂、稀释剂、铝、镁、银在常温、常压下放入调料机内自动搅拌均匀即为金属防锈喷雾剂,搅拌不能停止,保证灌装时稀稠度均匀。

【产品应用】 本品用于工业中金属焊接面打磨后的防锈,各种金属表面防锈、防腐,铁、木、塑家具的防锈、防腐及装修喷涂。

【产品特性】 本品使用方便、灵活,对于打磨出金属光泽等待施焊的焊面喷涂一层该喷雾剂可以长时间保存不锈蚀,焊接前无须处理,适合各种施焊方法,因此节省大量人力、物力。

实例19 金属水基防锈剂

【原料配比】

原料	配比(质量份)	
	1#	2#
防锈剂常用二元酸	15	12

续表

原料	配比(质量份)	
	1#	2#
三乙醇胺	35	38
乙醇胺	10	6
合成硼酸酯	100	74
聚乙二醇	70	80
三嗪类杀菌剂	10	20
苯并三氮唑	1	1
水	759	769

【制备方法】

(1)将适量水加入反应釜 A 中,升温至 35～50℃,加入二元酸混合,然后再加入三乙醇胺和乙醇胺搅拌,保持反应温度 40～42℃反应 3.5～5h,最后加入苯并三氮唑并充分搅拌,形成混合液 A。

(2)在反应釜 B 中加入聚乙二醇和步骤(1)剩余的水,在搅拌下加入合成硼酸酯,混合充分,在 20～80℃下 35～50min,形成混合液 B。

(3)将反应釜 A 中的混合液 A 加入反应釜 B 中与混合液 B 进行反应,搅拌 0.8～1.2h,保持温度 0～80℃。

(4)再向反应釜 B 中加入杀菌剂,混合搅拌 25～35min 后即成为金属水剂防锈剂。

【产品应用】 本品主要用作金属防锈剂。

【产品特性】

(1)本品的作用机理简单科学,通过各组分的协同作用使防锈效果均达到最佳,本防锈剂中含杀菌剂,能够有效防止防锈剂在储存和工作过程中发生腐败;同时本防锈剂的聚乙二醇协助成膜,使防锈剂具有较好的斥水作用,有效提高防锈能力。

(2)本防锈剂与金属有很强的吸附作用,能够将剩余的含水油污置换脱离金属表面,在金属表面形成均匀、牢固、洁净、美观且没有油渍和白斑的憎水保护膜,有效排斥水及油污,经本防锈剂处理后的金属零部件表面清洁、无油污残留,可直接用于装配或包装。

(3)本防锈剂是弱碱性防锈剂,不含亚硝酸盐,使用方便、安全、环保、无毒、经济(使用浓度为2%～5%),使用方法简单,可喷淋或浸泡使用,能够显著提高零部件防锈工序的工作效率。

(4)本品涉及的制备方法简单,且所用原料来源广泛,获取容易,使用量少,非常适用于大规模的工艺生产。

实例20 金属制品长期防锈剂

【原料配比】

原料		配比(质量份)		
		1#	2#	3#
蜡	聚乙烯蜡(120℃)	6	—	4
	60#石油蜡	—	10	—
	80#石油蜡	—	—	5
树脂	石油树脂(软化点123℃)	—	9	—
	叔丁酚甲醛树脂(软化点110℃)	—	—	8
	烷基酚氨基树脂(软化点120℃)	4	—	—
防锈剂	石油磺酸钡(T701)	2	—	5
	二壬基萘磺酸钡(T705)	7	8	—
	苯并三氮唑	0.5	2	0.5
膜改进剂	聚异丁烯(相对分子质量为6000)	5	—	4
	十二烯基丁二酸	—	—	5
	邻苯二甲酸二丁酯	—	3	—
触变剂	蓖麻蜡(氢化蓖麻油)	1.5	—	2
	十二烷基苯磺酸钙	—	2	—
熔剂	120#溶剂油	—	62	—
	200#溶剂油	69	—	61.5

续表

原料		配比(质量份)		
		1#	2#	3#
填料	滑石粉(325 目)	5	—	—
	碳酸钙(造纸级)	—	4	—
	云母粉(相对密度 0.0028 ~0.003)	—	—	5

【制备方法】　将蜡、树脂、膜改进剂、防锈剂、触变剂、溶剂等在 100 ~170℃的温度下慢慢搅拌混熔,冷却后加入填料的同时高速搅拌,制成产品。

【注意事项】　所用的蜡为 80 ~120℃的石油蜡和聚乙烯蜡,所用树脂为油溶性树脂,如烷基酚氨基树脂、叔丁酚甲醛树脂、石油树脂等,软化点范围为 90 ~130℃。蜡和树脂的用量比为(2∶1) ~ (1∶1.5)(质量比)。

【产品应用】　本品适用于金属制品裸露面的长期防锈。

【产品特性】　本品的优点在于采用了蜡和树脂作为成膜物质,并配以膜改进剂、防锈剂、填料、触变剂、溶剂等。制备的防锈蜡具有常温可喷涂性;快速干燥,可形成均匀致密韧性好的硬膜防护层;形成的耐膜耐温性、耐寒性好;耐湿热性、耐盐雾性、耐腐蚀性能优良;可去除性等特点。

实例 21　链条油防锈剂

【原料配比】

原料	配比(质量份)			
	1#	2#	3#	4#
亚硝酸钠水溶液(20%)	0.4	—	—	—
亚硝酸钠水溶液(15%)	—	0.5	—	—
亚硝酸钠水溶液(25%)	—	—	0.4	—
亚硝酸钠水溶液(10%)	—	—	—	0.7

续表

原　料	配比(质量份)			
	1#	2#	3#	4#
磺酸钠	0.5	0.5	0.5	0.5
斯盘-80	0.1	0.2	0.1	0.2
PAO 类基础油	适量	适量	适量	适量

【制备方法】 将磺酸钠用斯盘-80 溶解,与亚硝酸钠水溶液混合之后加入基础油中。

【产品应用】 本品主要应用于链条防锈。

【产品特性】 本品防锈剂添加方便,防锈效果好。

实例 22　清洗防锈剂

【原料配比】

原　料	配比(质量份)	
	1#	2#
乙二胺四乙酸溶液	1.5	1.2
三乙醇胺溶液	3.5	3.8
乙醇胺溶液	1	0.6
合成硼酸酯溶液	5	7.4
聚丙烯酸溶液	7	8
三嗪类杀菌剂溶液	1	2
水	81	77

【制备方法】

(1)将配比的 50% 的水加入反应釜 A 内,升温至 40℃,按配比加入乙二胺四乙酸溶液、三乙醇胺溶液和乙醇胺溶液进行反应,在温度为 40℃的条件下保温 4h,即形成水基防锈剂。

(2)向反应釜 B 中加入另外 50% 的水,并在搅拌的条件下按配比加入聚丙烯酸溶液进行充分混合，然后在搅拌下再加入合成硼酸酯溶液进行反应，反应温度不要高于40℃，反应40min，得到反应液。

(3)将反应釜A中的水基防锈添加到反应釜B的反应液中进行反应，提高并保持温度42℃，搅拌1h。

(4)再向反应釜B中加入三嗪类杀菌剂溶液，进行搅拌混合，搅拌30min后即成为清洗防锈剂成品。

【产品应用】 本品主要应用于钢材、铝材的清洗防锈。

【产品特性】

(1)本清洗防锈剂作用机理简单科学，首先采用有机酸与三乙醇胺和乙醇胺反应生成一种水基防锈剂，其内所添加的三乙醇胺起到清洗和防锈作用。所生成的水基防锈剂还需要添加合成硼酸酯、杀菌剂以及聚丙烯酸以形成本品清洗防锈剂，其中所添加的合成硼酸酯可为清洗过程提供一个稳定的pH值，所添加的杀菌剂能够抑制细菌生成使清洗工作液不发生腐败，所添加的聚丙烯酸可起到助洗和分散油污的作用。由此，本清洗剂的作用机理为：首先是将油污清洗、分散、乳化，利用防锈剂与金属间很强的吸附作用，将剩余的油污置换脱离金属表面，此时金属表面吸附了一层斥水防锈膜，此膜对水、油污有排斥作用。因此清洗后，金属表面很干净，没有油污的残留。

(2)本清洗防锈剂使用简单效果明显，利用高压喷淋可使清洗液使用量低，提高工作效率，清洗后零件无须漂洗，在高压下不起泡，可完美达到漂洗的效果，且清洗后零件无须经防锈剂漂洗防锈以实现工序间防锈的效果。因此本品克服了清洗剂有大量表面活性剂而不能采用高压清洗的弊端，使繁杂的清洗工艺简化。

(3)本清洗防锈剂是采用有机酸和表面活性剂、杀菌剂为主要原料，经科学加工工艺制备而成，清洗后无须漂洗，洗后零(部)件表面无白斑，光亮如新，并可达到工序间防锈要求。本品呈弱碱性，所用原料来源广泛，获取容易，使用量少，对防锈油、乳化油、切削液、压制油、润滑油、变压器油等加工用油具有强的净洗力，特别适用于钢材、铝材的清洗防锈。

实例23 水基防锈剂

【原料配比】

	原料	配比(质量份)
组分 A	山梨醇	38~44
	三乙醇胺	25~30
	苯甲酸	10~23
	硼酸	13~25
组分 B	组分 A	28~34
	碳酸钠	4~8
	水	加至 100

【制备方法】 A 组分制备方法:将山梨醇加热至 50~80℃,使之完全熔化;将三乙醇胺加入熔化后的山梨醇中,搅拌均匀;向上述混合物中缓慢加入苯甲酸,同时进行搅拌,并加热至 80~110℃,使苯甲酸完全溶解;向上述混合物中缓慢加入硼酸,同时进行搅拌,并加热至 110~120℃,使硼酸完全溶解;对上述混合物继续搅拌和加热,当温度达到(120±10)℃时,保持在此温度下恒温反应 2h,然后停止加热,继续搅拌,直至温度降至 100℃时,停止搅拌,此合成物即为组分 A。

B 组分制备方法:当合成物组分 A 的温度降至 80℃左右时,向其中加入规定量的自来水,同时进行搅拌,使组分 A 完全溶解于水中;向上述组分 A 的水溶液中缓慢加入碳酸钠,同时进行搅拌,直至碳酸钠完全溶解;用 pH 精密试纸或 pH 计测试上述溶液的 pH 值,使其 pH 值达到 7.0~8.0,取样 500mL 留检,得到的组分 B 液即为本品原液。

【产品应用】 本品用于铸铁、钢件等金属表面防锈。使用浓度为 10%~40%。

【产品特性】 本品具有防锈性能好、消泡性好、节能、无毒环保及使用方便等优点。

实例 24　水基长效防锈剂

【原料配比】

原　料	配比(质量份)				
	1#	2#	3#	4#	5#
异辛酸钠	15.0	—	—	—	—
癸酸钠	—	25.0	—	—	—
壬酸钠	—	—	8.0	—	—
辛酸钠	—	—	—	15.0	—
庚酸钠	—	—	—	—	28.0
三乙醇胺	8.0	12.0	4.0	8.0	14.0
乙醇胺	—	—	4.0	—	—
硼酸	5.0	4.0	4.0	5.0	7.0
聚乙二醇	—	—	—	4.0	2.0
水	72.0	59.0	80.0	68.0	49.0

【制备方法】　常温或加热使原料溶于水中即可。

【产品应用】　本品用于金属材料表面的防锈处理。

【产品特性】　本品对一般碳钢、铸铁都有良好的防护效果，使用时不会在金属表面形成白斑，无流痕并保持金属面原有色泽；稳定性好，在高温和低温等条件下都能保持稳定，不分层、无沉淀。产品及原料安全，在配制和使用时对人体无损害、对环境无污染，是一种环保、无污染的长效金属防锈剂。

实例 25　水溶性防锈剂

【原料配比】

原　料		配比(质量份)					
		1#	2#	3#	4#	5#	6#
高分子有机防锈剂	石油磺酸钡	6	—	4	8	8	8
	二壬癸基磺酸钡	—	5	3	2	2	2

续表

原料		配比(质量份)					
		1#	2#	3#	4#	5#	6#
无机防锈剂	钼酸钠	3	—	2	3	3	3
	钼酸铵	—	4	3	3	3	3
	癸二酸	—	8	6	4	6	4
乳化剂	油酸三乙醇胺皂	15	—	8	5	8	5
	S-80	—	5	6	3	6	3
甘油		—	3	6	2	6	2
成膜剂聚丙烯酸酯		10	8	6	5	5	5
石油磺酸钠		—	8	12	15	15	15
水		加至100	加至100	加至100	加至100	—	—
15#或46#机械油		—	—	—	—	加至100	加至100

【制备方法】 将石油磺酸钡、二壬癸基磺酸钡、乳化剂S-80、石油磺酸钠混合于25%的机械油或水中,加热至105~110℃,使其完全溶解得中间体1;将钼酸钠、钼酸铵加热60~70℃熔化,得中间体2;向中间体2中加入甘油、癸二酸、油酸三乙醇胺皂、聚丙烯酸酯,加热80~90℃得中间体3。将中间体3与中间体1,加上余量的机械油或水,三者混合搅拌,得水溶性防锈剂浓缩液。使用时加入70%水稀释成工作液,浸或涂或喷于工作表面。

【注意事项】 所述石油磺酸钡、二壬癸基磺酸钡,为高分子有机防锈剂,试验表明其不仅具有优良的防锈性能,而且具有较好抗水性能,和乳化性能,很容易与高分子成膜物质结合,结合成防锈保护膜,并且成膜快。其中二壬癸基磺酸钡的防锈性能和抗水性能,优于石油磺酸钡,只是价格相对高一点。

所述钼酸钠、钼酸胺、癸二酸,为无机防锈剂,试验表明与前述有机防锈剂复配使用,具有叠加防锈效果,表现出较长防锈期,可以达到3~6个月防锈。癸二酸价格相对较钼酸钠、钼酸铵价格便宜一些,可以加入部分替代,减少钼酸钠、钼酸铵用量,具有大至相仿效果,但可以降低产品成本。

所述聚丙烯酸酯,在本品中作为成膜剂使用,与上述有机、无机防锈剂结合,可在黑色金属表面形成常温不溶于水、温水中即溶的防锈保护薄膜,附着于黑色金属表面,在常温下隔绝空气、水分与金属表面的接触,从而达到较长时间防锈,在热水中即溶解去膜简便,此为本品水性防锈剂关键点之一。

所述油酸三乙醇胺皂、山梨醇酐单油酸酯(S-80,$C_{24}H_{44}O_6$),在本品中作乳化剂使用,起到连接成膜剂与防锈剂架桥作用,三者混合能很好地结合形成薄的防锈保护膜,附着在黑色金属表面,同时其还具备优良的防锈性能,有利于延长防锈期。试验表明,加入乳化剂可以加快防锈剂的成膜速度,达到在金属工件表面快速成膜。

所述石油磺酸钠,在本品中具有促进乳化剂与防锈剂结合功效,提高乳化效果,有利于防锈剂的均匀分布。

所述甘油,在本品中主要起湿润作用,保护使用者人体皮肤,避免接触造成对皮肤的损伤,并兼具一定的防锈作用。

所述机械油,又称全损耗系统用油,常用牌号有5#、7#、10#、15#、32#、46#、100#等,在本品中均可适用,代替水溶剂可以制成浓缩液,使用时再加2~2.5倍的水稀释使用,这样可减少运输量,节约成本,特别适合于远距离使用。本品经试验比较,较好采用15~46#中等黏度牌号,中等黏度既易充分混合,又具有相对较好的效果。

【产品应用】 本品主要应用于金属防锈。

【产品特性】 本品由于选择在常温能溶于水,遇黑色金属能成膜物质,以及选择防锈性能好且能与成膜剂结合的有机、无机防锈成分,通过乳化剂的架桥作用结合组成不溶于冷水的防锈保护膜,各助剂均有一定的防锈功能的协同叠加作用。较现有水溶性防锈剂,具有成膜时间短,快干性好,1~2min即成膜,成膜吸附牢固,在黑色金属表面具有极强的吸附能力,常温环境水汽不会渗至金属表面,因而具有很好的防锈效果,中性盐雾试验时间长达6h,实际防锈使用可以达到3~6个月不生锈;而且成膜薄而致密,仅3~5μm,不改变加工件表面,一般工件无须除膜可以直接装配、涂装;除膜方便,退膜只需在50℃以上温水中浸泡、漂洗即可快速除膜,清洗水量少,用水量只有正常清洗的1/3,可节约大量清洗材料和人工费用,成膜、去膜均较方便。防锈剂组分中不含有毒有害物质,也不含磷,环保性好,不会造成对环境的污染,为环境友好型水溶性防锈剂。

实例26 水溶性金属防锈剂

【原料配比】

原料	配比(质量份)		
	1#	2#	3#
硼酸	1	1	1
氨水(27%)	0.9	0.1	0.1
氢氧化钠(烧碱)	0.03	0.036	0.036
六亚甲基四胺	—	0.08	0.07
OP-10乳化剂	—	0.05	0.04
水	—	—	7

【制备方法】 配方1#制备:分别称取硼酸1kg,量取27%(质量分数)的浓氨水900mL,称烧碱30g,将硼酸、氨水依次加入反应容器中,加热至沸腾,持续约30min,缓缓加入烧碱共30g,每次加5g,每20min加一次,共加6次,再加热至沸腾20min,制得母液。

若考虑商品化,可再冷却至20℃以下,自然结晶,烘干,制得0.8kg粉剂。

配方2#制备:分别称取硼酸1kg,量取25%(质量分数)的浓氨水100mL,称取烧碱36g,按配方1#的方法制得母液,不同之处在于,在加入烧碱时,每次加6g,其余相同。

将制得的母液放入反应锅中,称取六亚甲基四胺80g加入反应锅，量取 OP－10 乳化剂 50mL 加入反应锅，搅拌均匀，加热至 40℃，即制得成品。

配方 3#制备：母液制备方法同配方 2#，将制得的母液，加入已有 7kg 水的反应锅中，称取六亚甲基四胺 70g 加入反应锅，再量取 OP－10 乳化剂 40mL 加入反应锅，搅拌，加热至 40℃，即可制得成品。

【产品应用】 本品用于表面有油污金属材料防锈处理、钢铁防锈及有色金属，如铜材、铝材的防锈处理。

使用时，本品 1 份加水 1.2～1.3 份稀释，制得防锈液，通过浸渍、喷淋或涂刷，在金属件表面形成一薄层防锈液膜层即可。

【产品特性】

（1）因为本品为水溶性无机盐型金属防锈剂，将防锈液附着于金属表面，水分蒸发后，便形成附着于金属表面的致密保护膜，可稳定金属表面 pH 值，使金属表面含氧量大大降低，起到防锈作用，当防锈液浓度达到或超过 10% 时，防锈期可超过 1 个月。

（2）本品附着于金属表面，但不与金属表面基体产生化学反应，能保持金属表面平整、润湿、光滑，特别适宜后道需钎焊的金属，且钎焊前无须将防锈液洗去，可直接进行钎焊，使焊接性能进一步提高。

（3）防锈剂工艺性能好，能与水以任意比例相溶，溶液可反复使用，防锈液在金属表面使用后，不干燥，比较湿润，给机加工带来方便，同时清洗也比较方便，只需将金属在约 40℃温水中浸泡 30s 至 1min 即可将防锈液除净。

实例 27　水乳型防腐防锈剂

【原料配比】

原　料	配比（质量份）
水	65
乙烯－醋酸乙烯共聚乳液	80
CMC 增稠剂	6

续表

原　料	配比(质量份)
防腐防锈助剂	12
有机硅消泡剂	3
聚乙烯醇缩醛类黏合剂	70

【制备方法】 称取乙烯-醋酸乙烯共聚乳液加入反应釜备用;另将水、聚乙烯醇缩醛类黏合剂、增稠剂、防腐防锈助剂及消泡剂混溶成混合溶液,然后将所述混合溶液注入反应釜中,并在其中采用匀速高剪切力搅拌装置搅拌,混合均匀后得到乳剂产品。

【产品应用】 制得的成品为乳剂,它可直接用作涂于混凝土表面的防腐防锈保护剂,也可在新混凝土施工中,加入此乳剂,作为混凝土的防腐抗渗剂,并同时对钢筋也有一定的保护作用。

也将上述实例的防腐防锈乳液与以下配方的粉剂配合作用:轻质填料 85 份、粉状吸氧剂 0.1 份、乌洛托品 6 份、减水剂 8 份、磷酸盐类 10 份、硫酸盐 11 份、亚硝酸盐 20 份、稳定剂(防结块剂)5 份。

将以上粉剂配以 425#标号以上的水泥及中沙进行预混合,再向该预混料中逐渐加入上述配方 1#中制得的防腐防锈乳液充分拌和,得到水乳型共混防腐防锈砂浆。这种砂浆除对混凝土结构本身在中等腐蚀性介质中具有很好的防护性能外,特别对已锈蚀的钢筋具有突出的防护效能,可增加建(构)筑物的耐久性。通过较长时间在工业建筑中的试用,证明已解决了一些有机涂层无法在潮湿基层上施工和自身耐久性周期短的难题。

将上述乳剂、粉剂、425#以上标号的水泥及国标中沙以质量份额比:(30~50):(5~15):(40~60):(100~150)混合,制成水乳型共混防腐防锈沙浆,需要时还可加入细石,用于混凝土施工。

水乳型共混防腐防锈材料及沙浆可应用于潮湿环境下工业厂房、墙面、屋面板、楼板、承重柱、梁等外装修抹面;工业建(构)筑物钢筋混凝土结构腐蚀的修补及加固处理中的防腐维护;工业民用、公共设施、市政道路桥梁等建筑物失效、损坏修复工程;工业民用建筑暂时停建、缓建工程中裸露钢筋混凝土的防护；轻度与中等腐蚀强度的气相、液相介质环境下钢筋混凝土的防护，有条件地替代有机涂层。

【产品特性】 由于在本水乳型共混防腐防锈材料及沙浆中加入了聚乙烯醇缩醛类黏合剂成分，使该材料具有特别好的防渗作用；材料中加入增稠剂使乳液的稳定性增加；及材料中加入粉状稳定剂可使其中的粉剂不易吸潮结块。

实例28 水性防锈剂(1)

【原料配比】

原料		配比(质量份)										
		1#	2#	3#	4#	5#	6#	7#	8#	9#	10#	11#
成膜剂	丙烯酸酯乳液	50	30	75	—	—	40	65	—	—	—	—
	水性聚氨酯乳液	—	—	30	75	—	—	—	—	—	—	—
	苯丙乳液	—	—	—	—	—	—	—	30	75	—	—
	水性环氧树脂	—	—	—	—	—	—	—	—	—	30	75
缓释剂	乳酸锌或胡敏酸锌	0.2	0.2	1.0	0.2	1.0	0.2	1	0.2	0.5	0.2	0.5
	乌洛托品	1	0.2	1.0	0.2	1.0	0.3	2	1	1.0	1	1.0
	三乙醇胺	—	0.2	1.0	0.2	1.0	0.3	2	1	1.0	1	1.0
助剂	OP-10	0.1	0.05	0.2	0.05	0.2	0.5	1	0.1	0.2	0.1	0.2
	乙二醇	4	2	8	2	8	1	6	1.5	6	1.5	6
	醇酯-12	5	2	5	2	5	1.5	5	1.5	5	1.5	5
水		38.7	65.35	18.8	65.35	8.8	43	56.2	64.7	11.3	64.7	11.3

【制备方法】 首先将水加入反应釜中，开动搅拌器后依次加入马

洛托品、OP－10，醇酯－12、三乙醇胺、乙二醇和乳酸锌或胡敏酸锌，充分搅拌均匀后再加入成膜剂，搅拌均匀即可。

【产品应用】 本品用于钢铁构件的防锈处理。

【产品特性】 本品由于采用丙烯酸酯乳液或水性聚氨酯乳液为成膜物，配以缓释剂和助剂等组分，提高了膜层与基体的结合力，涂刷于钢材表面后可形成连续致密的保护层，可有效隔绝氧和水汽与钢材表面的接触，达到长效防锈的目的，钢铁件防锈期可达 1 年以上，形成的保护薄膜十分致密，可保持钢材的基色不变，用户使用时无须去除，可直接进行下一步处理，减少了清除防锈涂层的烦琐工艺，可采用浸泡、喷涂、刷涂等操作方式，且具有不燃、无毒、环保的特点。

实例 29 水性防锈剂(2)

【原料配比】

原　　料	配比(质量份)
聚乙二醇	5
苯甲酸钠	5
亚硝酸环己胺	3
亚硝酸钠	7
苯甲酸钠	3
硫脲	0.15
三乙醇胺	3
磷酸钠	3
海波	0.01
水	70.84

【制备方法】 将苯甲酸钠加热熔化，将其余原料常温下加入反应罐内搅拌完全溶解即可。

【产品应用】 本品适用于钢材、铸铁、铜材等有防锈要求的地方，尤其适用机械零件工间防锈。使用时，将待处理件除锈，可用涂刷、浸渍将防锈剂涂在处理件上，待其自然干燥即可，防锈可保持半月至两月。

【产品特性】 本品不含二甲苯、汽油等有害、易燃物质，安全、成本低、常温操作，防锈后能直接电焊，且焊接处耐冲击、拉力。

实例30　水性金属防锈剂

【原料配比】

原　料	配比(质量份)
半成品	800
水	1120
水性介质阻化剂	2.16
酸碱缓释剂	2.4
水性干料	4

其中半成品的制备：

原　料		配比(质量份)
一组分	水	224
	PMA	6.8
二组分	水	8
	引发剂	0.8
三组分	水	184
	引发剂	1.1
	润湿剂	1.92
	MS－1	19.16
	OP－7	1.92
	十二烷基磺酸钠	0.9
四组分	甲基丙烯酸	8.79
	苯乙烯	200
	丙烯酸丁酯	153

【制备方法】按照四组分分别配制,将配制好的一组分加入反应釜中,在不断搅拌下,升温至80~90℃,将二组分加入反应釜中,在温度保持不变的情况下,将三、四组分分别按1:3的比例在2~3h内连续滴加到反应釜内,保温反应0.5~1h,即可完成半成品的制作。热制方法是以此制得的半成品为基础,根据生产水性金属防锈剂的多少,使其控制在占生产水性金属防锈剂总量的40%(质量分数,下同)后,加入55%~65%的水,升温保持温度在80~90℃不变,连续按顺序依次加入0.85‰~1.2‰的水性介质阻化剂,1‰~1.5‰的酸碱缓释剂,1.8‰~3‰的水性干料。搅拌均匀,降温、检测、灌装、入库,即可完成水性金属防锈剂的制作。冷制方法是根据产量的多少,按如下工艺进行制备,首先在反应釜或调漆釜内加入58%~64%(质量分数,下同)的水,然后在不断搅拌下按顺序依次加入2‰~4‰的水性介质阻化剂,0.8‰~2.2‰的酸碱缓释剂,36%~42%的半成品,2‰~5‰的水性干料,反应完毕后进行检测、入库,即可完成。

【产品应用】 本品不仅适用于钢材等金属表面,而且还适用于管道等防腐工程。

【产品特性】 本品无色透明,无毒、无味、无污染,形成的保护膜光亮、平滑,能保原材料本色,喷、刷、浸、泡均可使用,适应性广,不仅适用于钢材等金属表面,而且还适用于管道等防腐工程。

实例31 长效水基金属防锈剂

【原料配比】

原料	配比(质量份)			
	1#	2#	3#	4#
植酸	5	9	9	12
三乙醇胺	7	13	5	13
二乙醇胺	—	—	5	—
硼砂	6	5	4.5	8
聚丙烯酰胺	—	—	—	2
水	82	73	76.5	65

【制备方法】 在室温下将各原料混合、搅拌均匀即可。

【产品应用】 本品主要应用于金属防锈。

【产品特性】 本品防锈剂对一般碳钢、铸铁都有良好的防护效果，湿热试验周期 5 周以上无变化，不分层、无沉淀。产品及原料安全，在配制和使用时对人体无损害、对环境无污染，是一种环保、无污染的长效金属防锈剂。

第八章　絮凝剂

实例1　除磷絮凝剂

【原料配比】

原　　料	配比(质量份)
硫酸亚铁	61.2
水	34.5
氯酸钠	3.6
活化硅酸	0.5

【制备方法】

(1)在常温常压下,在搅拌条件下,向水中投加硫酸亚铁[水和硫酸亚铁的质量配比是(0.5~0.7):1],搅拌混合均匀后配制成硫酸亚铁混合液。

(2)在硫酸亚铁混合液中,于搅拌条件下缓慢加入工业硫酸,使所有硫酸亚铁完全溶解,调整其pH值为0.8~1.5。

(3)对调整好pH值的硫酸亚铁混合液,在常温常压下,于搅拌条件下逐渐加入3.2%~4.1%的氯酸钠进行氧化反应,反应时间为30~90min,使溶液中的二价铁氧化为三价铁。

(4)待步骤(3)的氧化反应充分后,在常温常压下,加入0.1%~1%的含硅添加剂,搅拌均匀使其进行充分反应后,即制得除磷絮凝剂。

【产品应用】　本品可广泛用于污水处理,特别适用于含高磷的污水处理。

【产品特性】　本品生产工艺简单,设备无特殊要求,可在常温常压下进行,生产过程中无有害气体产生,操作安全;用生产钛白粉的废弃物硫酸亚铁为原料,既可降低成本,又可回收资源、变废为宝；在污水处理中，加入本品能有效地除去污水中的可溶性磷，同时还能通过絮凝沉淀进一步除去污水中其他形式的磷，降低水质中悬浮物（SS）、化学需氧量（COD）、生化需氧量（BOD）等，应用广泛，符合环保要求。

实例2　除油絮凝剂

【原料配比】

原料		配比（质量份）								
		1#	2#	3#	4#	5#	6#	7#	8#	9#
碱木质素		10	8	15	11	5	20	9	5	2.5
二硫化碳		15	16	15	12	18.5	15	8	15	27.5
氢氧化钠		19.5	25	18	—	25	25	25	20	35
氢氧化钾		—	—	—	20	—	—	—	—	—
水		28	16	21	42	16.5	20	48	35	10
醛类	甲醛	15	20	22	—	20	10	—	15	5
	多聚甲醛	—	—	—	7	—	—	—	—	—
	三聚甲醛	—	—	—	—	—	—	2	—	—
含氮化合物	脲	12.5	15	—	—	—	—	8	—	20
	乙二胺	—	—	9	—	—	—	—	—	—
	二乙烯三胺	—	—	—	8	—	—	—	—	—
	混合物 a	—	—	—	—	15	—	—	—	—
	混合物 b	—	—	—	—	—	10	—	—	—
	混合物 c	—	—	—	—	—	—	—	10	—

注　混合物 a 为脲和六亚甲基四胺混合物，混合物 b 为乙二胺和四乙烯五胺混合物，混合物 c 为脲、六亚甲基四胺和二亚乙基三胺混合物。

【制备方法】　先将木质素和水加入反应器中，搅拌均匀后，将反应体系的 pH 值调节至 9.5～11.5，加热升温至 65～95℃后加入醛类化合物,反应 10 ~ 30min 后加入含氮化合物,继续反应 2 ~ 5h 后降温至0 ~ 25℃,然后缓慢加入碱液的同时滴加二硫化碳,反应 2 ~ 5h 后,升温至 50 ~ 75℃,继续反应 1 ~ 4h,降温出料,所制备的产品为黑褐色黏稠液体,或是将黑褐色黏稠液体经过减压蒸馏浓缩、过滤,并用丙酮结晶得棕褐色粉末。

【注意事项】 木质素为碱木质素,是竹子、蔗渣、稻草、麦草、芦苇、桉木、桦木、马尾松等原材料及其按一定配比组成的两种或两种以上的混合原材料的碱法或硫酸盐法制浆废液,通过沉淀、分离、提取获得碱木质素。

含氮化合物为脲、乙二胺、二乙烯三胺、四乙烯五胺、六亚甲基四胺、二亚乙基三胺中的一种或两种以上(含两种)的混合物。

碱液为氢氧化钠或氢氧化钾水溶液,而且碱液的质量分数为 20% ~60%。

醛化合物为甲醛、三聚甲醛或多聚甲醛。

【产品应用】 本品特别适用于处理含油废水。

【产品特性】 本品具有以下优点:

(1)本品主要利用制浆工业中的副产物木质素为原料,使得产品具有成本低,并兼具除油和絮凝双重功能。

(2)本品采用全封闭的加料方式以及一次合成法制备,减少或消除生产过程中原材料对环境的污染,而且整个生产过程无废气、废水、废渣排放,因此制备工艺是一个清洁化、环境友好工艺。

(3)处理含油废水效果理想,而且药剂的投药量低;SS 降低 87% 以上,最高可达 98%;CODcr 降低 65% 以上,最高可达 76%;色度降低 80% 以上,最高可达 91.1%。

(4)产品稳定性好,无毒,使用不受季节、区域限制,便于运输和存放。

(5)生产工艺简单,原料易得,生产周期短,反应温和,所需设备为常规设备。

实例3　废水处理絮凝剂(1)

【原料配比】

原料	配比(质量份)	
	1#	2#
硫酸铝水溶液	31.57	24.66
聚硅酸水溶液	12.55	21.94
氢氧化钠水溶液	5.88	3.4
水	适量	适量

【制备方法】

(1)将硅酸钠用酸调节 pH 值至 9.0~10.5,预聚时间 1~16h,得相对分子质量范围为 3000~120000 的聚硅酸备用。

(2)将硫酸铝水溶放入反应釜,在搅拌状态下,使用快速分散装置,在 15~20min 之内缓缓加入步骤(1)制得的聚硅酸,并使用计量泵控制加料速度,同时采用冷却水保持反应釜温度在 18~22℃范围内。

(3)在上述同样条件下,经计量泵控制加料速度,由快速分散装置在 20~30min 内缓缓加入氢氧化钠水溶液。

(4)加氢氧化钠 20~40min 后,关闭快速分散装置,关闭冷却水,开启蒸汽阀,使反应釜内的物料在 0.8~1h 之内升温至 60~70℃,恒温反应 3~5h,或者在常温下,搅拌反应 20~24h,然后自然冷却,即得成品。

【产品应用】　本品可用于给水和废水处理。

【产品特性】　本品原料丰富易得,价格低廉,运行费用相对较低,工艺流程简单,设备结构合理,操作方便,无须分开生产、储存,保存期长,使用方便。

本品相对分子质量较大,对水中的杂质有很高的吸附聚集作用,在水中能快速形成大的絮凝体,适用范围宽,处理效果好;通过改变硅酸的聚合度和硅铝比例可得到不同相对分子质量的产品,满足不同的水处理的要求。

实例4 废水处理絮凝剂(2)

【原料配比】

原　　料	配比(质量份)						
	1#	2#	3#	4#	5#	6#	7#
蒸馏水	500	400	500	500	500	300	400
丙烯酰胺(AM)	13.6	48.9	60.8	46.2	36.7	101.3	78.6
甲基丙烯酰氧基乙基三甲基氯化铵(DMC)	139.5	178.7	88.9	102.6	119.2	177.6	158.6
丙烯酸(AA)	6.9	12.4	10.3	11.2	4.1	41.1	2.8
氮气	适量	适量	适量	适量	适量	适量	适量
氨羧螯合剂	40	60	40	40	40	80	60
水溶性偶氮类引发剂	50	50	50	50	50	50	50
水溶性氧化剂	25	25	25	25	25	25	25
水溶性还原剂	25	25	25	25	25	25	25

【制备方法】

(1)在反应釜中,加入蒸馏水和丙烯酰胺(AM),开动搅拌后加入甲基丙烯酰氧基乙基三甲基氯化铵(DMC)和丙烯酸(AA),控制单体质量分数为10%~60%,水溶液pH值为4.5~6.5,控制温度至25~60℃,通氮气10min。

(2)向步骤(1)的混合物中加入氨羧螯合剂、水溶性偶氮类引发剂和水溶性氧化剂以及水溶性还原剂,搅拌均匀。

(3)保持同一温度,继续聚合2~24h,即可得成品。

【注意事项】 氨羧螯合剂可以是乙二胺四乙酸二钠水溶液或乙二胺四乙酸水溶液,作用是避免单体和溶剂中的金属离子对共聚合的阻聚作用;水溶性偶氮类引发剂可以是2,2′-偶氮(2-脒基丙烷)二盐酸盐水溶液、2,2′-偶氮[2-(*N*-正丁基)脒基丙烷]二盐酸盐水溶液或2,2′-偶氮[2-(*N*-苄基)脒基丙烷]二盐酸盐水溶液,其作用是提高单体的转化率;水溶性氧化剂可以是过硫酸铵水溶液或过硫酸钾水溶液;水溶性还原剂可以是甲醛次硫酸氢钠水溶液或脲的水溶液。

【产品应用】 本品用于各类废水的处理,尤其适用于处理富含有机物的生产、生活废水。

【产品特性】 本品工艺流程简单,反应条件温和,便于操作;性能稳定、絮凝及脱水效果好,应用范围广,适用 pH 值 2 ~ 12;节约能源,有利于保护生态环境,具有明显的经济效益和社会效益。

实例5 复合水处理脱色絮凝剂

【原料配比】

原 料	配比(质量份)		
	1#	2#	3#
聚合氯化铝	35	50	90
聚合硫酸铁	50	35	5
硫酸镁	5	5	3
聚二甲基二烯丙基氯化铵	10	10	2

【制备方法】 将各组分混合均匀即可。

【产品应用】 本品广泛适用于水处理工程,最适合处理高 COD、高色度的染料废水。

【产品特性】 本品加工工艺简单,絮凝速度快,用量少,脱色率极高,处理后出水可达标排放。

本品充分利用聚二甲基二烯丙基氯化铵(高阳离子度的有机絮凝剂)对发色有机物的高去除率的特性,加入无机混凝剂降低成本,提高沉降速度,充分发挥各药剂复配的优势。其中加入聚合氯化铝形成絮团,加入聚合硫酸铁增加其脱色率和沉降性,加入镁盐增加絮团对发色有机物的吸附。

实例6 复合型含油废水絮凝剂

【原料配比】

原料			配比(质量份)				
			1#	2#	3#	4#	5#
A	a	乙二胺	60	—	116	116	116
		三亚乙基四胺	—	73.12	—	—	—
	b	环氧丙烷	116	—	116	116	116
		环氧乙烷	—	88	—	—	—
	c	二氯乙烯	—	40	—	—	—
		环氧氯丙烷	92.5	—	73.9	73.9	73.9
	工业盐酸		120	67	120	120	120
	聚合物 W: 无机絮凝剂		1:0.7	1:1	1:4	1:1	1:1
B	乙二胺		13	26	13	13	13
	丙二醇		30	122	30	30	30
	环氧树脂		47	100	47	47	47
	氢氧化钾水溶液		50	80	50	50	50
	水		—	40	—	—	—
	二硫化碳		21	50	21	21	21
A: B			1:1	1:0.5	1:0.5	1:0.5	1:0.3

注 a 为多胺类有机物,b 为单官能团含氧有机物,c 为双官能团含氯有机物。a、b、c 与盐酸构成聚合物 W。所用无机絮凝剂具体是:配方 1# 为硫酸亚铁;配方 2# ~ 配方 5# 为聚氯化铝(PAC)(先将 PAC 用水溶解,再与 W 复配)。

【制备方法】

(1)聚合物 W 的制备:在一个带有搅拌系统、温度计、冷凝回流装置的反应釜中加入多胺类有机物,加热至 20 ~ 60℃ 时加入单官能团含氧有机物,在 30 ~ 150℃ 的条件下反应 1 ~ 24h,得到一种带有多个羟基官能团的胺类线型低分子量聚合物,形成中间产物取代胺；再加入双官能团含氯有机物，最后加入无机酸，终止反应即得。

(2)组分A的制备：将制得的聚合物W与无机絮凝剂在常温下复配即得。

(3)组分B的制备：在一个带有搅拌系统、温度计和冷凝装置的反应釜中加入多胺(如乙二胺)、醇和不饱和树脂(如环氧树脂)，在60℃下反应3h，加入45%氢氧化钾水溶液，同时滴加二硫化碳，在30℃条件下继续反应1h，即得成品。

【注意事项】 本品由组分A和组分B构成，质量配比范围是A:B=(1:0.01)~(1:1)，优选(1:0.05)~(1:0.5)。

组分A由带有多个羟基官能团的胺类线型低分子量聚合物W与无机絮凝剂复合，质量配比范围是W:无机絮凝剂=(1:0.1)~(1:10)，优选(1:0.5)~(1:5)。

所述聚合物W为由多胺类有机物与单官能团含氧有机物反应得到一个中间产物，该中间产物再与双官能团含氯有机物反应而得的红棕色透明液体。

所述多胺类有机物可以是三亚乙基四胺、二乙烯三胺、亚已基二胺、亚乙基三胺等中的一种或几种。

所述单官能团含氧有机物可以是环氧丙烷和/或环氧乙烷等。

所述双官能团含氯有机物可以是表氯醇和/或二氯乙烯等。

所述无机酸可以是盐酸和/或硫酸等。

所述无机絮凝剂可以是聚氯化铝、硫酸亚铁、硫酸铝中的一种或几种。

组分B是二硫代氨基甲酸盐类絮凝剂。它是由多胺与不饱和树脂反应，生成的中间体再与二硫化碳在碱性介质下反应生成二硫代氨基甲酸盐类聚合物，反应过程通常在醇介质中完成。

【产品应用】 本品特别适用于处理油田及炼油厂石油加工过程中产生的含油废水。

【产品特性】 本品原料易得，配比科学，工艺简单，成本较低；产品性能优良，产生污泥和浮渣少，浮渣的黏稠性低，絮凝剂用量小，破乳性能强,除油效率高,出水水质好,适应性广。

实例7 复合絮凝剂(1)

【原料配比】

原料	配比(质量份)	
	1#	2#
硫酸酯盐	30~45	35~40
磷酸酯盐	10~15	15~20
氯化钙	20~25	—
氢氧化钙	—	15~20
硅酸钠	15~20	15~20
聚丙烯酰胺	0~1	—
次氯酸钙	1~5	—
羧甲基纤维素钠盐	10~15	10~15

【制备方法】 将上述各组分混合,在干态下进行粉碎加工,密封包装即可。

【产品应用】 本品特别适用于工业和生活污水处理。

使用时,絮凝剂加入静止的废液中时要充分搅拌,或在流动中加入,防止局部絮凝,有利于充分利用絮凝剂。用量为:1t 生活污水用 300g 复合絮凝剂,1t 工业污水用 500g 复合絮凝剂。

【产品特性】

(1)生产工艺简单,设备投资少,原料来源广,成本较低。

(2)产品絮凝速度快,用量少,去污力强,采用本品对工业污水治理后可以循环利用,对于生活污水可达标排放,且污水处理设备投资少、占地面积小。

实例8　复合絮凝剂(2)

【原料配比】

原　　料	配比(质量份)	
	1[#]	2[#]
活性麦饭石	80	90
聚合氯化铝	10	5
淀粉	10	5

【制备方法】

(1)将精选的麦饭石用饮用水洗净，干燥后粉碎成1～3mm粒度，经筛选后，再用电炉烘烤活化，烘烤温度为300～500℃，烘烤时间为90min，出炉后自然冷却，冷却后，制成活性麦饭石，待用。

(2)将聚合氯化铝与淀粉混合,取20～30℃的饮用水将两者搅拌糊化,再与上述活性麦饭石混合搅拌,使活性麦饭石表面均匀黏附。

(3)将步骤(2)所得混合物在常温常压下干燥,制得复合絮凝剂,进行检测包装即可。

【注意事项】　活性麦饭石的粒度为1～3mm;聚合氯化铝为固体粉末,粒度为100目,也可以是液态;淀粉为粉末状。

【产品应用】　本品适用于生活用水、工业用水和污水处理。

【产品特性】

(1)本品在投加后1～2min开始絮凝,20min完成整个絮凝沉淀过程。

(2)污泥产生量少,与单一使用聚合氯化铝相比,所产生的污泥量少30%,减少二次污染。

(3)原料易得,麦饭石和淀粉资源丰富、价格低廉,本品可节省聚合氯化铝85%以上,应用范围广。

实例9 复合絮凝剂(3)

【原料配比】

原料	配比(质量份)			
	1#	2#	3#	4#
硫酸亚铁晶体	55	30	50	40
硫酸铝	—	15	10	35
水	20	35	20	35
硫酸	5	25	25	25
双氧水	20	6	16	18

【制备方法】 向容器中放入硫酸亚铁晶体和硫酸铝,混合均匀,边搅拌边加入硫酸,常温下慢慢加入双氧水,慢速搅拌,静置即得成品。

【注意事项】 以上所述硫酸亚铁晶体可以是工业硫酸铁;硫酸是指浓度90% ~98%的浓硫酸。

【产品应用】 本品应用于各种废水处理和污泥处置。

【产品特性】 本品生产条件为常温常压,工艺流程简单,设备投资少,成本低,生产周期短,见效快;性能稳定,矾花大,去色效果好,COD去除率高;采用无毒的氧化剂,不产生副产品,对环境无污染。

实例10 聚多胺环氧絮凝剂

【原料配比】

原料	配比(质量份)
己二胺残渣	400
环氧氯丙烷	138
氢氧化钠(30%)	20
硫酸(30%)	40
亚硫酸钠	2
水	400

【制备方法】

(1)将已二胺残渣粉碎至0.5mm颗粒,密封避光备用。

(2)将定量的己二胺残渣颗粒原料投入反应釜内加定量的水,在65～75℃的水浴中加热至完全溶解后启动搅拌,搅拌速度为200r/min,搅拌10～15min。

(3)再以2mL/min的速度滴加定量的氢氧化钠,同时搅拌3～5min。

(4)将温控水浴的温度升至75～80℃,以2mL/min速度滴加定量的环氧氯丙烷,之后以200r/min的速度搅拌20min,同时将水浴温度升至85～90℃。

(5)在3～6min将水浴温度降至25℃,同时滴加定量的硫酸,至pH值为8.5～9。

(6)再将水浴温度升至40～45℃,搅拌20min,之后加入定量的亚硫酸钠,继续搅拌40min后,用100目筛板过滤,即得制成品,制成品为橘红色透明黏稠物。

【产品应用】　本品适用于医药、化工、造纸、印染等行业的污水处理。

【产品特性】　本品原料易得,配比科学,工艺简单,成本低廉,无毒,废水处理综合性能高,同时有效利用工业下脚料己二胺残渣,具有显著的经济效益和社会效益。

实例11　聚合氯化铁絮凝剂

【原料配比】

原　料	配比(质量份)		
	1#	2#	3#
盐酸酸洗钢铁废液	1230	—	—
酸洗废液(11%)	—	650	—
废铁屑	—	8	121
磷酸铵	36	—	—

续表

原　料	配比(质量份)		
	1#	2#	3#
磷酸二氢铵	—	9.92	—
稳定剂磷酸盐	—	—	11.5
氯酸钠	47.5	24.8	—
盐酸	59	20(体积份)	500(体积份)
氧化剂	—	—	29.6
水	—	30	—

【制备方法】

(1)根据盐酸酸洗废液中游离酸含量及其含铁量,加入适量铁屑和盐酸(或采用二氯化铁)溶解使废液中的总铁含量达到10%以上。

(2)将沉淀澄清酸洗废液或盐酸酸洗废液定量送入反应釜,加入适量磷酸盐稳定剂,并在搅拌及升温(<50℃)条件下定量分批加入氯酸盐类固体或溶液聚合氧化剂,在[Fe]/氧化剂<6,使氯化亚铁离子全部氧化并聚合成聚合氯化铁离子。

(3)在氧化聚合反应后期,通过逐步加入适量酸或碱进一步调节聚合铁溶液碱化度。

以配方1#为例,具体制备方法如下:称取相对密度为1.3的盐酸酸洗钢铁废液,在强烈搅拌的条件下加入稳定剂磷酸铵,充分反应后逐步分批加入氯酸钠,氧化聚合后再加入盐酸,得到总铁浓度为10.4%,二价铁浓度小于0.1%,碱化度为22%的稳定性聚合氯化铁。

【产品应用】　本品适用于给水和废水混凝处理。

【产品特性】　本品原料易得,配比科学,工艺简单,产品经济适用,具有比聚合硫酸铁更高的混凝效能,且可长期储存。

实例12　壳聚糖水处理絮凝剂

【原料配比】

原　　料	配比(质量份)			
	1#	2#	3#	4#
蟹壳	10.1	5.5	—	—
虾壳	—	—	5	5
盐酸(6%)	150(体积份)	—	50(体积份)	50(体积份)
盐酸(4%)	—	82.5(体积份)	—	—
脱无机盐产物	3.2	1.7	2.9	2.7
氢氧化钠溶液(5%)	32(体积份)	—	—	—
氢氧化钠溶液(10%)	—	25(体积份)	—	—
氢氧化钠溶液(4%)	—	—	30	30(体积份)
甲壳素产物	2	1.1	0.93	1
氢氧化钠溶液(50%)	10(体积份)	—	—	—
氢氧化钠溶液(55%)	—	10(体积份)	—	—
氢氧化钠溶液(45%)	—	—	5(体积份)	5(体积份)

【制备方法】

(1)使虾、蟹壳脱去无机盐:向虾、蟹壳中加入盐酸,盐酸的浓度为4%～6%(质量分数),投加比例为1g虾、蟹壳加入10～15mL盐酸,在室温下,反应2.5~15h,用盐酸控制pH值小于4。

(2)反应结束后,将反应体系进行固液分离,将分离后的固相冲洗至中性,烘干得到脱无机盐产物。

(3)使虾、蟹壳脱去蛋白质:向脱无机盐产物中加入氢氧化钠溶液,氢氧化钠溶液的浓度为4%~10%(质量分数),投加比例是1g脱无机盐产品加入10~15mL氢氧化钠溶液,在85~95℃下反应1~4h,搅拌速度为50~90r/min。

(4)反应结束后,将反应体系进行固液分离,将分离后的固相冲洗至中性,烘干得到甲壳素产物。

(5)脱去乙酰基:在甲壳素产物中加入浓氢氧化钠溶液,氢氧化钠的浓度为45%~55%(质量分数),投加比例为1g甲壳素产品加入5~10mL浓氢氧化钠,在温度50~115℃下反应2~16h。

(6)反应结束后,将反应体系进行固液分离,将分离后的固相冲洗至中性,烘干得到的固体颗粒即为壳聚糖水处理絮凝剂产品。产品为片状半透明固体,有少量珍珠光泽。

【产品应用】 本品可用于对低浊度地表水、高浊度地表水、生活污水及多种染料废水的处理。

【产品特性】 本品原料来源广泛,充分利用了水产品加工业的废弃物虾、蟹壳,有利于降低成本和保护环境;工艺简单,所用设备均为常规化工设备,反应条件为常压,加热条件容易实现,生产周期短;产品为天然有机高分子化合物,无毒副作用,容易生物降解,对环境友好。

实例13 快速沉降型絮凝剂

【原料配比】

原料	配比(质量份)			
	1#	2#	3#	4#
聚丙烯酰胺胶体	500	500	500	500
硅酸钠	10	5	—	—

续表

原料	配比(质量份)			
	1#	2#	3#	4#
硅酸铝	—	—	10	—
硅酸钾	—	—	—	8
石英砂(100目以下)	10	15	5	20
尿素	1	2	5	8
碳酸钠	1	—	—	—
碳酸铵	—	0.5	—	—
碳酸氢钠	—	—	0.2	—
碳酸氢铵	—	—	—	5

【制备方法】

(1)聚丙烯酰胺胶体的制备:将丙烯酰胺单体配制成10%~50%的水溶液,最好是15%~30%。引发剂采用氧化—还原引发体系,如$K_2S_2O_8$—$NaHSO_3$、$(NH_4)_2S_2O_8$—$NaHSO_3$等或水溶性偶氮类引发剂,如*N*,*N*-二羟基乙基偶氮二异丁脒盐酸盐。引发剂用量为丙烯酰胺单体质量的0.01%~0.1%,最好是0.01%~0.5%,聚合时间为0.5~4h,最好是2~4h。

取10%~50%(质量分数,下同)的丙烯酰胺单体水溶液,通氮气脱氧,加入引发剂,在20~50℃下聚合0.5~4h,得到聚丙烯酰胺胶体。

(2)将步骤(1)得到的聚丙烯酰胺胶体与硅酸盐、石英砂、尿素、碳酸盐等混合,用捏合机捏合。捏合温度为50~150℃,最好是50~130℃,捏合时间为1~8h,最好是1~6h。

(3)将捏合机捏合后的物料采用造粒机造粒成直径为0.5~4mm的小颗粒胶体,最好是0.5~2mm。

(4)将上述小颗粒胶体在60~95℃的热风下将其干燥,干燥时间为0.5~5h。

(5)将干燥后的小颗粒胶体通过粉碎机粉碎,用60目筛网过筛得到粉剂产品。

【注意事项】 聚丙烯酰胺可以是阴离子型,也可以是非离子型,相对分子质量应在1000万~1600万。

碳酸盐为水溶性碳酸盐,如碳酸钠、碳酸氢钠、碳酸铵、碳酸氢铵、碳酸钾等。

【产品应用】 本品适用于高浊度污水的处理。

【产品特性】 本品采用氧化—还原引发体系,降低了引发聚合的温度,能够获得高分子量不交联的聚丙烯酰胺胶体。在捏合机捏合时加入了助剂,减缓了捏合时聚丙烯酰胺的降解,防止了此絮凝剂在干燥过程中的降解和交联。同时促进了此絮凝剂在水中的溶解速度。加入硅酸盐、石英砂等助剂,可使在水处理过程中能形成大而密实的絮团,并且快速沉降。

实例14 木质素季铵盐阳离子絮凝剂

【原料配比】

原料		配比(质量份)						
		1#	2#	3#	4#	5#	6#	7#
木质素		5	5	5	5	5	5	5
甲醛(37%)		60	20	40	40	40	60	40
水		90	—	—	—	—	90	90
溶剂	1,4-二氧六环	60	—	—	—	—	60	60
	二甲基亚砜	—	50	—	—	—	—	—
	乙醇	—	—	50	—	—	—	—
	二甲基甲酰胺	—	—	—	40	—	—	—
	吡啶	—	—	—	—	40	—	—
胺组分	二乙烯三胺	60	10	40	—	—	60	—
	乙二胺	—	—	—	20	60	—	20

续表

原料		配比(质量份)						
		1#	2#	3#	4#	5#	6#	7#
强酸	磷酸(5mol/L)	—	10	—	—	—	—	—
	盐酸(5mol/L)	—	—	5	—	5	5	—
	硫酸(5mol/L)	—	—	—	5	—	—	10
烷基化试剂	1,2-二氯乙烷	20	—	1mol	—	30	—	—
	硫酸二甲酯	—	0.25mol	—	—	—	—	—
	环氧氯丙烷	—	—	—	20	—	—	20
	碘甲烷	—	—	—	—	—	15	—

【制备方法】 本品改性工艺采用了曼尼希缩合反应在木质素骨架上嵌接铵盐基团,然后烷基化制备季铵盐阳离子絮凝剂。具体的合成工艺步骤如下:

1. 制备方法一:

(1)用溶剂溶解木质素。

(2)向步骤(1)所得溶液中加入甲醛或聚甲醛、水试剂,同时加入胺组分,并以一定的速度搅拌。

(3)向步骤(2)搅拌均匀的物料中加入强酸,在30~120℃下,反应1~10h,强酸的加入量为加0~0.02mol强酸/g木质素。

(4)上述曼尼希缩合反应完成后,加入烷基化试剂,反应温度为40~100℃,反应时间为0.5~6h。

(5)反应完成后采用减压蒸馏法分离溶剂与产品。

2. 制备方法二:

(1)用溶剂溶解木质素。

(2)将醛组分(甲醛或聚甲醛)与胺组分先反应制备亚甲基二胺。

(3)将制得的亚甲基二胺与木质素反应,搅拌均匀后加入强酸催化剂,在30~120℃温度下,反应1~10h,催化剂的加入量为0~0.02mol强酸/g木质素。

(4)上述曼尼希缩合反应完成后,加入烷基化试剂,反应温度为40~100℃,反应时间为0.5~6h。

(5)反应完成后采用减压蒸馏法分离溶剂与产品。

【注意事项】 溶剂可以选用乙醇、二甲基亚砜、二甲基甲酰胺、吡啶、1,4-二氧六环。

胺组分可以选用乙二胺、仲胺盐类、聚胺盐类或杂环胺盐类。

烷基化试剂可以选用碘甲烷、硫酸二甲酯、1,2-二氯乙烷、环氧氯丙烷。

【产品应用】 本品可用于处理染料废水、印染废水等多种难以处理的废水。

【产品特性】 本品原料易得,生产成本低,反应过程容易控制,所合成的阳离子絮凝剂的絮凝性能不仅表现在可通过电荷中和及架桥作用而使胶体颗粒凝聚,而且还能与带负电荷的可溶性有机物通过化学作用而形成不溶性物质,然后沉淀去除。

本品无副反应,絮凝效果好,脱色率在95%以上,最高可达100%,COD去除率在70%~90%,且投药量低。

实例15 纳米超高效絮凝剂

【原料配比】

原料	配比(质量份)	
	1#	2#
纳米级氧化物	5	10
聚丙烯酰胺	45	25
阳离子型聚丙烯酰胺	40	—
阴离子型聚丙烯酰胺	—	25
非离子型聚丙烯酰胺	10	20
TXY高分子絮凝剂	—	20
水	适量	适量

【制备方法】 将纳米级氧化物、聚丙烯酰胺、阳离子型聚丙烯酰

胺或阴离子型聚丙烯酰胺、非离子型聚丙烯酰胺、TXY 高分子絮凝剂一次性投放到双螺旋搅拌器中混合 1～2h，即可得成品。

还可以将上述混合料一次性投放至反应釜中，按照混合料:水 = 1:(80～120)的比例加水，启动搅拌器，转速为 60r/min，反应釜夹套通蒸汽加热，保持温度在 75～85℃并搅拌 3～4h，即可得到溶液型成品。

【注意事项】 原料中的纳米级氧化物是指粒度为 25～100nm 的二氧化硅、三氧化二铝、氧化锆、氧化铈四种原料其中之一或两种以上的混合物。

【产品应用】 本品是用于废水处理的絮凝剂。使用时以溶液状态按常规滴加方式加入被处理的废水中即可，最大用量为 1t 废水加入有效成分 0.01kg。

【产品特性】 本品絮凝速度快、矾花大，沉淀时间短，10min 内可达到完全沉淀；絮凝效果好，投药量小，运行可靠，可大幅度降低废水处理成本，同时彻底消除二次污染，所处理废水的排放指标稳定。

实例 16　三元共聚高分子絮凝剂

【原料配比】

原料		配比(质量份)			
		1#	2#	3#	4#
去离子水		35	29.5	63	51
乙酸		1	0.6	—	—
丙酸		—	—	1.5	—
柠檬酸		—	—	—	1.8
壳聚糖		2	2	3	4.5
A	丙烯酰胺	9.5	12	18	23
B	二甲基二烯丙基氯化铵	4	—	—	—
	丙烯酰胺丙基三甲基氯化铵	—	5.5	—	—
	甲基丙烯酸三甲胺乙酯氯化铵	—	—	9	—
	三甲氨基丙烯酸甲酯氯化铵	—	—	—	12

续表

原　　料		配比(质量份)			
		1#	2#	3#	4#
C	脂肪醇聚氧乙烯醚	2	1.5	5	6
D	硝酸铈铵	0.2	—	—	—
	过氧化苯甲酰	—	0.2	—	—
	过硫酸钾—尿素	—	—	0.5	—
	过硫酸铵—亚硫酸氢钠	—	—	—	0.4
氢氧化钠		0.2	—	—	—
氨水		—	0.15	—	—
氢氧化钾		—	—	0.3	—
碳酸氢钠		—	—	—	0.18

注　A 为非离子单体,B 为阳离子单体,C 为非离子表面活性剂,D 为引发剂。

【制备方法】

(1)向反应釜中加入去离子水和酸,然后加入壳聚糖,溶解完全,再加入非离子单体,待其溶解完全后再加入阳离子单体,搅拌混合均匀,然后加入非离子表面活性剂,搅拌,分散整个溶液。

(2)向步骤(1)所得溶液中加入相当于溶液总质量 0.05% ~ 0.5% 的过氧化类或过硫酸盐类引发剂,进行链引发聚合反应,控制聚合温度在 30 ~75℃,聚合时间 2 ~6h。

(3)向步骤(2)所得反应产物中加碱,如氢氧化钠、氢氧化钾、氨水、碳酸氢钠等,将反应产物的 pH 值调节至 3.5 ~5.5,即得产品。

【注意事项】　本品非离子单体可以是丙烯酰胺或甲基丙烯酰胺。

阳离子单体可以是二甲基二烯丙基氯化铵、烯丙基三甲基氯化铵、丙烯酰胺丙基三甲基氯化铵、甲基丙烯酸三甲胺乙酯氯化铵、三甲氨基丙烯酸甲酯氯化铵。

非离子表面活性剂可以是失水山梨醇聚氧乙烯醚、脂肪醇聚氧乙烯醚。

酸可以是乙酸、丙酸或柠檬酸。

【产品应用】　本品适用于污水处理。

【产品特性】　本品原料配比科学，工艺简单合理，采用三元共聚体系，生成的产品为三元共聚物，综合性能优良，絮凝速度快，用量少，COD去除率及色度去除率高，pH值适用范围较宽，处理效果好。

实例17　污水处理用絮凝剂(1)

【原料配比】

原料		配比(质量份)		
		1#	2#	3#
A	海水	99	—	—
	海水制盐后卤水	—	99.4	50
	地下卤水	—	—	48.9
B	聚硫酸铁	0.5	—	0.7
	聚氯化铝	—	0.5	—
C	二氧化硅(20nm)	—	0.05	—
	蒙脱石(20nm)	0.5	—	—
	高岭土(50nm)	—	0.05	—
	滑石粉(7nm)	—	—	0.4

【制备方法】　将上述各组分混合搅拌均匀即可。

【产品应用】　本品适用于污水的处理。

【产品特性】

(1)海水、地下卤水、海水制盐后的卤水中有纳米尺寸的碳酸钙、碳酸镁等颗粒及海水中的微量元素，它能改变被处理污水电位，絮凝速度快，絮凝效果好，而且为微生物提供了营养盐，有利于生物污泥中微生物的增长。

(2)采用本品处理污水费用低。

(3)2～100nm的二氧化硅、蒙脱石、高岭土、滑石粉还能增加对污水中有害物质的吸附容量,使产品具有更好的絮凝效果。

实例18　污水处理用絮凝剂(2)

【原料配比】

原料		配比(质量份)
A	硫酸铝	150
	硫酸亚铁	50
	水	750
B	氧化钙	100
	高锰酸钾	0.01
	水	500
C	聚丙烯酰胺	2
	水	1000

【制备方法】

(1)将硫酸铝粉碎后,放入溶解罐中,加入水进行搅拌,使其充分溶解;再将硫酸亚铁粉碎后,放入溶解罐中,搅拌,使其充分溶解;然后将以上两种溶液放入化合罐中,搅拌,使之充分混合,可制得A剂。

(2)将氧化钙经粉碎后放入溶解罐中,加水,搅拌,使其充分溶解成石灰乳,经40目筛过滤,制得氧化钙溶液;再将高锰酸钾加水,溶解成高锰酸钾溶液,然后将以上两种溶液充分混合,可制得B剂。

(3)向聚丙烯酰胺中加水,放入溶解罐中,经充分搅拌、溶解,可制得C剂。

【产品应用】　本品可广泛用于各种工业废水和城市生活污水的处理。

使用时,根据污水的酸碱度,先加A剂和B剂调节污水的pH值,再加C剂助凝。具体应用如下:

处理酸性污水时,先用B剂将污水的pH值调节至8~10,再用A剂将污水的pH值调节至6~7,最后加入C剂助凝;处理碱性污水时,先用A剂将污水的pH值调节至3～5,再用B剂将污水的pH值调节至6～7,最后加入C剂助凝;处理中性污水时,先用A剂将污水的pH值调节至3～5,再用B剂将污水的pH值调节至6～7,最后加入C剂助凝,静置20～30min即可。

【产品特性】 本品原材料来源广泛,价格低廉,工艺流程简单,经济效益好;性能优良,处理污水速度快,有很强的絮凝和助凝作用,能使污水中的胶体粒子失去稳定性,形成大的团絮快速下沉,从而澄清水质;应用广泛,可任意调节污水的pH值,使用方便;经本品处理后的污水排放指标稳定,并能回用于工农业生产用水,有利于节约资源、保护环境。

实例19　污水处理用絮凝剂(3)

【原料配比】

原　料	配比(质量份)		
	1#	2#	3#
氢氧化钠	111	2.78	55.5
丙烯酸	200	5	100
活性炭	2	0.55	1
尿素	2	0.05	1.5
皂基	0.25	0.007	0.12
亚硫酸钠	0.05	0.0005	0.01
过硫酸钠	0.18	0.0045	0.1
水	390	9.76	197.5

【制备方法】

(1)将氢氧化钠溶于水中,温度控制在45℃以下,将其加入丙烯酸中,搅拌均匀,控制温度低于35℃,再向其中加入活性炭,搅拌2h后过滤,可得到丙烯酸盐(丙烯酸钠)溶液。

(2)将尿素、皂基、亚硫酸钠、过硫酸钠溶解于水中,搅拌均匀,可得到聚合助剂液。

(3)将步骤(1)所得丙烯酸盐溶液用氢氧化钠调整 pH 值至 12~12.5,加入步骤(2)所得助剂液,搅拌混合均匀。

(4)将步骤(3)所得物料倒入有条形格的塑料盘(由聚氯乙烯、聚丙烯、聚四氟乙烯制成,也可用内衬塑料薄膜的不锈钢盘代替)中,在常温下静置聚合 3~10h,用解碎机解成小颗粒,干燥粉碎得到成品。

【注意事项】 本品原料中的氢氧化钠是中和丙烯酸以及调整体系 pH 值的碱,也可以选用氢氧化钾、碳酸氢钠或碳酸钠。

活性炭的作用是在丙烯酸盐溶液制得后去除其中的阻聚剂。

过硫酸钠和亚硫酸钠复合物为引发剂,可由以下方法制得:将亚硫酸钠与过硫酸钠分别溶解于水中,再将两者混合均匀。引发剂也可以选用过硫酸钠或过硫酸钾和亚硫酸钠、亚硫酸氢钠或亚硫酸氢钾复合物。

尿素是防止交联剂,也可以选用 EDTA。

皂基是防止结团剂,也可以选用硬脂酸钠。

聚合助剂液各组分的配比范围是:防止交联剂 0.5~4,防止结团剂 0.1~0.5,引发剂 0.16~0.46,水 10~30。

【产品应用】 本品广泛适用于食品工业、造纸行业、城市污水处理,烧碱和纯碱制造业的盐水精制,制糖行业糖汁澄清以及氧化铝厂的赤泥沉降分离等各个方面。

【产品特性】 本品应用范围广,性能优良,相对分子质量高,残留单体含量低,水溶解性能好,溶解时不结团,存放不易吸潮,并且凝胶容易切碎干燥。

实例 20 无机高分子絮凝剂(1)

【原料配比】

原料	配比(质量份)		
	1#	2#	3#
十八水合硫酸铝	860	860	860
盐酸	62	70	80

续表

原　料		配比(质量份)		
		1#	2#	3#
氮化合物助剂	尿素	1	—	—
	碳胺或硝胺	—	2	—
	硫胺	—	—	3.5
硫酸		85	90	97

【制备方法】　将十八水合硫酸铝热溶后，加入盐酸，再加入氮化合物助剂，最后加入硫酸，加热蒸发浓缩、常温固化，粉碎得絮凝剂产品；或在生产硫酸铝的过程中，当硫酸铝处于液态时，按前述顺序及计量标准(以产品为固体计算)，分次加入盐酸、助剂、硫酸，然后经蒸发浓缩、常温固化，粉碎得絮凝剂产品。

【产品应用】　本品适用于城镇综合废水净化处理。

【产品特性】　本品为无机高分子类絮凝剂，它较之无机类絮凝剂，如三氯化铁、聚合氯化铝、聚合硫酸铁等，无论在制作工艺、产品性能和生产成本等方面，都有很大不同，显现出巨大的进步和优越性。用它对城镇综合废水进行处理，是三氯化铁和聚合氯化铝的最佳替代品。其生产成本比三氯化铁低70%以上，比聚合氯化铝低60%以上，而治污效果却高于三氯化铁和聚合氯化铝，经济效益和社会效益显著。

实例21　无机高分子絮凝剂(2)

【原料配比】

原　料		配比(质量份)										
		1#	2#	3#	4#	5#	6#	7#	8#	9#	10#	11#
A组分		50	20	70	30	70	20	30	70	20	50	20
B组分	聚合氯化铝	20	60	10	10	10	60	10	10	60	—	—
	聚合硫酸铝	—	—	—	—	—	—	—	—	—	20	60

续表

原料		配比(质量份)										
		1#	2#	3#	4#	5#	6#	7#	8#	9#	10#	11#
C组分	硅酸钠(20%盐酸溶液)	30	20	—	—	—	20	—	—	—	—	—
	硅酸钠(30%盐酸溶液)	—	—	20	—	—	—	—	20	—	—	—
	硅酸钠(10%盐酸溶液)	—	—	—	60	20	—	60	—	20	—	—
	硅酸钠(20%硫酸溶液)	—	—	—	—	—	—	—	—	—	30	20

其中A组分的制备:

原料	配比(质量份)										
	1#	2#	3#	4#	5#	6#	7#	8#	9#	10#	11#
氯化镁	1	1	1	1	1	1	1	1	1	—	—
氯化铁	2	1	3	1	1	1	3	3	1	—	—
聚合氯化铝	2	1	3	3	3	1	3	1	3	—	—
盐酸溶液(20%)	11	—	—	—	—	—	—	—	—	—	—
盐酸溶液(10%)	—	7	—	—	—	7	—	11	11	—	—
盐酸溶液(30%)	—	—	15	11	11	—	15	—	—	—	—
硫酸镁	—	—	—	—	—	—	—	—	—	1	1
硫酸铁	—	—	—	—	—	—	—	—	—	2	1
聚合硫酸铝	—	—	—	—	—	—	—	—	—	2	1
硫酸溶液(20%)	—	—	—	—	—	—	—	—	—	11	—
硫酸溶液(10%)	—	—	—	—	—	—	—	—	—	—	7

【制备方法】 将液态的A组分加入反应釜中,加入C组分,用加

热器加热至30～110℃（优选40～100℃，最佳为70℃），用搅拌器搅拌至成为均匀溶液，然后加入B组分，再用搅拌器搅拌，使其混合均匀，停止搅拌逐渐冷却成软膏状，检验合格后包装即为成品。

【注意事项】 本品由A组分、B组分和C组分构成，A组分是Mg的盐酸盐、Fe的盐酸盐、Al的聚合盐酸盐和10%～30%盐酸溶液组合物，质量配比为Mg的盐酸盐∶Fe的盐酸盐∶Al的聚合盐酸盐∶10%～30%盐酸溶液=1∶(1～3)∶(1～3)∶(7～15)；或A组分是Mg的硫酸盐、Fe的硫酸盐、Al的聚合硫酸盐和10%～30%硫酸溶液组合物，质量配比为Mg的硫酸盐∶Fe的硫酸盐∶Al的聚合硫酸盐∶10%～30%硫酸溶液=1∶(1～3)∶(1～3)∶(7～15)。

B组分是Al的聚合盐酸盐或Al的聚合硫酸盐。

C组分是可溶性硅酸盐的10%～30%酸性溶液。硅酸盐可以是硅酸钠或硅酸钾，酸性溶液是指盐酸溶液或硫酸溶液。

【产品应用】 本品可用于油田污水、工业废水的处理，也可以用于饮用水中砷和氟的去除处理。

【产品特性】 本品原料配比科学，工艺简单，成本较低，易于推广应用；产品具有絮凝速度快、絮体密实、沉淀分离效率高、使用范围广等优点。

实例22　阳离子高分子絮凝剂(1)

【原料配比】

原　　料	配比(质量份)	
	1#	2#
淀粉或纤维素	5	5
丙烯酰胺	12	12
甲醛	12	12
二甲胺	16.7	16.7
催化剂	适量	适量
溶剂	249	218

【制备方法】

(1)将淀粉或纤维素及部分溶剂加入装有搅拌装置的反应釜中。再加入催化剂在40~70℃的温度下反应30min,然后加入丙烯酰胺,温度维持在40~70℃反应2.5~5h。

(2)向步骤(1)所得混合物中加入二甲胺,在40~70℃下反应30~60min,再加入甲醛,温度维持在40~70℃反应1~2.5h,最后加入剩余的溶剂,反应30~60min至物料搅拌均匀即可出料。

【注意事项】 原料中的淀粉或纤维素,其细度为200~1000目,优选细度为500目;丙烯酰胺可选用工业级或三级试剂,优选工业级;甲醛可选用质量分数为30%~36%的工业级或三级试剂,优选工业级质量分数为36%;二甲胺可选用质量分数33%~40%的工业级或三级试剂,优选工业级质量分数为40%;催化剂可以是铈盐、过氧化氢、高锰酸钾—无机酸或过硫酸钾—亚硫酸盐,优选高锰酸钾—硫酸或乙酸或过硫酸钾—亚硫酸钠氧化还原催化剂;溶剂可以选用去离子水。

【产品应用】 本品是用于污水处理的絮凝剂。使用时,其用量一般为污泥浓度0.1%~1%(质量分数)。

【产品特性】 本品用量少,处理成本低,脱水时间短且效率高,与污泥混合15~20s形成大絮状泥团迅速沉淀,溶液澄清。

实例23 阳离子高分子絮凝剂(2)

【原料配比】

原料	配比(质量份)					
	1#	2#	3#	4#	5#	6#
聚丙烯酰胺	850	124	238	36	750	1230
水	4000	727.8	730	3000	2237	3776.4
催化剂	40.24	0.1325	0.11325	0.3	0.18	0.272
苛性碱	5	0.8	1	2.7	2.5	4.8
甲醛	74.4	13.6	16.6	42	50.8	74.4
二甲胺	85	17.2	19.2	50	60	85

【制备方法】

(1)向氮气置换反应容器(氮气的压力为0.2～0.3MPa)内放入水,将聚丙烯酰胺加入水中,搅拌使之完全溶解。

(2)向步骤(1)所得溶液中加入苛性碱,调整pH值至8～9,然后加入催化剂,并搅拌均匀。

(3)向步骤(2)所得溶液中加入甲醛,反应温度控制在48～52℃,加完后保温反应1h。

(4)将步骤(3)所得溶液升温至68～72℃,加入二甲胺进行反应,待二甲胺加完后保温反应1h,得到的无色透明胶体溶液即为成品。

【注意事项】　原料中的聚丙烯酰胺可以通过以下方法制得:向丙烯酰胺单体(可以是丙烯酰胺晶体或丙烯酰胺水溶液)中加入去离子水,使丙烯酰胺的含量为8%～10%,再加入丙烯酰胺质量的(2.1×10^{-4})～(3×10^{-4})倍的催化剂,在60℃下搅拌反应10～60min即可。

原料中的水可以是自来水或去离子水;催化剂是指过硫酸盐催化剂,可以是过硫酸钾、过硫酸钠、过硫酸铵等;苛性碱可以是苛性钠或苛性钾。

【产品应用】　本品主要用于污水处理。

【产品特性】　本品原料易得,成本低,设备投资小,制备工艺简单,生产周期短;性能优良,具有架桥吸附作用及电荷中和作用,同液体中的悬浮颗粒混凝时间短,形成的絮块大而且更密实,沉降速度快;沉降的污泥脱水更彻底,处理后的污泥可当复合农家肥使用,不会造成土壤板结,避免了二次污染。

实例24　有机高分子絮凝剂(1)

【原料配比】

原　料	配比(质量份)			
	1#	2#	3#	4#
无机铵盐	4	4	5	4
脂肪醛	25	26.8	28	30

续表

原　　料	配比(质量份)			
	1#	2#	3#	4#
二氰二胺	9	19	16	20
三氯化磷	15	20	23	23
添加剂	2	2.2	3	0.5
水	47	28	25	22.5

【制备方法】

(1)将无机铵盐溶于盛有脂肪醛和水的反应器中,反应温度控制在10~60℃,加入二氰二胺,并将反应温度升至60~95℃,反应时间控制在0.5~3h,进行缩聚反应。

(2)水解反应与酯化反应:将步骤(1)的反应液温度降至20~70℃,加入三氯化磷,再将反应温度升至90~120℃,反应2~9h,然后将物料温度降至45~85℃,加入添加剂,继续反应1~3h,冷却至室温即得成品。

【注意事项】 无机铵盐可以是磷酸二氢铵、硫酸铵、硫酸氢铵、硝酸铵、氯化铵其中的一种或两种以上的混合物。

脂肪醛可以是甲醛、乙醛、丙醛、丁醛、丙烯醛、多聚甲醛其中的一种或两种以上的混合物。

添加剂是指缓冲剂、稳定剂、链增长剂、消泡剂其中的一种或两种以上,其中缓冲剂可以是磷酸二氢盐、磷酸氢二盐、蔗糖等;稳定剂可以是PVA、吡咯烷酮、环碳酰胺等;链增长剂可以是乙烯脲、尿素、环亚乙烯脲等;消泡剂可以是硬脂酸等。

【产品应用】 本品特别适用于印染废水、制浆造纸废水、含活性基团的有机废水以及纺织废水的处理;还可用于循环冷却水、油田注水、低压锅炉水的缓蚀阻垢以及污泥脱水处理。

【产品特性】 本品原料易得,所需设备为常规设备,投资少,工艺流程简单,生产周期短且生产过程基本上无废气、废水、废渣排放,对环境污染小;性能优良,集絮凝、脱色、脱水、缓蚀和阻垢分散等多种功能于一体，耗药量低，处理效果理想；对高碱度、高色度的废水，处理后的水可以重新回用，处理后的废渣含水率低，可作为合成染料、超强吸水剂、颜料填料等产品的原料；稳定性好，无毒，便于存放与运输；使用方便，不受季节、区域限制。

实例25 有机高分子絮凝剂(2)

【原料配比】

原料		配比(质量份)							
		1#	2#	3#	4#	5#	6#	7#	8#
聚合物A	二甲基二烯丙基氯化铵	500	800	750	600	400	300	250	200
	丙烯酰胺	500	200	250	400	600	700	750	800
	丙烯酸	100	10	50	100	150	200	250	300
	引发剂	适量	适量	适量	适量	适量	适量	适量	适量
聚合物B	二甲基二烯丙基氯化铵	300	800	750	600	400	300	250	200
	丙烯酰胺	700	200	250	400	600	700	750	800
	二乙基二烯丙基氯化铵	200	10	50	100	150	200	250	300
	引发剂	适量	适量	适量	适量	适量	适量	适量	适量
聚二甲基二烯丙基氯化铵		200	20	80	160	240	320	480	560

【制备方法】

(1)在反应釜中加入二甲基二烯丙基氯化铵、丙烯酰胺、丙烯酸以及引发剂，在10～80℃下，反应3～8h，制得聚合物A。

(2)向另一反应釜中加入二甲基二烯丙基氯化铵、丙烯酰胺、二乙基二烯丙基氯化铵以及引发剂，在60～80℃下，反应3～8h，制得聚合物B。

(3)将聚合物A与聚合物B混合,再加入聚二甲基二烯丙基氯化铵,在10~50℃下进行复合,即可得成品。

【注意事项】 聚合物A中二甲基二烯丙基氯化铵与丙烯酰胺的配比关系为1:(0.25~1):4,丙烯酸为1~30,引发剂可以是过硫酸铵或亚硫酸氢钠。

聚合物B中二甲基二烯丙基氯化铵与丙烯酰铵的配比关系为1:(0.25~1):4,二乙基二烯丙基氯化铵为1~30,引发剂可以是过硫酸铵或亚硫酸氢钠。

聚合物A与聚合物B的配比关系为1:1,聚二甲基二烯丙基氯化铵为1~28。

【产品应用】 本品适用于含油废水(如炼油厂排放的含有分散油和乳化油的废水)的处理。

【产品特性】 本品的制备工艺简单,操作安全;性能优良,使用方便,无须制备无机物而单独使用,产生絮凝体速度快,除油率高,水质透明度高;性质稳定,安全可靠;不腐蚀设备及堵塞管道,对含油废水处理投入量少,大大降低了设备的维修次数,可以节约大量"三泥"处理费,减少二次污染。

实例26 有机无机物共聚脱色絮凝剂

【原料配比】

原料		配比(质量份)
A	甲醛(37%)	290
	双氰胺	140
	氯化铵	70
	羟乙基乙二胺	15
B	三氯化铁	70
水		40

【制备方法】

(1)制备方法一:在带机械搅拌器和温度计的反应器中,加入甲醛、双氰胺、氯化铵、羟乙基乙二胺、三氯化铁和水,开动搅拌器搅拌,用水浴加热,反应属于放热反应。反应开始后,停止加热,控制温度为80～85℃,反应4h;然后冷却至25～30℃,即得产品。

(2)制备方法二:在带机械搅拌器和温度计的反应器中,加入甲醛、双氰胺、氯化铵、羟乙基乙二胺和水,开动搅拌器搅拌,用水浴加热,反应属于放热反应。反应开始后,停止加热,控制温度为85～90℃,反应3h;然后冷却至30～35℃,加盐酸调节pH值至1～2;加入三氯化铁,再继续搅拌30min,即得产品。

【产品应用】 本品主要用于工业废水的处理。

【产品特性】 本品原料易得,配比科学,工艺简单,通过改变A、B两组分之间的比例,可以得到不同的产品,满足不同的工业废水的处理需要。本品使用方便,絮体大、沉降速度快,处理效果好。

第九章　文教化学品

实例1　粉笔

【原料配比】

原料		配比(质量份)	
		1#	2#
滑石粉		50	30
白土粉		30	30
石灰粉		10	—
轻质碳酸钙粉		—	20
哈巴粉		—	5
中间介质	聚醋酸乙烯乳液(含固量10%)	10	—
	氧化淀粉胶(含固量10%)	—	15

【制备方法】　以水溶性无机矿物粉料为主要原料，加入中间介质，利用挤压装置进行挤压和加热固化成型。具体如下：

配方1#：取滑石粉、白土粉、石灰粉、聚醋酸乙烯乳液，采用压芯机为挤压机械，调整压芯机的孔径为1.9mm，切距85mm；送料，开机，经混合加压、加热，出料即成，成品为1.9mm×85mm白色粉笔芯，粉笔芯可安装在活动笔杆或可削性固定笔杆上。

配方2#：取滑石粉、白土粉、轻质碳酸钙粉、哈巴粉、氧化淀粉胶，调整压芯机的孔径为3mm，切距178mm；送料，开机，经混合加压、加热，出料即成，成品为3mm×178mm白色粉笔芯，粉笔芯可安装在活动笔杆或可削性固定笔杆上。

【注意事项】　本品的主体原料是密度较小的水溶性无机矿物粉料，主要包括滑石粉、白土粉、碳酸钙粉、钛白粉、石灰粉及石膏粉等。

本品采用水溶性有机或无机颜料为填色剂,生产各类彩色粉笔。

本品采用的中间介质可以是黏土、水溶性的胶浆、乳胶或热溶胶。

【产品应用】　本品主要应用于黑板或类似于黑板的其他物体表面上的画写,用纤维擦、布类擦具即可擦拭干净。

本品不仅能直接使用,还能与多种型号的活动笔杆或可削固定笔杆配合使用。

【产品特性】　本品原料易得,工艺简单合理,由于生产过程中增加了机械压力和热力,故出条匀直,气泡含量小,粉笔强度高、密度大、不易折、粉尘少,并且可加工出任何粗、细规格的品种;使用方便,易擦拭,不污染环境。

实例2　护膜型粉笔

【原料配比】

原　　料	配比(质量份)
熟石膏	100
水	120
粉笔胶	10
消沫增光剂	17

【制备方法】　将熟石膏、粉笔胶、消沫增光剂和水混合并搅拌均匀,然后倒入模具中灌模成型,倒模并烘干后放入护膜胶液体中浸泡1~6min,然后捞出并烘干后即可装盒出厂。

【产品应用】　本品可广泛用于教学、宣传等场合。

【产品特性】　本品原料易得,工艺简单合理,经过在护膜胶液体中浸泡烘干后,在其表面形成一层薄薄的护膜,能够克服现有粉笔的缺点,完全无粉尘污染,手感光滑,无任何腐蚀性,使用方便、卫生,有益于人体健康,有利于环境保护。

实例3　环保纳米液体粉笔

【原料配比】

原料	配比(质量份)					
	1#	2#	3#	4#	5#	6#
颜料粉	3	5	10	3	5	10
聚乙烯缩丁醛	3	5	7	3	5	7
乙醇	48	60	80	48	60	80
聚氧乙烯羧甲月桂基醚乙醇胺盐	0.5	1	1.4	—	—	—
辛醇聚氧乙烯(3)醚乙酸丙酯	—	—	—	5	8	12
异丁醇	8	15	20	—	—	—
异丙醇	—	—	—	20	25	35

【制备方法】　将以上原料混合均匀,进入研磨机研磨、过滤、压力灌装到笔身内即可。

【产品应用】　本品可以作为现有粉笔的替代产品。

【产品特性】　本品原料易得,设备投资少,成本低,工艺简单,主要具有以下优点:

(1)无任何粉尘,有利于保持教室空气清新,保护师生身体健康。

(2)克服了传统粉笔颜色淡、字迹模糊的弊病,字迹清晰、色泽纯正鲜艳,有利于保护学生视力。

(3)使用时间长,每支粉笔的书写长度在3000m以上,由于笔头和笔身采用装配式连接,可以多次灌注粉笔液,不产生粉笔头,无废弃物。

(4)采用本品书写的字迹易于擦拭,书写完成后的一个月内,无论采用何种软质板擦,均能够轻易擦干净,不留痕迹。

(5)携带方便。

实例4　稀土粉笔

【原料配比】

原　　料	配比(质量份)
熟石膏粉	968～970
滑石粉	32～33
稀土混合物	0.2～0.3
水	1900～2000

【制备方法】

(1)将稀土混合物加入水中,搅拌使之溶解。

(2)将熟石膏粉、滑石粉加入步骤(1)所得物料中,搅拌。

(3)将步骤(2)所得物料在常温下注入模具中,固化5～10min,脱模后在60℃的温度下烘干45～50min,即得成品。

【产品应用】　本品为教学用具。

【产品特性】　本品原料易得,工艺流程简单,配比科学,质量稳定;由于稀土元素对某些物质有强烈的络合倾向,使粉笔的表面密度加大,光滑无灰,书写流畅、不脏手,字迹清晰;稀土化合物具有瞬间高吸湿性能,使粉笔在书写或擦除时能瞬间提高粉尘的质量,使其丧失在空气中的悬浮性能,迅速沉降,从而使粉尘污染大幅度降低;稀土元素具有良好的电子转移结构和在紫外光区尖锐的吸收峰,所以在彩色粉笔遇到光照射时迅速转移光电子,避免其发色体系的破坏,从而使彩色粉笔不仅色光纯正、色泽鲜艳,而且耐晒持久;稀土具有良好的免疫保健功能,通过与其他化学物质的协同效应,可以调节人体机能,确保使用者的身心健康。

实例5　药物粉笔(1)

【原料配比】

原　　料	配比(质量份)
煅石膏(300目)	10
滑石粉	0.025

续表

原　　料	配比(质量份)
中药液1#或中药液2#	1
水	12

其中中药液的制备：

原　　料	配比(质量份)	
	1#	2#
无花果	0.1	0.1
白果	0.05	0.05
金果榄	0.05	0.05
浙贝	0.05	0.05
金银花	0.05	0.05
麦冬	0.05	0.05
薄荷	0.03	—
山柰	0.03	—
公丁香	0.03	—
水	1	1

【制备方法】

(1)将中药原料进行切片、粉碎等预处理。

(2)取经过预处理的中药原料加水置于陶制容器中浸泡后，在常压下于100℃左右熬炼30min，制成中药液。

(3)将步骤(2)所得中药液在过滤装置中过滤、澄清。

(4)将煅石膏、滑石粉、中药液及水进行调配。

(5)将配好的步骤(4)所得浆料投入调浆装置中混合搅拌。

(6)将步骤(5)所得混合浆料浇铸于粉笔模具中，凝固成型后脱模，然后经自然干燥或烘干，检验、包装，即可得成品。

【产品应用】　本品为教学用品，除书写功能外，其粉尘中含有益中药成分,能有效防治肺部及呼吸道疾病,同时还具有防癌、抗癌的作用。

【产品特性】 本品原料易得,工艺简单,中药成分精少,成本低廉,使用效果显著,有利于人体健康。

实例6 药物粉笔(2)

【原料配比】

原料	配比(质量份)
药水	1800
煅烧石膏粉(180目)	1650
防尘剂白甘油	15
活性剂聚乙烯醇液	适量
消泡剂磷酸三丁酯	适量

其中药水的制备:

原料	配比(质量份)
黄芩	20
薄荷	8
桑白皮	20
甘草	5
麦冬	20
半枝莲	30
黄芪	18
海浮石	20
莪术	10
白芨	15
板蓝根	30
杏仁	12

续表

原　料	配比(质量份)
百部	15
天冬	20
金果榄	20
三棱	10
砂仁	10
荆芥	20
水	6000 +4000 +2000

【制备方法】

(1)取不含杂质的煅烧石膏粉备用。

(2)将黄芩、薄荷、桑白皮、甘草、麦冬、半枝莲、黄芪、海浮石、莪术、白芨、板蓝根、杏仁、百部、天冬、金果榄、三棱、砂仁、荆芥混合,加水煮沸后微火熬煮 25min,滤出药水,再在渣中加水煮沸后微火熬煮 30min 滤出药水,再在第二次滤渣中加水煮沸后微火熬煮 35min 滤出药水,然后将三次熬制的药水混合后备用。

(3)取冷却至常温的药水,并在药水中注入聚乙烯醇液、磷酸三丁酯、白甘油,然后将步骤(1)所得煅烧石膏粉加入药水中,均匀搅拌成浆状物。

(4)将步骤(3)所得浆状物浇入涂有脱模油的模具中,即可制得一模(500 支)粉笔,浇模 6min 后即可脱模,然后将粉笔置于干燥架上。

(5)将装有成型粉笔的干燥架放在药水蒸煮锅上面,经药水蒸气熏蒸后即可放入干燥室干燥,干燥后即得粉笔成品。

【产品应用】　本品在具有正常书写功能的同时,具有养阴润肺、化痰止咳、活血化淤之功效,对防治吸尘性肺病、肺结核具有明显作用,对肺癌、胃癌等多种疾病也有一定预防作用。

【产品特性】　本品原料易得,工艺简单,配比合理,通过各种有效成分的有机结合,可对粉笔原料中的有害物质起到消毒杀菌作用;在粉笔中,因含有白甘油等防尘剂,可使粉尘互为结合,形成较大颗粒,粉尘一般在距黑板5~10cm内坠落;在粉笔中,因加有活性剂和消泡剂,从而使原料颗粒之间结构均匀紧密,基本无气泡,表面光洁度好;粉笔中具有芳香药物,提神醒脑,不易疲劳,有利于增强教学效果,促进身心健康。

实例7　药物粉笔(3)

【原料配比】

原　　料	配比(质量份)				
	1#	2#	3#	4#	5#
熟石膏粉	1700	1720	1750	1780	1800
滑石粉	220	260	230	250	240
人造植物油	800	750	1000	900	850
茴香	0.1	0.2	0.3	0.4	0.5
百部	0.5	0.4	0.3	0.2	0.1
白芷	0.4	0.3	0.1	0.5	0.2
肉桂	0.2	0.5	0.4	0.1	0.4
薄荷	0.3	0.1	0.2	0.5	0.3
冰片	0.5	0.8	1	0.3	0.4
食盐、酒精	微量	微量	微量	微量	微量

【制备方法】

(1)将粉笔模具浸入植物油中,直到模具孔壁沾上油为止。

(2)在盛有水的容器内加入微量食盐和中药粉剂茴香、百部、白芷、肉桂、薄荷、冰片,搅拌,再加入熟石膏粉和滑石粉,然后均匀搅拌成糊状,同时加入微量酒精。

(3)将步骤(2)调好的糊状物灌入步骤(1)所述的模具孔内,静置4~7min,待糊状物初步凝固后脱模。

(4)将脱模后的粉笔晾干,然后浸入人造植物油中加热3~5min,

捞出晾干即可。

【注意事项】 熟石膏粉最好采用医用熟石膏粉。

本品所含的中药成分具有提神醒脑等保健作用;人造植物油浸入粉笔,可有效减少粉尘的产生,并且不影响使用;食盐的作用是加快生产中的凝固速度,提高生产效率;酒精的作用是消除生产过程中产生的气泡。

【产品应用】 本品为教学用具,在保证书写效果的同时消除粉尘的危害。

【产品特性】 本品原料易得,工艺简单,产品质量稳定,使用效果好,有利于人体健康和环境保护。

实例8 自动褪色粉笔

【原料配比】

原料		配比(质量份)
着色材料	苯甲酸	100
	无水邻苯二甲酸	100
	水杨酸	200
显色剂	萘	100
黏合剂	木蜡	20
补强剂	硬脂酸	28

【制备方法】 将以上各原料放入加热釜中,熔融混合均匀后注入模具中,冷却后即得成品。

【注意事项】 本品采用在室温下缓慢升华的物质为着色材料,可以是苯甲酸、水杨酸、无水顺丁烯二酸、苯酚、β-萘酚、α-萘酚、萘、1,4-萘醌、2-萘胺、1-萘胺、无水邻苯二甲酸中的一种或一种以上。

显色剂可以是香草醛、香豆素、萘、β-苯醌、2,3-二氯-1,4-萘醌及α-萘酚中的一种或一种以上,采用不同的显色剂可获得不同的颜色。

补强剂可以是软脂酸、硬脂酸等固体脂肪酸中的一种或一种以上。

黏合剂可以是棕榈蜡、石蜡、木蜡、聚乙烯蜡中的一种或一种以上。

【产品应用】 本品可作为制造业中用以划线的粉笔,如制衣业中布料剪裁时用的划粉。

【产品特性】 本品原料易得,工艺简单,由于采用了易升华的着色材料,可使字迹缓慢升华,最终自动消失,无须人工擦除,使用方便。

实例9 无尘粉笔(1)

【原料配比】

原 料	配比(质量份)
硫酸钙($CaSO_4$)(220目以上)	36.2
硫酸钡($BaSO_4$)(250目以上)	37.6
水	26.2
聚乙烯醇	适量

【制备方法】

(1)将水放入搅拌桶中,再把配好且混合均匀的各原料慢慢放入搅拌桶中搅拌,越快越好。

(2)将步骤(1)搅拌均匀的粉浆快速放入成型器的同时,对成型器进行振动,待管内粉浆失去水光时,即可取出半成品。

(3)将半成品放入烘干器内烘干(也可自然风干),烘干器内的温度不得超过60℃,即可制得成品粉笔。

【产品应用】 本品为文教用具,可有效改善教学环境。

本粉笔外部有一层保护膜,书写时把端头稍磨一下去掉保护层即可正常使用。

【产品特性】 本品原料易得,设备投资少,成本低廉,工艺简单;书写流畅,字迹清晰,无损黑板,抗潮湿,遇水也不会产生潮解现象,耐磨耐用,粉尘少、不飘扬,不黏手。

实例10 无尘粉笔(2)

【原料配比】

原料	配比(质量份)
钛白粉	15
滑石粉	35
水溶性蜡	15
甘油	5
水	30

【制备方法】

(1)将钛白粉、滑石粉混合,加入水溶性蜡、甘油、水,经充分搅拌调成糊状。

(2)将步骤(1)所得的糊状物填充入模具内,压实后取出,并充分晾晒。

(3)将步骤(2)所得晾晒好的半成品放入烘箱,以120℃的温度烘1~2h,取出后自然冷却即得成品。

【注意事项】 本品中所述水溶性蜡、甘油为黏合剂及改性剂,使粉粒之间的结合力提高。

【产品应用】 本品可以代替普通粉笔、微尘粉笔在教学领域广泛应用。

【产品特性】 本品原料易得,配比科学,工艺简单合理,粉粒间的结合力好,不易落粉,粉笔表面光滑、不沾手,在书写与擦拭时无粉尘飞落,不污染环境,有利于人体健康。

实例11 无尘粉笔(3)

【原料配比】

原料		配比(质量份)
填充剂	碳酸钙	2250
着色剂	钛白	750

续表

原　　料		配比(质量份)
粘接剂	硬脂酸	1500
辅助剂	白油	500

【制备方法】

(1)将硬脂酸置入装有白油的搅拌式反应设备中,加热使其混溶成液态。

(2)向步骤(1)所得物料中加入碳酸钙、钛白,继续加热,充分搅拌混合成混合浆。

(3)通过隔膜式计量泵将步骤(2)所得混合浆注入模具,静置冷却至混合浆完全凝固,脱模后包装即为成品。

【产品应用】　本品适用于现有黑板。

【产品特性】　本品原料易得,工艺简单,书写性能好,字迹流畅清晰,使用者的手指、面部、衣物无粉尘沾染;使用普通板擦即可将字迹清除,并且在黑板上无粉尘残留,有利于环境保护及人体健康。

实例12　无尘粉笔(4)

【原料配比】

原　　料	配比(质量份)		
	1#	2#	3#
观音土	95	100	93
可溶性淀粉	0.5	—	0.2
甘草水溶液	4.5	—	4.5
石膏	—	—	2
硼砂	—	—	0.1
氯化铵	—	—	0.1
明矾	—	—	0.1
食色素	—	—	适量

【制备方法】

配方1#:取过滤去杂后的观音土、可溶性淀粉、甘草水溶液,搅拌均匀后放入粉笔模具中,用加压的方法压制成型,经过干燥即得白色粉笔。

配方2#:取过滤去杂后的观音土,直接放入粉笔模具压制成型,经干燥即成为白色粉笔。如压制成型后,再经食色素水溶液浸泡,干燥后即成为彩色粉笔。

配方3#:取过滤去杂后的观音土,甘草水溶液、可溶性淀粉、石膏、硼砂、氯化铵、明矾,搅拌均匀后放入粉笔模具中,用加压的方法压制成粉笔坯,然后将粉笔坯放在食色素水溶液中浸泡,取出后经干燥成型,即成彩色粉笔。

【注意事项】 观音土,又称福土,是指经过滤去杂后含水量在2%~40%的原料;甘草水溶液是指用中药甘草经浸泡后的浸出液;可溶性淀粉是植物性淀粉。

观音土也可以用将观音土提纯后制得的商品柿饼霜、白鹅、萝旋头代替。

【产品应用】 本品可替代普通粉笔作为教学用具。

【产品特性】 本品使用时无明显粉尘飞扬;粉尘进入人体不会产生毒副作用,还会由于产品中含有的甘草水溶液和硼砂等物质,具有健脾胃、止咳定喘、稀释黏稠物和解毒之功效;产品密度高,不易折断,书写性能好,使用时间较长,并且工艺简单。

实例13 香味彩色无尘粉笔

【原料配比】

原　料	配比(质量份)
硫酸钙	100
碳酸钙	100
水	200
色素	0.6

续表

原　料	配比(质量份)
香精	0.4
聚乙烯醇	0.9~1
煤油	适量

【制备方法】

(1)将硫酸钙和碳酸钙研磨,过80目筛,进行混合。

(2)向步骤(1)所得混合粉中加入水,再加入色素和香精,充分混合搅拌均匀。

(3)将步骤(2)所得混合物送入预先涂抹煤油的螺旋挤出机进行挤压,横孔内径约10mm,挤出的粉笔按需要的长度切断并进行烘干,烘干可在高温干燥箱中进行,也可在空气中自然干燥。

(4)将干燥后的粉笔用聚乙烯醇配成的水溶液进行浸入处理,再经干燥即为成品。

【产品应用】 本品为教学用具。

【产品特性】 本品原料易得,工艺简单,性能优良,具有芳香气味,书写流利,粉尘极少,不污染环境,有利于人体健康。

实例14 药物无尘粉笔

【原料配比】

原　料		配比(质量份)	
		1#	2#
A	无菌半水石膏粉	750	750
	凹凸棒土粉	250	250
B	玄参	25	15
	麦冬	25	15
	甘草	3	1
	桔梗	25	15

续表

原料		配比(质量份)	
		1#	2#
B	菊花	25	15
	苍术	20	10
	川贝	5	1
	无离子水	872	928

【制备方法】

(1)将无菌半水石膏粉和经煅烧粉碎后的凹凸棒土粉在混合器中搅拌混合均匀,作为组分A。

(2)将玄参、麦冬、甘草、桔梗、菊花、苍术、川贝洗净后加入无离子水,在100~101℃常压下熬炼3h,制成药液,作为组分B。

(3)将组分A和组分B投入调浆器中混合搅拌,搅拌均匀后把其浆料浇铸于粉笔模具中,凝固后脱模,经自然干燥后检验、包装即得成品。

上述整个操作过程均为无菌操作。

【注意事项】 所述无菌半水石膏粉为主要原料,可通过以下方法制得:选用特级纤维状石膏矿($CaSO_4 \cdot 2H_2O$)经多次水洗除去杂质后,在煅烧炉经720~750℃高温煅烧、灭菌,并脱除原矿中的一个结晶水,然后进行封闭粉碎,风选过筛,得到325目以上的无菌半水石膏粉($CaSO_4 \cdot H_2O$)。

所述凹凸棒土粉是指用白云凹凸棒土(主要成分:SiO_2、Al_2O_3、Fe_2O_3、Na_2O、K_2O、CaO、MgO、MnO、TiO_2)在700℃以上煅烧,经风选、过筛后得到325目粉剂。

【产品应用】 本品可用于教学书写。

【产品特性】 本品原料易得,工艺简单,性能优良,表面光滑、不脱粉,软硬适宜,不易碎断,书写流利,粉尘飞扬度比普通粉笔减少70%以上;无毒无味,即使吸入少量粉笔灰,也由于粉笔灰内药理功能的存在而对人体无害,且能达到治疗和安全保护的目的,有效解决了教室的环境污染问题,有利于人体健康。

实例15　可塑橡皮

【原料配比】

原　料	配比(质量份)
聚氯乙烯树脂(粉状)	100~120
己二酸二辛酯(溶剂)	60~80
固体填充剂	12~16
稳定剂	3~5
表面活性剂	30~40
柔软剂 SG	3~5

【制备方法】

(1)先在容器内放入粉状聚氯乙烯树脂,再加入己二酸二辛酯溶剂,搅拌均匀。

(2)向步骤(1)所得物料中依次加入固体填充剂、稳定剂、表面活性剂、柔软剂 SG,搅拌均匀。

(3)将步骤(2)所得料液注入已升温至60℃的各种形状的模具,再升温至120℃,自然冷却即可。

【产品应用】 本品不仅可以涂擦铅笔的字迹,也能够涂擦圆珠笔、钢笔的字迹,同时还具有可塑性,能够当作橡皮泥使用。

【产品特性】 本品原料易得,成本低廉,工艺简单,使用效果好。

实例16　纳米橡皮

【原料配比】

原　料		配比(质量份)								
		1#	2#	3#	4#	5#	6#	7#	8#	9#
分散成型剂	乙烯—醋酸乙烯酯共聚物	3	3	3	—	—	3	—	—	3
	微晶蜡	6	5	—	4	—	—	—	—	—
	硬脂酸	8	—	—	—	—	8	—	—	—
	十二烷基苯磺酸钠	1	—	2	—	2	—	2	2	2

续表

原料		配比(质量份)								
		1#	2#	3#	4#	5#	6#	7#	8#	9#
分散成型剂	松香	—	5	6	6	5	—	—	—	—
	松香酯	—	—	—	—	—	—	—	5	—
	单硬脂酸甘油酯	—	4	—	—	—	—	—	—	—
	蜂蜡	—	—	5	—	4	—	4	5	—
	硬脂酸盐	—	—	—	5	—	—	—	—	—
	硬脂酸酰胺	—	—	—	3	—	—	—	—	—
	凡士林	—	—	—	—	—	6	—	—	—
	合成蜡	—	—	—	—	7	—	7	8	7
	白蜡	—	—	—	—	—	—	5	—	5
微纳米粒子	微纳米滑石粉	20	—	—	—	—	—	—	—	—
	超微细碳酸钙	—	15	—	—	—	—	—	—	—
	微纳米云母粉	—	—	28	—	—	—	—	—	—
	微纳米蒙脱土	—	—	—	20	—	—	—	—	—
	气相白炭黑	—	—	—	—	18	—	—	—	—
	微纳米硅藻土	—	—	—	—	—	23	—	—	—
	微纳米氮化硼	—	—	—	—	—	—	18	—	—
	聚四氟乙烯	—	—	—	—	—	—	—	15	—
	(白)二硫化钼	—	—	—	—	—	—	—	—	18
遮光剂	钛白粉	62	—	56	62	—	60	63	—	60
	锌钡白	—	68	—	—	—	—	—	—	—
	硫化锌	—	—	—	—	64	—	—	65	—
甘油(液体润滑剂)		—	—	—	—	—	—	—	—	5
发泡剂—水合碳酸铵[$(NH_4)_2CO_3 \cdot H_2O$]		—	—	—	—	—	—	1	—	—

【制备方法】　本品的成型可以采用各种方法，例如：

(1)将分散成型剂熔融后，分别加入微纳米粒子、遮光剂和其他原料，混合均匀，然后进行研磨、粉碎，最后用挤出机挤出成型或用注塑机注射成型。

(2)将所有原料在加热条件下混合均匀，然后进行研磨、粉碎，最后用挤出机成型或用注塑机成型。

【注意事项】　本品采用的20～1000nm微纳米粒子，可以利用溶胶—凝胶法、沉淀法、共沉淀法、气相反应法等化学方法获得，也可采用高速气流粉碎法等物理方法获得。

所述微纳米粒子的主要化学组成是无机物，如滑石粉、云母粉、(白)二硫化钼、碳酸钙、硅藻土、蒙脱土、氮化硼、气相白炭黑、活性白土；或有机物，如聚四氟乙烯等。

分散成型剂可以是石蜡、乙烯—醋酸乙烯酯共聚物、凡士林、十二烷基苯磺酸钠、松香(可以是脂松香、木松香或妥尔油松香，也可以是改性松香及其衍生物，如歧化松香、松香皂、松香酯等)、巴西棕榈蜡、蜂蜡、微晶蜡、白蜡、合成蜡、硬脂酸、硬脂酸盐(可以是硬脂酸的镁、锌、锂、铝、钙、钡盐)、硬脂酸酯等其中的一种或一种以上的混合物。

遮光剂为折光指数较大的极性或非极性的白色颜料，如钛白粉、锌钡白、硫化锌等。这些白色颜料主要起遮盖作用，它们可以单独使用，也可以两种或两种以上混合使用。

发泡剂可以是NH_4HCO_3、$(NH_4)_2CO_3 \cdot H_2O$、$Na_3PO_4 \cdot 12H_2O$等。发泡剂的作用是使纳米橡皮在使用时手感更加柔软。

液体润滑剂可以采用挥发性较低，润滑性较好的无毒液态物质，如高标号机油、液体石蜡、硅油、氟油、甘油等，其作用是提高纳米橡皮的柔韧性和减小与纸面间的摩擦系数。

实例中的乙烯—醋酸乙烯酯共聚物，其醋酸乙烯酯含量应为10%～50%，最好是10%～40%；超微细碳酸钙采用沉淀法生产，粒子直径为30～60nm，碳酸钙含量≥90%，320目筛余物为0.5%；云母粉以湿法绢云母效果较佳；硬脂酸酰胺的用量可以在0～5%范围内变化；合成蜡可以是相对分子质量为500～1000的无支链线型分子的费托蜡，也可以是少支链的,相对分子质量为 1000 ~ 5000 的高密度聚乙烯蜡。

【产品应用】 本品用于对钢笔、圆珠笔误迹的涂覆和改写。

本品可直接用手拿着,在误迹上来回摩擦,靠摩擦时转移下来的白色物质对误迹进行覆盖,也可将它安装在一特殊装置(如笔形、盒形或其他形状的装置等)上使用,甚至还可以将它直接固定在各种书写、绘图笔上,制成书写、涂改两用笔。

【产品特性】 本品不含高挥发性的烃类溶剂,避免了污染,节约资源,而且摩擦时不易将薄纸擦破,可以做到即涂即改,节省时间。

在本品中还可以引入微胶囊技术,即将反应型的双组分胶黏剂中的一种成分制成微胶囊,与另一种成分一起加入纳米橡皮中。使用时,摩擦过程可以使微胶囊破裂,囊内组分与囊外组分反应、固化,形成有较高硬度的覆盖膜。

本品除了可作为书写、绘图的修正工具外,还可以通过改变和调整润滑剂、遮光剂等各种成分,制成透明的或不透明的各色固体涂料。将这种涂料直接在所需涂装的物体表面上来回摩擦,即可获得所需的固体涂层,用于车辆、机械、家具或其他物体表面涂层脱落后的修补。

实例 17 树脂擦字橡皮

【原料配比】

原料	配比(质量份)	
	1#	2#
苯乙烯—丁二烯—苯乙烯(SBS)	100	200
聚苯乙烯(PS)	2	—
氧化锌	3	3
钛白粉	8	10
碳酸钙	1200	1025
二甲苯环烷混合溶剂	26	—
烃(C_{16} ~ C_{25})	150	60
硬脂酸	6	5

【制备方法】

(1)先把 SBS 和 PS 加入混合溶剂充分混合,溶胀 4~6h 后放在炼胶机上塑炼,或者单独把 SBS 放在炼胶机上塑炼。

(2)加入硬脂酸,塑炼 3~10min,温度控制在 30~40℃,然后加入氧化锌、钛白粉、碳酸钙和烃进行混炼,并且把辊温度提高至 50~60℃,充分混炼 8~12min 后出片。

(3)剪条后放入挤出机上挤出,挤出机温度控制在 60~120℃,压出各种形状的树脂橡皮条,冷却后切成橡皮块。也可以将混炼料放入模具内,再放在平板硫化机上,温度控制在 50~60℃,模压成各种形状的橡皮块。

树脂橡皮的硬度控制在 45~55(邵氏硬度)时擦字去污率高。

在混炼时还可以根据需要加入各种香料或颜料,生产出具有各种香味或各种颜色的树脂擦字橡皮。

【产品应用】 本品为文化教育用品,适用于擦除铅笔字迹。

【产品特性】 本品对铅笔字迹中的石墨等有黏吸作用,擦字时吸着的石墨层迅速成团,不污染纸张,不易损坏纸张,擦字去污率高达 28.5%;树脂橡皮无老化现象,长期存放不影响使用效果;树脂橡皮生产过程中的零碎小料、废品经回收后可重复使用,原辅材料使用率达 100%;整个生产过程无环境、空气污染,符合环保要求。

实例 18 无擦字屑柔性橡皮

1. 配方 1#

【原料配比】

原 料	配比(质量份)
丁苯橡胶	6
萜烯树脂	25
石英粉末	15
碳酸钙	42
机械润滑油	10

续表

原　　料	配比(质量份)
钛白粉	1.2
2,6 －二叔丁基对甲苯酚	0.2
香料	0.5

注　丁苯橡胶也可以用天然橡胶3与丁苯橡胶3替代。

【制备方法】　首先将丁苯橡胶或/和天然橡胶放入开炼机上塑炼,辊筒温度为30～40℃;待胶料包辊后加宽辊距,分几次加入粉碎的萜烯树脂;混炼均匀后依次加入石英粉末、钛白粉、2,6 －二叔丁基对甲苯酚、香料。碳酸钙和机械润滑油相互交替分几次加入,在加入配合剂的同时要不断地翻炼打三角包使之混合均匀。如果需要增强各组分的内聚力可最后加入交联剂和交联促进剂(如硫黄和促进剂、有机过氧化物、过氧化苯甲酰等)。在充分混炼翻胶8～10min后,薄通下片。冷却后剪条放入挤出机挤出条状(挤出机温度控制在60～120℃),冷却后切成块状。

2. 配方2#

【原料配比】

原　　料	配比(质量份)
苯乙烯—丁二烯—苯乙烯嵌段共聚物(ABA型)	30
脂肪族C5系石油树脂	7
玻璃粉末	40
碳酸钙	10
脂肪族矿物油	10
钛白粉	1.2
N,*N* －二丁基氨基二硫代甲酸锌	0.2
香料	0.5

注　苯乙烯—丁二烯—苯乙烯嵌段共聚物(ABA型)也可以用丁苯橡胶10与SBS嵌段共聚物20替代。

【制备方法】 首先将苯乙烯—丁二烯—苯乙烯嵌段共聚物(或丁苯橡胶与SBS嵌段共聚物)放入开炼机上塑炼,辊筒温度为30~40℃,加入脂肪族矿物油,塑炼8~12min;待胶料包辊后依次分几次加入脂肪族C5系石油树脂、玻璃粉末、钛白粉、N,N－二丁基氨基二硫代甲酸锌、香料。碳酸钙和余下部分矿物油相互交替分几次加入,不断翻炼打三角包,在充分混炼均匀后薄通下片。冷却后剪条放入挤出机挤出条状,温度控制在60~120℃,冷却后切成块状。

3. 配方3#

【原料配比】

原　　料	配比(质量份)
天然橡胶	70
萜烯树脂	3
石英粉末	10
碳酸钙	10
机械润滑油	5
钛白粉	1.2
2,6－二叔丁基对甲苯酚	0.2
香料	0.5

【制备方法】 首先将天然橡胶放入开炼机上塑炼,待胶料包辊后加宽辊距,依次分几次加入萜烯树脂、石英粉末、钛白粉、2,6－二叔丁基对甲苯酚、香料。碳酸钙和机械润滑油相互交替分几次加入,不断翻炼混合均匀薄通下片。冷却后剪条放入挤出机挤出并加工成块状。

4. 配方4#

【原料配比】

原　　料	配比(质量份)
聚丙烯酸酯	15
萜烯树脂	10
石英粉末	25

续表

原　　料	配比(质量份)
碳酸钙	48
钛白粉	1.2
香料	0.5

【制备方法】 首先将聚丙烯酸酯放入开炼机中混炼,待包辊后,依次加入石英粉末、萜烯树脂、碳酸钙和其他配合剂等混合均匀后,薄通下片,放入挤出机挤出切成块状。

5. 配方 5#

【原料配比】

原　　料	配比(质量份)
天然橡胶(或其他固态高分子弹性体)	20
石英粉末	70
碳酸钙	3
液态聚异戊二烯(或其他橡胶常用软化剂)	5
促进剂 M	0.8
钛白粉	1.2
香料	0.5

【制备方法】 首先将天然橡胶(或其他固态高分子弹性体)放入开炼机上塑炼;待胶料包辊后加入促进剂 M,塑炼时间为 20 ~ 30min 之后加入部分软化剂继续塑炼 5 ~ 10min;再依次分几次加入石英粉末、钛白粉、香料。碳酸钙和余下的软化剂相互交替分几次加入,不断翻炼混合均匀薄通下片。冷却后剪条放入挤出机挤出并切成块状。

【注意事项】 高分子弹性体包括:天然橡胶、合成橡胶及再生橡胶;ABA 型嵌段共聚物,如苯乙烯—丁二烯—苯乙烯嵌段共聚物、苯乙烯—异戊二烯—苯乙烯嵌段共聚物、苯乙烯—乙烯/丁烯—苯乙烯嵌段共聚物、苯乙烯—乙烯/丙烯—苯乙烯嵌段共聚物、乙烯—乙酸乙烯酯共聚物、聚丙烯酸酯;胶质黏性高分子弹性体,如丙烯酸酯共聚物、聚乙烯基醚。

在实际应用中,为了提高高分子弹性体的使用性能和降低成本,往往可以几种高分子弹性体并用,采用天然橡胶与合成橡胶并用;几种合成橡胶并用或橡胶与塑料并用;也可以单独使用某一种高分子弹性体。

增黏树脂包括:松香及其衍生物、萜烯树脂和改性萜烯树脂以及石油树脂。

硬固性粉末包括:石英粉末、玻璃粉末、陶瓷粉末、金刚砂粉末、石质粉末、金属粉末、硬质硅酸盐粉末。

【产品应用】 本品能够快捷有效地擦除铅笔字、圆珠笔字、印刷字等字迹,不留字屑,不会损坏纸面,且能任意捏塑变形、揪断、揉团。

【产品特性】 本品原料易得,成本低,工艺简单,使用方便,效果好,易于推广。

实例 19 常温仿石橡皮泥

【原料配比】

原　　料	配比(质量份)		
	1#	2#	3#
微晶蜡	150	140	145
白凡士林	100	95	98
松香	15	16	18
矿粉填料	200	210	215
纯净砂	200	190	180

【制备方法】 将微晶蜡、白凡士林、松香放入金属容器中加热,当熔点升至130~140℃时,离火,倒入矿粉填料、纯净砂,搅拌均匀,冷却后即得成品。

【注意事项】 微晶蜡有两种,一种是氧化微晶蜡,另一种是80#精白微晶蜡。氧化微晶蜡为浅黄色有韧性的固体,滴点为70~115℃;80#精白微晶蜡是我国黄色地蜡的深加工,滴点为82.5℃。两者的相对密度在0.85~0.95。微晶蜡的作用是利用软化后,在常温下的密度、黏度、硬度、拉伸黏度和运动黏度及特有的亲和力。

白凡士林属于医用严格控制酸值,含硫量和不含稠环化合物的一种膏状石油产品,熔点为38~56℃。白凡士林的作用是使微晶蜡等软化,形成可塑性手感。

松香,俗称熟松香或熟香,透明玻璃状脆性物质,带有松香脂香气,相对密度1.05~1.1,熔点110~135℃,遇热变软而黏。松香的作用是增加黏度、硬度和密度。

矿粉填料可以是各种泥粉、水泥粉、大白粉及各种矿石粉等,一般要求在200#以上,是橡皮泥的基质。填料的色彩决定橡皮泥的颜色。

纯净砂是指各种色的矿石砂和人造砂(金刚砂),最理想的是能够发光的砂,50#~120#为佳。纯净砂的作用是与填料合一形成砂石感。

【产品应用】 本品可作为雕塑材料使用。

【产品特性】 本品性能优良,密度高、黏度好,手不粘泥、粘色,不干、不裂,无毒无菌,不易变形,仿石效果逼真。

实例20 常温橡皮泥

【原料配比】

原料	配比(质量份)		
	1#	2#	3#
微晶蜡	150	145	152
白凡士林	100	90	105
松香	19	18	18
粉末填料	400	370	380

【制备方法】 将微晶蜡、白凡士林、松香放入金属容器中加热,当熔点升至120~140℃时离火,倒入粉末填料搅拌均匀,冷却后即得成品。

【产品应用】 本品不仅适用于雕塑,也适用于工业造型设计、建筑设计、工艺品设计、模具翻制、美术教育及儿童玩具等。

【产品特性】 本品性能优良,密度高、黏度好、手感好;手不易粘泥、粘色,常温下不易变形,无菌无毒,无污染。

实例21　超常温橡皮泥

【原料配比】

原　料	配比(质量份)		
	1#	2#	3#
蜂蜡	140	145	160
微晶蜡	160	150	155
白凡士林	50	45	48
松香	30	25	28
粉末填料	300	320	390

【制备方法】　将蜂蜡、微晶蜡、白凡士林、松香放入金属容器中，当加热至120~140℃熔点时，离火，倒入粉末填料，搅拌均匀，冷却后即得成品。

【注意事项】所述粉末填料是橡皮泥的基质，可以是各种泥粉、水泥粉、大白粉及各种矿石粉等。

【产品应用】　本品其材质的硬度已接近软质木材，除主要应用于雕塑领域的精雕细刻外，也适用于工业造型、建筑设计、工艺美术设计、玩具设计及美术教育等。

使用方法：本品属于超常温，在使用时需要软化，如专用软化器、电炉、暖气等。但使用1cm左右的小块时手温即可。

【产品特性】　本品精密度高、韧性好、硬度强，手不粘泥、粘色，不干不裂，无毒无菌，常温下可长期保存，可随意移动，便于转运。

实例22　无毒橡皮泥

【原料配比】

原　料	配比(质量份)			
	1#	2#	3#	4#
聚氯乙烯糊状树脂	50	35	75	50
邻苯二甲酸二丁酯	50	75	25	—

续表

原料			配比(质量份)			
			1#	2#	3#	4#
邻苯二甲酸二辛酯			—	—	25	35
医用凡士林			12	6	18	12
辅料	颜料	中铬黄	—	适量	—	—
		立索尔大红	—	—	适量	—
		酞菁蓝	—	—	—	适量
	香精		—	适量	—	适量
	滑石粉		—	—	5	—
	硅油		—	—	—	适量

【制备方法】

(1)将上述原料在容器中搅拌均匀。

(2)将步骤(1)所得混合物在60~180℃下加热,直到形成胶体状,然后冷却,经挤出或模压成型,即为成品。

【注意事项】 本品中凡士林最好是医用凡士林。

颜料为无毒颜料,如立索尔大红、中铬黄、酞菁蓝(GBS)、酞菁绿、碱性玫瑰精等。

香精可以是普通市售香精。

本品可单纯由主料聚氯乙烯糊状树脂、邻苯二甲酸二丁酯和/或邻苯二甲酸二辛酯、凡士林构成,也可添加任意的辅料。

【产品应用】 本品可用作幼儿、小学生的玩具、教具,也可用于模型的制作、雕塑草稿、模具试型等方面。

【产品特性】 本品色彩鲜艳,手感好,软韧、细腻、不粘手,温差适应性强,冷天不变硬,热天不发软变形,并且无毒、无污染,使用安全。

实例23 常温仿青铜橡皮泥

【原料配比】

原料	配比(质量份)		
	1#	2#	3#
微晶蜡	150	146	148
白凡士林	100	98	100
松香	15	16	18
粉末填料	350	370	380
铜金粉	25	22	28

【制备方法】 将微晶蜡、白凡士林、松香放入金属容器中加热，当熔点升至120~140℃时离火，倒入粉末填料、铜金粉搅拌均匀，冷却后即得成品。

铜金粉，俗称金粉，金黄色或微带红色或微绿色的鳞片状粉末，其光色通常有红色、青红色及青光三种。铜金粉的作用是与其他材料混合后，仍有闪光效果，但金粉中的三种闪光区别很难在橡皮泥中区别出来。

根据实际需要，可将以上各原料在其配比范围内随意调整。微晶蜡增加，硬度变强；白凡士林增加，硬度减弱。其色彩取决于填料。

【产品应用】 本品可作为雕塑材料使用。

【产品特性】 本品密度高，黏度好，手不易粘泥、粘色，常温下不易变形，仿青铜效果逼真。

实例24 超常温仿青铜橡皮泥

【原料配比】

原料	配比(质量份)		
	1#	2#	3#
蜂蜡	140	142	145
微晶蜡	160	145	155

续表

原　　料	配比(质量份)		
	1#	2#	3#
白凡士林	50	42	45
松香	30	25	28
粉末填料	250	240	245
铜金粉	30	25	28

【制备方法】 将蜂蜡、微晶蜡、白凡士林、松香放入金属容器中加热,当熔点升至120～140℃时,离火,倒入粉末填料、铜金粉,混合搅拌均匀,冷却后即得成品。

【注意事项】 粉末填料可以是各种泥粉、水泥粉、大白粉及各种矿石粉等,是橡皮泥的基质。铜金粉是制造铜效果的要素。原料中的矿粉填料和铜金粉的目数越细越佳。

【产品应用】 本品可作为雕塑材料使用,也适用于仿制青铜制品的视觉摹拟。

使用方法:本品为超常温材料,故在使用时需加温,可以使用专用加温炉(软化器)、电炉、暖气等。使用1cm以下的小块,手温即可软化。在塑造形体时,采用压光、削光,仿铜效果最为理想。作品做旧时,可用食用醋或浓度较淡的醋酸喷洒、涂抹,当水分蒸发后即可出现绿色锈斑效果。

【产品特性】 本品精密度高,黏度好,手不粘泥、粘色,不干不裂,不变形,无毒无菌;作品完成后,视觉效果理想,便于携带、转运,可长期保存。

实例25　白色板书墨水

【原料配比】

原　　料	配比(质量份)		
	1#	2#	3#
蒸馏水(无离子水)	20	20	30

续表

原料		配比(质量份)		
		1#	2#	3#
锐钛型和金红石型二氧化钛	锌钡白	50	—	—
	钛白粉	—	40	—
	氧化锌	—	—	50
分散剂	聚乙烯醇 PVA	15	—	—
	钛酸酯 TC-4	—	0.4	—
	SG-8001 分散树脂	—	—	10
成膜剂	甘油	1	—	1
	丙二醇	1	—	1
	乙二醇	—	10	1
催干剂	异辛酸钠	3.7	0.02	4.8
防冻剂	氯化钠	10	—	—
	汽车防冻剂	—	20	—
	氯化钙	—	—	8.9
加香剂	香精油	0.02	0.02	0.02
乳化剂	聚乙二醇	0.1	—	0.1
	聚乙二醇—双硬脂酸酯	0.1	—	0.1
消泡剂	硬脂酸钙	—	0.2~4	—
表面活性剂	1631 阳离子表面活性剂	0.18	—	—
	吐温	—	7.58	—
	斯盘-60	—	—	0.1

【制备方法】 先用适量蒸馏水(无离子水)将二氧化钛调成浆后,研磨到细度在 10μm 以下,再将分散剂、乳化剂、成膜剂、防冻剂、消泡剂、催干剂、表面活性剂、加香剂在常压或 1.01×10^5 Pa(1atm)下、50~90℃的条件下混调而成产品。

【注意事项】 锐钛型和金红石型二氧化钛是指 B201、B301 型氧化锌,偏硼酸钡,钛钙白,钛钡白,磷酸锌,锌钡白等。

分散剂可以是 F-4 分散剂,SG-8001 分散树脂,DB、DE 分散剂,聚乙烯醇 17-88、17-99,钛酸酯偶联剂 TC-4、TC-5、TC-2、TC-3、TSC 等。

乳化剂可以是聚乙二醇、聚乙二醇—双硬脂酸酯等。成膜剂可以是 1,2-丙二醇、乙二醇、甘油等。消泡剂可以是磷酸三丁酯、硬脂酸钙、SPA-102 消泡剂等。

防冻剂可以是乙二醇、氯化钠、氯化钙、汽车用防冻剂等。催干剂是指异辛酸钠。表面活性剂可以是吐温-60、斯盘-60、1631 阳离子表面活性剂等。加香剂可以是玫瑰香精油、茉莉香型香水等。

【产品应用】 本品为板书用墨水。使用时,将本墨水灌注在纤维笔头的板书笔内,即可在普通教学和办公板面上书写。

【产品特性】 本品原料易得,配方科学,性能稳定,储存期限长达两年;使用方便,连续书写时间长,可避免粉尘对环境及人体的危害。

实例 26 防冻墨水

【原料配比】

(1)配方 1。

原料	配比(质量份)							
	桃红防冻墨水		红色防冻墨水		黄色防冻墨水		紫色防冻墨水	
	1#	2#	1#	2#	1#	2#	1#	2#
玫瑰精	1	1	—	—	—	—	—	—
胭脂红	—	—	1	1	—	—	—	—
橘红或橘黄	—	—	—	—	1	1	—	—
青莲紫或龙胆紫	—	—	—	—	—	—	1	1
酒精	10	15	2	6	2	6	2	6
阿拉伯胶	1	1.5	0.5	1.5	0.5	1.5	0.5	1.5

续表

原　料		配比(质量份)							
		桃红防冻墨水		红色防冻墨水		黄色防冻墨水		紫色防冻墨水	
		1#	2#	1#	2#	1#	2#	1#	2#
盐	氯化钠	2	—	4	—	—	1	—	2
	氯化钾	3	—	—	—	3	—	—	—
	硫酸钠	—	1.5	—	1	—	2	2	—
	硫酸钾	—	—	—	—	—	—	—	1
	亚硝酸钠	2.5	—	—	—	—	—	4	—
	亚硝酸钾	—	4	—	5	—	—	—	—
	碳酸钠	—	—	—	2	—	—	—	3
	碳酸钾	—	—	—	—	1	5	—	—
香精		0.5	1.5	0.5	1.5	0.5	1.5	0.5	1.5
水		70	150	70	150	70	150	70	150

(2)配方2。

原　料		配比(质量份)							
		蓝色防冻墨水		绿色防冻墨水		黑色防冻墨水		蓝黑防冻墨水	
		1#	2#	1#	2#	1#	2#	1#	2#
水溶性蓝色染料		1	1	—	—	—	—	1	1
果绿		—	—	1	1	—	—	—	—
水溶性黑色染料		—	—	—	—	1	1	—	—
酒精		2	6	2	6	2	6	2	6
阿拉伯胶		0.5	1.5	0.5	1.5	0.5	1.5	0.5	1.5
盐	氯化钠	4	8	1	—	2	5	1	10
	氯化钾	—	—	3	6	—	—	—	—

续表

原料		配比(质量份)							
		蓝色防冻墨水		绿色防冻墨水		黑色防冻墨水		蓝黑防冻墨水	
		1#	2#	1#	2#	1#	2#	1#	2#
盐	硫酸钠	2	5	—	—	3	4	—	—
	硫酸钾	—	—	2	—	—	—	—	—
	亚硝酸钠	3	—	—	1	—	2	3	—
	亚硝酸钾	—	—	—	—	2	—	—	—
	碳酸钠	—	—	3	—	2	—	4	—
	碳酸钾	—	—	—	2	—	1	—	—
鞣酸		—	—	—	—	—	—	1	3
没食子酸		—	—	—	—	—	—	0.1	0.5
苯酚		—	—	—	—	—	—	0.01	0.03
硫酸		—	—	—	—	—	—	0.1	0.2
硫酸亚铁		—	—	—	—	—	—	1	3
香料		0.5	1.5	0.5	1.5	0.5	1.5	0.5	1.5
水		70	150	70	150	70	150	70	150

【制备方法】

(1)用温水按1:10的比例将阿拉伯胶溶解成溶液。

(2)按1:10的比例将所需的水溶性染料溶解,配制成溶液。

(3)用总量水的40%~60%将所需的盐类各自溶解,然后再混合在一起过滤备用。

(4)将步骤(2)所得溶液与步骤(3)所得溶液均匀混合,再加入酒精搅拌均匀,然后将步骤(1)所得阿拉伯胶溶液边加入边搅拌,将水加至足量,最后加入香料搅拌均匀即可。

(5)在制备蓝黑防冻墨水时,除按上述步骤(1)~步骤(3)的方法外,再按下列方法制备:

①将鞣酸溶解于少量的水中,过滤除去不溶物。

②将没食子酸溶解于少量的水中，过滤。

③将硫酸亚铁通过少量的水溶解在带瓶塞的瓶中，然后加入少量的硫酸。

④将物料①、②、③混合搅拌均匀后，一起加入上述步骤(2)和步骤(3)所得的混合溶液中，然后加入步骤(1)所得阿拉伯胶溶液，边加入边搅拌，将水加至足量，最后加入香料搅拌均匀，即成。

上述配制过程中凡有固体或混浊物发生，都必须过滤，不许有任何不溶物，配制成的墨水包装于密闭容器中。

【产品应用】 本品可作为书写墨水，具有防冻作用，在摄氏零度以下仍可以使用。

【产品特性】 本品原料易得，配方及工艺科学合理，墨水书写性能好，颜色多样化，持久并带有芳香的气味。

实例27 复配型水性墨水

【原料配比】

原料		配比(质量份)		
		1#	2#	3#
染料直接耐晒黑G-200		5	4	3
颜料高色素炭黑		3.5	5.5	7
甘油		10	15	20
乙二醇		6	9	13
分散剂NNO		0.3	0.6	1
pH调节剂	三乙醇胺	7	6	—
	氢氧化钠	—	—	3
乳化剂	OP乳化剂	0.2	—	—
	吐温	—	0.3	—
	斯盘	—	—	0.5
防腐剂苯酚		0.3	0.2	0.2
丙烯酸树脂软1#		0.5	0.6	1
纯水		69.9	66	57.5

【制备方法】

(1)将颜料放入占总成品质量4.4%~10%的纯水中,然后加入分散剂,充分搅拌使之溶解后,加入纯水研磨,直至细度为10μm以下,加入的纯水量为总成品质量的5.5%~12%。

(2)将步骤(1)所得研磨后的溶液、染料、pH调节剂放入占总成品质量30%~45%的温度为40~80℃的热纯水中溶解,得到溶液,备用。

(3)将丙烯酸树脂软1#放入占总成品质量30%~45%的纯水中溶解,得到丙烯酸树脂软1#溶液,备用。

(4)将防腐剂加入占总成品质量2.5%~5%的温度为60~70℃的热纯水中溶解,然后加入步骤(3)所得丙烯酸树脂软1#溶液、步骤(2)所得溶液、甘油、乙二醇及乳化剂进行乳化。

(5)将步骤(4)所得乳化后的物料静置、过滤,即可得成品。

【产品应用】 本品可作为书写墨水,适用于各类直液式和卷芯水性笔。

【产品特性】 本品原料易得,配方科学,工艺合理;墨水色彩适宜,墨迹快干,能迅速渗透于纸张纤维内,字迹无墨点,不起毛边、不润纸,书写的线迹耐水、耐光照、耐腐蚀、耐磨;书写流畅,效果好,提高了新型书写工具的质量。

实例28 高附着力水基绘图作画墨水

【原料配比】

原料		配比(质量份)
原料组	大红粉	6~8
	蒸馏水①	8
	阿拉伯树胶	1.5~3
辅料组	甘油	1~3
	乙二醇	1~5
	丙烯酸树脂	3~7

续表

原　　料		配比(质量份)
辅料组	苯酚	0.1～0.3
	拉开粉	0.01～0.05
	蒸馏水②	10
基料	蒸馏水③	加至100

【制备方法】

(1)将原料组中的大红粉放入蒸馏水①中,投入阿拉伯树胶,进行初搅,再进行研磨,成浆后再进行搅拌,然后再次研磨成细浆料。

(2)将辅料组中的甘油、乙二醇放入丙烯酸树脂中,并将苯酚及拉开粉加入,再加入蒸馏水②,搅拌混合成一体。

(3)将步骤(1)所得浆料和步骤(2)所得浆料兑在一起,加蒸馏水③至足量,进行二重搅拌与研磨,使其均匀为一体,静置后过滤上述澄清液,即得红色墨水。

【产品应用】 本品能在各种工程图纸上绘制机械、电子、土建、矿业、地质测量等工程图,尤其能适用于各种聚酯薄膜上以普通绘图工具绘制各种精密工程图形;也能够在宣纸上绘画和书法,并满足画家各种技法,如泼洒吹推等方式作画;还可适用于计算机绘图机常用套笔在聚酯薄膜上制图。除此以外,本品具有工程上需要的感光度,在聚酯薄膜上绘出的各种粗细线条均可清晰晒制出蓝图,亦可用于复印,还可用于套叠晒图与复印。

【产品特性】 本品配方及工艺科学合理,产品性能优异,以高附着力和水基为特点,在薄膜上绘制工程图无须专用绘图工具,一经成图永不褪色变形;五种基色(红、蓝、绿、黄、棕)可兑成任意色彩墨水,且墨水本身对制图人员的身体健康无任何不良影响,安全可靠。

实例29 高黏度水性黑墨水

【原料配比】

原料	配比(质量份)	
	1#	2#
直接耐晒黑G	25	30
炭黑	15	20
葡萄糖	10	15
苯甲酸钠	2.5	2.5
甘油	10	12
二甲基甲酰胺	20	30
氢氧化钾	0.4	0.4
十二烷基苯磺酸钠	1	1
水	480	470
甲醛改性聚糖	10	15

【制备方法】

(1)甲醛改性聚糖的制备:将部分葡萄糖、甲醛、乙酸和水按比例混合,在室温下搅拌反应6h,然后放置3~4天,变成无色黏稠透明的液体。

(2)将直接耐晒黑G、炭黑、其余葡萄糖、苯甲酸钠、甘油、二甲基甲酰胺混合,搅拌成糊状物。

(3)将水加入步骤(2)所得糊状物中,在70~80℃水浴中加热搅拌20~30min。

(4)待步骤(3)所得物料冷却后加入氢氧化钾、十二烷基苯磺酸钠,搅拌均匀。

(5)将步骤(4)所得物料减压过滤,加入甲醛改性聚糖,搅拌均匀,在30~35℃温度下放置24h,即制得黏稠状的水性黑墨水。

【注意事项】 本品所述甲醛改性聚糖是由葡萄糖、甲醛、乙酸和水缩聚得到,质量比如下:葡萄糖:甲醛:乙酸:水 =(10~40):(1~

10):(0.1～1.2):(1～20)。

【产品应用】 本品适用于水性圆珠笔。

【产品特性】 本品原料易得,配方科学,成本较低,工艺简单;产品稳定性和抗水性好,长时间放置后,对着色剂的分散状态或溶解状态也无不良影响。

实例30　光降解儿童绘画书写墨水

【原料配比】

(1)红色墨水。

原　料	配比(质量份)		
	1#	2#	3#
四碘酚酞钠	10	—	—
碘曙红	—	0.1	5
烷基多糖苷	0.01	—	—
十二烷基硫酸钠	0.01	—	1
脂肪醇聚氧乙烯醚	0.01	0.01	—
甘油	4	8	4
草酸	1	1	2
甲基纤维素	1	—	—
羟乙基纤维素	—	2	—
羟丙基甲基纤维素	—	—	1
蒸馏水	83.97	88.98	87

(2)蓝色墨水。

原　料	配比(质量份)		
	1#	2#	3#
双(2,4-二硝基苯)乙酸乙酯	5	—	—
乙基双(2,4-二甲基苯)乙酸酯	—	10	—

续表

原料	配比(质量份)		
	1#	2#	3#
二(1-萘酚)苄醇	—	—	8
烷基多糖苷	0.1	—	—
十二烷基硫酸钠	0.1	0.2	0.1
羟乙基纤维素	5	—	—
甲基纤维素	—	5	1
醋酸	1	1	1
蒸馏水	88.8	83.8	89.9

(3)紫色墨水。

原料	配比(质量份)		
	1#	2#	3#
喹啉蓝	5	—	—
四溴酚酞	—	1	10
烷基多糖苷	0.1	—	2
十二烷基硫酸钠	0.1	2	2
脂肪醇聚氧乙烯醚	0.1	—	—
甘油	2	8	2
羟乙基纤维素	5	—	—
甲基纤维素	—	5	1
醋酸	—	1	—
草酸	1	—	1
蒸馏水	86.7	83	82

(4)黄色墨水。

原　　料	配比(质量份)		
	1#	2#	3#
吡啶-2-醛-2′-吡啶腙镉或硝基酚酞	1	10	—
硝基酚酞	—	—	8
烷基多糖苷	0.1	—	—
十二烷基硫酸钠	0.1	0.2	0.1
羟乙基纤维素	5	—	—
甲基纤维素	—	5	1
醋酸	1	1	1
蒸馏水	92.8	83.8	89.9

【制备方法】 在常温下将各组分依次投入带有搅拌装置的容器中溶解混合,低速搅拌,溶解(分散)均匀后继续搅拌1h,出料。

用上述颜料的两种或两种以上或用上述配制好的两种或两种以上墨水可以配制上述颜色的间色和复色。

【产品应用】 本品为环保型儿童文具用品,可书写在任何不渗水的光洁表面。

本墨水有红色、蓝色、紫色、黄色及其间色和复色。使用时将墨水装入绘画笔或书写笔中,可在书法模板、图画模板、塑料白板、有机树脂涂层板上书写,笔迹用布蘸水即可擦除。

【产品特性】 本品原料易得,工艺合理,性能优良,能够在自然光或灯光的作用下,被空气中的氧气缓慢降解而消色,在水的协同作用下可加速墨水的降解消色过程;本墨水书写流畅、字迹清晰,墨水沾染身体或衣物水洗即可清除,不留痕迹,并且不含挥发性的有机组分(VOC),无污染。

实例31 碱性耐久墨水

【原料配比】

原　料	配比(质量份)
铜酞菁蓝	10
1,2-丙二醇	1.5
甘油	5
P10	0.5
水	60~80

【制备方法】

(1)将铜酞菁蓝、1,2-丙二醇、甘油、P10与45份水均匀混合。

(2)使用胶体磨对混合物(1)进行研磨至200~500目。

(3)向步骤(2)所得混合物中加入15~35份水,混合均匀。

(4)向步骤(1)所得混合物中加入硫酸,调节体系的pH值至7.5~9.5(最佳为8)即为碱性耐久墨水。只要加入少许炭墨,就可以由纯蓝墨水变为蓝黑墨水。

【注意事项】 P10可采用工业产品,也可以在实验室中合成。采用溶液聚合或乳液聚合,再用碱液处理后即可得到高分子聚合物P10,它作为体系的分散剂和稳定剂,既起到分散效果,又能通过电荷相互作用使颗粒悬浮,从而使墨水具有优良的书写性能,且墨水由酸性体系变为弱碱性或中性体系。

【产品应用】 本品为书写墨水,适用于长期保存的档案。

【产品特性】 本品原料易得,配方合理,工艺简单;有效地克服了现有墨水书写的档案材料不易长期保存的缺点,具有书写流利、不扩散、色泽鲜明、久置不沉淀、不糊笔、钢笔脱帽30min后仍能顺利写出等优点,耐光、耐水、耐热、耐酸、耐碱性能均超过现有普通或高级蓝黑墨水。

实例32　可擦彩色墨水

【原料配比】

原　　料	配比(质量份)
颜料分散色浆	15
橡胶胶乳	35
黄原胶	0.8
乙二醇	8
纯水	加至100

【制备方法】

(1)将黄原胶加入70%量的纯水中,搅拌分散和溶解,静置24~48h。

(2)将步骤(1)所得黄原胶液、橡胶胶乳、颜料分散色浆、乙二醇、纯水依次加入容器中,混合搅拌均匀后静置24h,即可制得成品。

【注意事项】　水溶性染料可以是碱性染料,颜料分散色浆应该是水溶性的。橡胶胶乳可以是天然胶乳、合成胶乳及各种配合胶乳。

【产品应用】　本品为书写墨水,适用于无须长期保存的书写字迹。

【产品特性】　本品原料易得,工艺简单,使用方便;胶乳中的橡胶粒子对纸张表面胶体纤维的渗透力有阻止作用,减低了墨水与纸张的浸合力、渗透力,因此在书写后即可用普通橡皮擦任意擦去,不留痕迹,不受时间限制;性能稳定,书写流畅,不滴墨、不堵塞,写后不经摩擦,永不变色褪色。

实例33　可擦墨水(1)

【原料配比】

原　　料	配比(质量份)	
	1#	2#
甲基湖蓝	0.3	—
甲基紫	—	0.2

续表

原料		配比(质量份)	
		1#	2#
十二烷基醇		0.7	0.8
海藻酸钠		0.2	0.2
聚丙烯酸		0.4	0.5
水		200	200
可溶性氯化物	氯化镁	0.9	—
	氯化钾	—	0.8
染料	阿奎林蓝	1.5	—
	直接黑	—	2

【制备方法】 将甲基湖蓝或甲基紫溶于水中,再依次加入十二烷基醇、海藻酸钠、聚丙烯酸,充分搅拌后,再加入可溶性氯化物(氯化镁或氯化钾)、染料(阿奎林蓝或直接黑),充分搅拌即得成品。

【产品应用】 本品为书写用墨水。

【产品特性】 本品原料易得,配方科学,工艺简单;产品性能稳定,可擦效果好,毒性低,使用方便。

实例34 可擦墨水(2)

【原料配比】

原料	配比(质量份)	
	1#(可擦纯蓝墨水)	2#(可擦红墨水)
聚丙烯酸钠	6	6
氯化亚铁	5	5
硫酸钴	8	8
硫酸钠	10	10

续表

原　　料		配比(质量份)	
		1#(可擦纯蓝墨水)	2#(可擦红墨水)
水		120	120
色染料	碱性蓝	4	—
	碱性红	—	4

【制备方法】 将色染料溶于水中,再依次将各组分加入,充分搅拌均匀即可。

【产品应用】 本墨水适用于钢笔、签字笔等。

【产品特性】 本品不吸水、不粘纸,写成的字用普通橡皮擦很容易擦去,字迹干后,不易变色,而且能长期保存。

第十章　油田助剂

实例1　稠油乳状液转相调剖堵水剂

【原料配比】

原　　料		配比(质量份)
稠油		70
水		30
乳化剂		0.5～1.0
转相剂		3～10
乳化剂	OP－21	30
	吐温－60	20
	斯盘－80	10

其中乳化剂的制备:

原　　料	配比(质量份)
OP－21	30
吐温－60	20
斯盘－80	10
碳酸钠	20
羧酸钠	20

其中转相剂的制备:

原　　料		配比(质量份)
转相剂	OP－4	10
	固体粉末膨润土	90

【制备方法】　用温度为100～110℃的稠油70%与温度为80～

90℃的水30%混合,加入配制好的乳化剂进行乳化,乳化剂的用量为0.5%～1.0%(在整个乳化油体系中的含量),得到水包油乳状液。

在生产的水包油乳状液中,加入含量为3%～10%的转相剂混合均匀,用泵注入地下,进入地层后,水包油乳状液将转相为高黏度的油包水型乳状液,可以稳定一年以上不破乳。

【产品应用】 本品用于石油开采中的调剖堵水。

【产品特性】 本品采用稠油乳状液转相调剖堵水概念,并开发了有效的转相剂,使得在地面配制的水包油型乳状液注入地层后转相为高黏度的油包水型乳状液,实现了调剖堵水的功能。

实例2　高水堵水调剖剂

【原料配比】

原料		配比(质量份)		
		1#	2#	3#
甲料	硫铝酸盐熟料细粉	98.3	98.9	98.7
	糖蜜	0.3	0.3	0.3
	碳酸钠	1.4	0.8	1.0
乙料	硬石膏	76	76	76
	生石灰	23.86	23.86	23.86
	氯化钠	0.1	0.1	0.1
	氢氧化锂	0.04	0.04	0.04
丙料	膨润土	50	50	50
	铝质黏土	46	46	846
	糖蜜	3.5	2.5	3.3
	木钙	0.5	0.5	0.7

【制备方法】 甲、乙、丙三种材料按照各自的配比,分别混合磨细制得。

【注意事项】 甲、乙、丙三种组分材料的配合比可根据油井不同的地质条件,由现场实验确定,优化配合比为甲:乙:丙=1:0.5:0.25。

【产品应用】 本品用于石油开采中的调剖堵水。

【产品特性】 本品采用多种无机材料,经科学合理的配方和组合,磨细加工成可在油井现场方便使用的甲、乙、丙三种材料,取代现有的使用有机化学材料和化学方法堵水调剖技术。大幅度地降低油井堵水调剖成本,相对应的油井产液量下降20%以上,油产量增加10%以上,堵水调剖成本大幅度下降,比采用化学堵剂成本下降200%~300%。本品具有吸水多、膨胀率高、"固水不固油"的特性,可达到"以水堵水"的效果,减少含水率,提高堵水调剖效率和原油产量,生产成本低,性价比高,是一种新型的油井堵水材料和注水井调剖剂,易于大力推广应用。

实例3 高温调剖剂

【原料配比】

原 料	配比(质量份)	
	1#	2#
苯酚	308	325
氢氧化钠	18	18
甲醛①	720	720
硅酸钠	95	95
甲醛②	190	190

【制备方法】 称取苯酚,加热至50~60℃,将其熔融并加入氢氧化钠,在40~50℃条件下搅拌30~40min,然后升温至60℃,加入甲醛①搅拌反应30~400min,降温至35℃,滴加硅酸钠,恒温约20min,然后加甲醛②升温至90℃,恒温反应30~40 min,制成高温调剖剂。

将上述原液在地层温度50℃下恒温,成胶反应为45h,可得到固化的高温调剖剂,用于封堵油井出水和防止蒸汽汽窜。

【注意事项】 用甲醛、苯酚和硅酸钠通过化学反应制备而成高温调剖剂,注入地层中,在地层温度40~60℃的作用下反应,形成热固性的有机、无机复合型树脂,封堵地下高渗透层,所用的甲醛和苯酚的物质的量比为(2.5~3.5):1,硅酸钠的含量为5%~15%(质量分数)与水配合而成。

【产品应用】 本品可应用于高温油井封堵出水和注蒸汽井调整注蒸汽井的吸汽剖面。

【产品特性】 高温调剖剂可以在40~60℃下,成胶时间在8~72h可以控制,耐温性能通过300℃高温下老化实验可达到7天质量损失在25%以下,差热分析耐温可达到520℃,成本低于单纯用树脂本身。应用于高温油井封堵出水和注蒸汽井调整注蒸汽井的吸汽剖面,取得了明显的增加油产量,降低油井含水和调整注蒸汽井的吸汽剖面。

实例4 具有近井增注作用的调剖剂

【原料配比】

原　　料	配比(质量份)
硫酸铝	10
氯化钙	5
氧化钙	2
甲醛	1.5
淡水	81.5

【制备方法】 按配方进行混合得到的体系为无色透明溶液,即为产品。

【产品应用】 本品适用于近井增注、远井调剖的注水井。

【产品特性】 本品对低渗透油田进行调剖,可使注水井的注入量提高20%以上,对应油井的含水下降5%以上,且具有制备和施工简单、成本低的优点。

实例5　聚合物堵水调剖剂

【原料配比】

原　　料	配比(质量份)				
	1#	2#	3#	4#	5#
丙烯酸	135	150	130	130	120
甲基丙烯酸	—	—	20	—	10
马来酸	—	—	—	15	—
衣康酸	—	—	—	—	10
丙烯酰胺(30%)	750	200	200	220	215
氢氧化钠	75	83.5	81.5	—	70
氢氧化钾(80%)	—	—	—	115	—
XL-23 分散剂	20	10	13	18	25
γ-(甲基丙烯酰氧)丙基三甲氧基硅烷	35	—	—	—	—
γ-氨基丙基三乙氧基硅烷	—	15	—	—	—
N-(β-氨乙基)-γ-氨基丙基三乙氧基硅烷	—	—	20	—	—
γ-(2,3-环氧丙氧)丙基三甲氧基硅烷	—	—	—	18.5	—
乙烯基三甲氧基硅烷	—	—	—	—	30
二烯丙基二甲基氯化铵(阳离子单体A)	40	70	50	55	50
甲基丙烯酸二甲氨基乙酯的季铵盐(阳离子单体B)	10	6	15	8.5	12
去离子水	850	880	880	870	880
过硫酸铵	1	1.5	1.2	0.8	0.8
亚硫酸钠	0.3	0.5	0.6	0.2	0.3

【制备方法】　本品采用水溶液悬浮聚合方式来制备,通过加入XL-23分散剂,使聚合单体在水溶液中分散均匀,并控制聚合物堵水

调剖剂的交联程度，制得一种无色半透明的弹性体。聚合反应采用过硫酸铵—亚硫酸钠作引发剂，用量为单体总量的0.05% ~2%。新型聚合物聚合条件比较温和，反应温度30 ~100℃，反应时间0.5 ~24h。

【注意事项】　本品由有机硅烷与阴离子单体、阳离子单体、非离子单体在水溶液中通过自由基引发聚合形成的一种立体网状结构的高分子聚合物。

合适的阴离子单体为丙烯酸、甲基丙烯酸、马来酸、2 - 丙烯酰胺 -2 - 甲基丙烷磺酸，或它们的碱金属钠、钾盐等，非离子单体为丙烯酰胺、苯乙烯、N - 乙烯吡咯烷酮、丙烯酸甲酯等。

阳离子单体为二烯丙基二甲基氯化铵、甲基丙烯酸二甲氨基乙酯的季铵盐等。

【产品应用】　本品用于石油开采高含水期的新型聚合物堵水调剖剂。

【产品特性】

(1)新型聚合物凝胶在不同水介质中的溶胀度为4 ~400倍，对不同渗透率岩芯选择合适粒径的堵剂，其堵水率达99%以上，突破压力梯度10 ~16MPa/m，渗透率恢复曲线趋近于一直线，经一万倍孔隙体积水冲刷后堵水率只下降几个百分点。

(2)新型聚合物凝胶在油中不膨胀，对油流阻力小，且堵剂易随油流返排出来，渗透率恢复很快。

(3)本剂无毒，无污染。

(4)本品运输、储存、使用安全，施工简便。

实例6　可流动深度调剖剂

【原料配比】

原　　料	配比(质量份)				
	1#	2#	3#	4#	5#
阴离子型部分水解聚丙烯酰胺(相对分子质量>1000万，水解度25% ~30%)	0.03	0.06	0.006	0.10	0.10

续表

原料	配比(质量份)				
	1#	2#	3#	4#	5#
柠檬酸铝	0.0015	0.0015	0.003	0.0025	0.005
硫脲	0.01	0.01	0.02	0.01	0.02

【制备方法】将聚合物配制成高浓度的聚合物母液,柠檬酸铝和硫脲混配成溶液后加入稀释好的聚合物溶液中即可。

【产品应用】 本品用于石油开采中的调剖堵水。

【产品特性】 本品成本较低,该调剖剂由低浓度的聚合物、交联剂和稳定剂组成,聚合物浓度不超过1000mg/L,而已有技术聚合物浓度均在3000mg/L以上。本品可流动。该调剖剂因聚合物浓度低,成胶后黏度适中,当注入压力提高时,能够继续向前流动,起到驱油效果,扩大调剖效果。而已有技术成胶后黏度提高,不可流动。本品施工工艺简单,动用设备较少。调剖剂组成简单,在聚驱前、聚驱后调剖应用中仅需外加一个交联剂注入泵和储液罐即可。

实例7 水泥粉煤灰调剖剂

【原料配比】

原料	配比(质量份)		
	1#	2#	3#
硫铝酸盐超细水泥	10~12.5	12.6~15	12.4
粉煤灰	15~17.5	17.6~20	18.6
羧甲基纤维素	0.5~0.75	0.76~0.9	0.682
羧甲基羟基乙基纤维素	0.3~0.55	0.56~0.7	0.465
WP-2微膨剂	0.2~0.35	0.36~0.5	0.31
磺化单宁	0.1~0.15	0.16~0.2	0.124
明矾	0~0.1	0.15~0.2	0.124

【制备方法】 将上述各组分充分混合即可。

【产品应用】 本品用于油水井封堵的调剖剂。

【产品特性】 本品中采用特种水泥和粉煤灰作为胶结材料，使调剖剂的强度高同时价格又低廉，在胶结材料中加入成本低廉、悬浮性能稳定、失水率低的羧甲基纤维素，使本品具有很好的可泵性。通过加入 WP－2 微膨剂，解决了水泥的缩水性，加入羧甲基羟基乙基纤维素、磺化单宁和明矾后，本品的流动性提高，凝结时间适当延长，调剖剂失水速度降低，非常适用于井内深部的封堵。将本品泵入油水井内使之凝结就完成调剖工作，工艺很简单。本品具有强度高、成本低和施工简单的优点。

实例 8 选择性深度调剖剂

【原料配比】

原料	配比（质量份）	
	1#	2#
聚丙烯酰胺（相对分子质量300万～600万，水解度15%）	80	80
瓜尔豆胶粉	1	—
六亚甲基四胺	30	30
苯酚	10	10
四乙烯五胺	5	5
无水乙醇	17	20

【制备方法】 将上述各组分充分混合即可。

【注意事项】 聚丙烯酰胺采用水解度小于15%，相对分子质量在300万～600万。半乳糖和甘乳糖共聚物采用瓜尔豆胶粉、田菁豆胶粉或槐豆胶粉。多乙烯多胺是采用二乙烯三胺、四乙烯五胺或多乙烯多胺。

【产品应用】 本产品是能在油田水井使用的新型选择性深度调

剖剂。

【产品特性】

(1)该剂形成的凝胶是网状结构,强度好,耐受时间更长。

(2)由于本品考虑到地层介质表面主要是带负电,而注水过程中因水量大而膨胀时必须加入带ζ电位高的化合物,因此,在地层堵水过程中首先考虑必须使地层稳定在中性状态,因此利用多乙烯多胺ζ电位高的特性,当其与反应了的聚丙烯酰胺溶胀电离时,静电作用和大分子缠绕作用,使其不仅与地层亲和力好,而且强度高、耐温、耐老化,并且吸水膨胀,憎油,选择性好。

(3)本品在常温下不交联,存放时间长。

(4)本品用量少、成本低,配制方便,易于推广使用。

实例9 延缓交联深度调剖剂

【原料配比】

原料	配比(质量份)				
	1#	2#	3#	4#	5#
阴离子型聚丙烯酰胺(相对分子质量>1000万,水解度25%~30%)	0.15	0.15	0.50	0.50	0.25
六亚甲基四胺	0.40	0.40	0.40	0.80	0.40
苯酚	0.10	0.30	0.10	0.30	0.10
草酸	0.10	0.20	0.10	0.20	0.20
水	加至100	加至100	加至100	加至100	加至100

【制备方法】 将各原料配制成水溶液即得到产品。

【产品应用】 本产品为注水井用延缓交联深度调剖剂。

【产品特性】 本品配方内应用高分子量、高水解度的聚丙烯酰胺,不但可以降低配方的使用浓度,而且成胶时间及黏度均较高,具有成本低,配制简单,初始黏度低,成胶时间长(2～3 个月),成胶强度高等优点。

实例 10　预交联颗粒调剖堵水剂

【原料配比】

原料		配比(质量份)						
		1#	2#	3#	4#	5#	6#	7#
丙烯酰胺		150	650	350	—	650	550	550
甲基丙烯酰胺		—	—	—	150	—	—	—
丙烯酸		—	—	—	20	45	45	45
亚甲基双丙烯酰胺(2%)		20	50	25	15	50	50	50
过硫酸铵(33.3%)		5	5	—	5	5	5	5
过硫酸钠(33.3%)		—	—	5	—	—	—	—
填充料	膨润土	20	—	100	—	250	30	—
	木质素	—	320	—	—	—	—	—
	黏土	—	—	—	200	—	—	—
碳酸钠(15%)		160	200	—	25	35	—	—
碳酸氢钠(15%)		—	—	300	—	—	50	50
水		100	400	300	100	500	400	400

【制备方法】　在不使用丙烯酸的情况下,包括将水、丙烯酰胺类单体、亚甲基双丙烯酰胺和过硫酸盐混合均匀,投入任选的填充料,然后将温度控制在 15℃以下搅拌,然后加入碱,再升温至如 20～40℃,优选 25～30℃下放置,成胶后破碎,干燥,再粉碎即可。

在使用丙烯酸的情况下包括将水、丙烯酰胺类单体和丙烯酸均匀混合,然后投入任选的填充料,搅拌后投入碱,再升温至 20～40℃,优选 25～30℃,投入亚甲基双丙烯酰胺,过硫酸盐,搅拌后放置成胶,然后破碎、干燥、粉碎即可。

【产品应用】　本品用于石油开采中的堵水调剖。

【产品特性】　本品在各类油田中试用都取得了很好的效果,使用前和使用后的油井含水量下降9%~12%,表明本品不受地层环境影响,适合于各类油井,而且黏度和成胶强度保持性很好。

实例11 注水井粉状调剖剂

【原料配比】

原 料	配比(质量份)
聚丙烯酰胺粉剂	0.8
间苯二酚	0.05
对苯二酚	0.05
氨基化合物	0.15
六亚甲基四胺	0.3

【制备方法】将各原料物质进行机械搅拌混合,成为粉剂产品。

【注意事项】 本品采用水解度为12.17%的聚丙烯酰胺粉剂为主要原料;以六亚甲基四胺(粉剂)为交联剂,以苯酚、间苯二酚、对苯二酚(粉剂)为稳定剂,以氨基化合物(粉剂)为控制剂。

其中氨基化合物(粉剂)可为苯胺、苄胺、三苯胺、乙二酸或草酸(粉剂)。

【产品应用】 本品用于油田注水井调整吸水剖面。

【产品特性】 本品具有生产工艺简便、成本低、产品便于运输、存放,现场施工为单一配方、配比调节范围大、成功率高,适宜应用于中、深等各类注水井调剖作业。

实例12 防蜡降凝剂(1)

【原料配比】

原 料	配比(质量份)		
	1#	2#	3#
椰子油	10	20	30
氢氧化钾	5	10	15

续表

原料	配比(质量份)		
	1#	2#	3#
油酸	5	10	15
尼纳尔	5	10	15
水	75	50	25

【制备方法】先将椰子油、氢氧化钾加在一起进行化学反应,再与油酸、尼纳尔、水用搅拌机进行搅拌混合后即得产品。

【产品应用】 本品用于高凝油田油井开采中。

【产品特性】

(1)含有活性剂成分的分子中的极性部分充分体现乳化、分散、润湿作用,将原油形成水包油的分散体系。

(2)除活性剂以外,其他部分药剂开始分解,补充活性剂分散性、润湿性的不足。

(3)此防蜡降凝剂可替代高凝油油井井筒电加热采油方式,加热费用仅100元/天,相当于井筒电加热采油方式所用电费的1/7,同时可节省井筒电加热投资及根除井筒电加热部分损坏造成的修井事故。

(4)原材料成本低、配制工艺简单可行。

实例13 防蜡降凝剂(2)

【原料配比】

原料	配比(质量份)		
	1#	2#	3#
油酸	5	25	40
尼纳尔	5	20	30
水	90	55	30

【制备方法】 将油酸、尼纳尔、水用搅拌机进行搅拌混合后即得

产品。

【产品应用】 本品适用于高凝油田油井的开采。

【产品特性】

(1)含有活性剂成分的分子中的极性部分充分体现乳化、分散、润湿作用,将原油形成水包油的分散体系。

(2)除活性剂以外,其他部分药剂开始分解,补充活性剂分散性、润湿性的不足。

(3)此防蜡降凝剂可替代高凝油油井井筒电加热采油方式,加热费用仅100元/天,相当于井筒电加热采油方式所用电费的1/7,同时可节省井筒电加热投资及根除井筒电加热部分损坏造成的修井事故。

(4)原材料成本低、配制工艺简单可行。

实例14 聚合物降滤失剂(1)

【原料配比】

原 料	配比(质量份)	
	1#	2#
水解聚丙烯腈铵盐	55	50
楠木粉(土黄色粉末)	30	37
楠木粉(红褐色粉末)	10	8
碳酸钠(Na_2CO_3)	5	5

【制备方法】 首先用腈纶下脚料250kg和水以1:2.5的比例投入反应釜,压力为0.1~0.2MPa,反应3h,得胶体,沉淀、过滤后经离心喷雾干燥得主聚合物水解聚丙烯腈铵盐。将主聚合物水解聚丙烯腈铵盐、辅助聚合物楠木粉、碳酸钠分别放入搅拌器搅拌均匀即得产品。

【注意事项】 水解聚丙烯腈铵盐是用腈纶下脚料和水以1:(2~3)(质量比)的比例在0.1~0.2MPa的大气压下,水解后得胶体,经沉淀取其清洁胶体,经离心喷雾干燥后得到。

【产品应用】　本品用于淡水、盐水、正电胶体系中，尤其适用于正电胶体系。

【产品特性】　此处理剂具有较强的抗盐、抗钙、抗 140℃ 高温、降滤失水、黏切和防塌等功效，且成本低廉。

实例 15　聚合物降滤失剂(2)

【原料配比】

原　　料	配比(质量份)	
	1#	2#
水解聚丙烯腈铵盐	55	50
楠木粉(土黄色粉末)	30	37
楠木粉(红褐色粉末)	10	8
氢氧化铁[$Fe(OH)_3$]	15	5

【制备方法】　首先用腈纶下脚料 250kg 和水以 1:2.5(质量比)的比例投入反应釜，压力为 0.1～0.2MPa，反应 3h，得胶体，沉淀、过滤后经离心喷雾干燥得主聚合物水解聚丙烯腈铵盐。$Fe(OH)_3$ 是由 $FeSO_4 \cdot 7H_2O$ 与 $Ca(OH)_2$ 按 1:3(质量比)的比例加热研磨制得。将主聚合物水解聚丙烯腈铵盐、辅助聚合物楠木粉、氢氧化铁分别放入搅拌器搅拌均匀即得产品。

【注意事项】　水解聚丙烯腈铵盐是用腈纶下脚料和水以 1:(2～3)(质量比)的比例在 0.1～0.2MPa 的大气压下，水解后得胶体，经沉淀取其清洁胶体，经离心喷雾干燥后得到。$Fe(OH)_3$ 是由 $FeSO_4 \cdot 7H_2O$ 与 $Ca(OH)_2$ 按 1:3 的比例加热研磨制得。

【产品应用】　本品用于淡水、盐水、正电胶体系中，尤其适用于正电胶体系。

【产品特性】　此处理剂具有较强的抗盐、抗钙、抗 140℃ 高温、降滤失水、黏切和防塌等功效，且成本低廉。

实例16 复合型油井水泥降滤失剂

【原料配比】

原料	配比(质量份)	
	1#	2#
丙烯酰胺—丙烯酸盐共聚物(XS-1)	1	1
羟乙基改性树脂胶	0.3	0.3
柠檬酸	1	1.5
β-萘磺酸甲醛缩合物(FDN)	1	1

【制备方法】将XS-1、羟乙基改性树脂胶、柠檬酸、FDN按配比溶于水,搅拌升温至50℃,喷雾干燥即得产品。

【产品应用】 本品适用于油气井及饱和盐水的固井作业。

【产品特性】

(1)耐高温性能好,在90~115℃范围内达到优良的降滤失效果。

(2)抗盐性能优异,可用于饱和盐水中使用,有利于盐层的固井作业。

(3)水泥浆流动性好,对水泥石的强度无不良影响。

实例17 乳化降凝剂

【原料配比】

原料	配比(质量份)
甲醇	30
乙醇	10
乙二醇	20
碳酸铵	40
降凝剂	3(占整个乳化油体系的比例)

【制备方法】 将甲醇、乙醇、乙二醇、碳酸铵及降凝剂混合均匀即得产品。

【产品应用】 本品用于水包油型稠油乳化油的降凝。

【产品特性】 加入降凝剂后所得的稠油乳化油的凝点可以达到 -20℃,且具有较好的流动性,室温下稳定性可达到6个月以上。

实例18 树脂类高温抗盐降滤失剂

【原料配比】

原料		配比(质量份)							
		1#	2#	3#	4#	5#	6#	7#	8#
腐殖酸活性中间体	褐煤	10	10	10	10	10	—	—	10
	泥炭	—	—	—	—	—	10	10	—
	水	40	40	35	35	35	40	35	35
	NaOH	1.4	1.4	2	2	2	1.4	2	1.7
	偏重亚硫酸钠	0.8	0.8	—	—	—	0.8	—	0.5
	亚硫酸氢钠	—	—	0.8	0.8	0.8	—	0.8	—
	亚硫酸钠	—	—	1.1	1.1	1.1	—	1.1	—
	甲醛	1.5	1.5	—	—	2.5	1.5	2.5	2.5
水解聚丙烯腈铵盐复聚物	水解聚丙烯腈铵盐	3	2	2	1.4	2.5	3	2.5	2
	水	3	7	7	—	10	3	10	7
	聚丙烯酰胺	0.1	—	—	0.3	0.2	0.1	0.2	—
	碳化聚丙烯酰胺	—	0.15	0.15	—	—	—	—	0.15
	羟甲基纤维素	0.12	—	—	0.23	—	0.12	—	—
	羧乙基纤维素	—	—	—	—	0.15	—	0.15	—
	聚氧乙烯苯酚醚	—	0.12	0.12	—	—	—	—	0.12
	硼砂	—	0.05	0.05	—	—	—	—	0.05
水溶性碳酰胺树脂	碳酰胺	2	—	—	2.7	—	2	—	—
	聚乙二醇	—	—	—	0.1	—	—	—	—
	酰脲	—	—	—	—	3.5	—	3.5	—
	羟甲基碳酰胺	—	3.6	3.6	—	—	—	—	3.6
	偏重亚硫酸钠	1.2	0.8	0.8	1.3	—	1.2	—	0.8

续表

原料		配比(质量份)							
		1#	2#	3#	4#	5#	6#	7#	8#
水溶性碳酰胺树脂	亚硫酸钠	—	0.5	0.5	—	—	—	—	0.5
	亚硫酸氢钠	—	—	—	—	1.8	—	1.8	—
	亚硫酸铵	—	0.4	0.4	0.2	1	—	1	—
	水	2	3	3	—	2.5	2	2.5	2
	甲醛	3.2	4	4	2.8	3.8	3.2	3.8	3.2
	NaOH	0.01	0.07	0.07	—	0.1	0.01	0.1	0.01

【制备方法】

(1)腐殖酸活性中间体的制备:按上述的组分称取原料,然后向褐煤或泥炭中加入水、强碱于30~150℃反应0.5~3h,反应后加入亚硫酸钠、亚硫酸氢钠或亚硫酸铵、甲醛在100~160℃反应0.5~5h得到腐殖酸活性中间体。

(2)水溶性聚丙烯腈铵盐复聚物的制备:按上述组分称取原料,将水与添加物同水解聚丙烯腈铵盐混合,在20~100℃反应0.2~2h即可。

(3)水溶性碳酰胺树脂的制备:按上述组分称取原料,把各组分混合,在50~150℃下反应0.5~4h即可。

(4)合成高温降滤失剂:

①将步骤(1)~步骤(3)制得的产物按上述褐煤树脂类高温抗盐降滤失剂组成含量称量。然后将其同时加入反应器中在100~160℃下经1~6h反应后蒸去水分得固体产品。

②按上述褐煤树脂类高温抗盐降滤失剂组成含量,把组成步骤(2)、步骤(3)制得的产物的组分按上述其组分含量称量,然后将步骤(2)、步骤(3)制备所需组分同时加入由步骤(1)制得的中间体中在100~160℃下经1~6h反应后蒸去水分得固体产品。

【产品应用】 广泛适用于淡水、咸水、中盐污染下的深井。

【产品特性】

(1)采用不排渣工艺,生产强度大,原料利用率高,不形成二次污染,成本低,效益好。

(2)抗高温、抗盐浸性能好。

(3)降滤失而不增黏,兼有改善流变性功能。

(4)形成的泥饼质量致密光滑,井径规则,有利于保护井眼,稳定井壁。

(5)广泛适用于淡水、咸水、中盐污染下的深井。

(6)配伍性好,可与其他处理剂配成复合剂使用,增进作用效果,降低钻井综合成本。

实例 19 糖蜜酒精废液降滤失剂

【原料配比】

原料		配比(质量份)			
		1#	2#	3#	4#
主反应釜中	马铃薯淀粉	100	—	—	—
	红薯淀粉	—	50	—	—
	木薯淀粉	—	—	100	—
	玉米淀粉	—	—	—	150
	水	100	100	300	300
	丙烯酸	50	40	100	100
	过硫酸铵	8	—	15	—
	过硫酸钾	—	8	—	50
	糖蜜酒精废液或干粉	200	300	200	300
	苯酚	0.5	3	—	3
	苯甲酸钠	—	—	0.5	—
副反应釜中	马铃薯淀粉	200	—	—	300
	红薯淀粉	—	80	—	—
	木薯淀粉	—	—	200	—
	水	300	100	300	500
	过硫酸铵	2	—	5	—
	过硫酸钾	—	2	—	20

【制备方法】

(1)接枝共聚:向主反应釜中加入计量的淀粉和水(用适量氢氧化钠溶液调节 pH =8 ~9),搅拌,于 70 ~100℃的温度预糊化,加入计量的丙烯酸(用氢氧化钠预中和掉 80%的酸度),搅拌均匀后加入引发剂过硫酸铵或过硫酸钾引发共聚,于 30 ~50℃下反应 3h(通 N_2保护)。所说的引发剂可以选用,用量为 0.5% ~10%。

(2)热交联:向副反应釜中加入计量的淀粉和水(用氢氧化钠溶液调节 pH =8 ~9),搅拌,于 70 ~100℃的温度下预糊化,待主反应釜中接枝共聚反应完后,将副反应釜中的半成品按计量泵入接枝共聚物中,再补加一定量的引发剂过硫酸钾或过硫酸铵,于 30 ~50℃下热交联(通 N_2保护)。

(3)共混共聚:将计量的糖蜜酒精废液或干粉、防腐剂苯酚或苯甲酸钠加入主反应釜中进行共混共聚,于 30 ~50℃下反应一定时间并搅拌均匀。

(4)出料:将主反应釜中共混共聚产物降至环境温度,出料、灌装,得到油田专用环保型降滤失剂产品;将主反应釜中共混共聚产物蒸发浓缩、喷雾干燥形成干粉油田专用环保型降滤失剂产品。

【产品应用】 本品适用于油田钻井施工中。

【产品特性】 本品分散性、流变性、耐温性及耐盐性好,且能大幅度提高钻井液的黏度,使滤饼脱水变得更薄而致密的高分子共聚共混物。其降滤失性能优于 CMC,成本低,无二次污染。

实例 20 液态原油降凝剂

【原料配比】

原料	配比(质量百分比)		
	1#	2#	3#
乙烯—醋酸乙烯酯共聚物(醋酸乙烯酯 25% ~40%)	10	12	8
丙烯酸高碳醇酯聚合物	5	—	—

续表

原料		配比(质量百分比)		
		1#	2#	3#
环氧树脂		5	10	6
聚醚		5	3	—
特种溶剂	异佛尔酮	—	—	6
	苯乙酮	10	—	4
	重芳烃	60	60	50
	乙二醇丁醚	5	15	15
	乙二醇二丁醚	—	—	5
丙烯酸高碳醇酯—马来酸酐—丙烯酸酯聚合物		—	—	6

【制备方法】

(1)将异佛尔酮、苯乙酮、重芳烃、乙二醇丁醚和乙二醇二丁醚中的一种或多种混合,配制成特种溶剂。

(2)将固态乙烯—醋酸乙烯酯共聚物加入特种溶剂中,加热温度至75~95℃,待其完全溶解后,依次加入丙烯酸高碳醇酯—马来酸酐—丙烯酸酯聚合物、丙烯酸高碳醇酯聚合物、环氧树脂和聚醚,溶解2~3h即得产品。

【产品应用】 本品用于一般含蜡量及高含蜡量及高胶质、高沥青原油的降凝减黏。

【产品特性】 此液态原油降凝剂适用于一般含蜡量及高含蜡量及高胶质、高沥青原油的降凝减黏,且降凝减黏效果特别明显。该降凝剂溶解性能好、黏度低、闪点高、挥发性小,长期储存性能好,能够满足现场直接注入条件,能避免溶剂大量挥发导致现场注入困难和烧毁电动机等事故,具有高效、安全、方便及制备方便的特点。

实例21　改性石蜡选择性堵水剂

【原料配比】

原　　料		配比(质量份)
改性石蜡乳液	石蜡	100
	油酸	5
	硬脂酸	5
	水	400
	氨水	2.5
堵水剂	改性石蜡乳液	100
	石蜡树脂	0.5
	纸浆	1
	水	适量

【制备方法】

(1)改性石蜡乳液的配制:

①称取石蜡100份、油酸0~10份、硬脂酸0~10份、水400份、氨水2.5份。

②将石蜡和油酸、硬脂酸一起熔化,并加热到90~100℃。

③取50~100份水加入乳化锅内,在剧烈搅拌下徐徐加入步骤②配制好的石蜡和两种酸的混合物,加热至70~80℃后,滴加氨水,然后再将其余的水加入。

④第一次加水量为石蜡量的1/5~1/6,加入搅拌。

⑤第二次再加石蜡量的1/3~1/4,搅拌,此时物料由稠变稀,再陆续分数次加完其余的水,使乳化石蜡稀释成10%~20%的溶液。

⑥全部的水都是加热至60~80℃后加入,制成乳液冷却40℃备用。

(2)堵水剂的配制:

①取已合成的改性石蜡乳液100份,石蜡树脂0.5份,纸浆1份,水适量。

②用喷嘴将石油树脂、纸浆喷入改性石蜡乳液中,注意应用的纸浆要先进行粉碎后经过打浆形成浆状物质,搅拌均匀,加入适量的

$Al(OH)_3$胶体,注意观察 pH 值的变化,当 pH 值为 7 时,停止加入,这样堵水剂就配制完毕。

【产品应用】 本品用于油井生产上使用的提高油井产量的堵水剂。

【产品特性】 本品通过改性石蜡乳液的油溶、水溶、油溶的相变过程,客观完全的选择性,同时本堵剂常温下具有流动性,可用泵车直接挤注入油层,不需要携带液。在油层温度和破乳剂的共同作用下,遇油形成 O/W 型油水乳液,降低原油中流动阻力。结晶出的石蜡被乳化分散在原油中,不会对油层堵塞,进入水通道的改性石蜡结晶聚集成较大的结晶体,相互黏结,对岩石孔隙起到堵塞作用,从根本上解决堵水不堵油的问题。本品施工简单,可操作性强,对环境要求简单,可以长期性储存,稳定性好,不受温度变化的影响,很适合现场推广。

实例22 高强度易溶解纳米堵水剂

【原料配比】

原料	配比(质量份)		
	1#	2#	3#
水	45	33	34.5
纳米氧化硅	5	7	8
纳米氧化铁	4	5	3
纳米碳酸钙	15	20	13
纳米氧化铝	6	5	8
超微细水泥	22	25	29
氢氧化钠	2	3	3
铁络盐	1	2	1.5

【制备方法】 称取水,在搅拌下分别加入氢氧化钠、铁络盐,待全部溶解后,高速搅拌下缓慢加入纳米氧化硅、纳米氧化铁、纳米碳酸钙、纳米氧化铝等纳米材料,待纳米材料充分分散后,继续边搅拌边加入超微细水泥直至成均匀浆状,取浆状物入恒温容器内,密封后置70℃恒温水浴中恒温固化48h。

【产品应用】 本品用于油田高含水井的堵水。

【产品特性】 该堵水剂水化固化后坚硬如水泥石且体积不收缩，不产生微裂缝，化学法溶解后全部反应生成黄色透明的水溶液且无残渣，流动性如水。与超细水泥相比，不但具有强度高的特点，而且易于溶解，耐温性好，不污染油层，可有效解决注水开发油田高含水井层间阶段性堵水(油井高出水层封堵后日后可根据生产要求解开堵层恢复生产)和大厚油层层内油、水层段相间、井段连续射孔、无法分层开采高含水井的层内堵水等油田堵水技术难题，也可用于找水不准确高含水井的堵水，误堵后可用化学方法溶解打开，显著提高施工的安全性。

实例23 固砂堵水剂

【原料配比】

原　　料	配比(质量份)
水	500
$Ca(OH)_2$	350
$Mg(OH)_2$	100
KOH	50

【制备方法】 向啮合机内加入自来水，启动啮合机，然后依次加入 $Ca(OH)_2$、$Mg(OH)_2$、KOH，搅拌至成白色膏状物，装桶即成产品。

【产品应用】 本品用于油井固砂堵水。

【产品特性】

(1)本品同时具有固砂和堵水的作用，且可按照对固砂或堵水的侧重调整使用配方。

(2)本品使用范围广。使用温度在50～300℃。

(3)本品固砂堵水效果好。该固砂堵水剂的固砂强度比三氧固砂剂高30%，比氟硅酸盐固砂堵水剂高50%。

(4)本品成本低。其成本是目前油田应用的三氧高温固砂剂的10%，是树脂型固砂剂的30%，是氟硅酸盐固砂堵水剂的60%。

(5)本品施工简单，无施工危险性。由于树脂型固砂剂、三氧高温固砂剂和氟硅酸盐固砂堵水剂都可在井筒中固化，因此当施工设备出现问题时，已造成施工事故。本固砂堵水剂不接触地层岩石矿物不固化，因此不会造成施工事故。

实例24 聚丙烯酰胺油井堵水剂

【原料配比】

原料	配比(质量份)		
	1#	2#	3#
非离子聚丙烯酰胺	0.40	0.55	0.70
重铬酸钾(或重铬酸钠)	0.02	0.20	0.50
二氧化硫脲	0.02	0.20	1.00
缓凝剂	0.02	0.04	0.08
水	加至100	加至100	加至100

【制备方法】

(1)按配方中的浓度配制非离子聚丙烯酰胺溶液，完全溶解后分成二等份，分别将重铬酸钾(或重铬酸钠)和二氧化硫脲按比例要求加入上述两个配制罐中充分溶解。

(2)将缓凝剂加入其中任何一种溶液中即可，然后分别拉运至施工现场。

(3)在现场施工中，用两部泵车分别将两个容器中的溶液泵送至三通处混合后挤入目的层，泵送比例为1:1。

【注意事项】 本品以二氧化硫脲作为交联剂，缓凝剂为三乙醇或酒石酸或酒石酸钾钠。非离子聚丙烯酰胺的固体有效含量在95%以上。

【产品应用】 本品用于油井用高聚物堵水剂。

【产品特性】 本品以二氧化硫脲作为还原剂，其还原电势高，释放还原能力强，因此成胶时间短；二氧化硫脲交联体系对0~2%的钙、镁离子反应不敏感；本品成胶体系稳定，凝胶强度高；本堵水剂不需要调节pH值。

实例25 木屑凝胶深度封堵剂

【原料配比】

原料	配比(质量份)					
	1#	2#	3#	4#	5#	6#
阴离子型聚丙烯酰胺(相对分子质量>1900万,水解度为25%~30%)	0.15~0.5	0.15	0.15	0.5	0.5	0.25
酚复合多胺	0.1~0.3	0.1	0.1	0.1	0.3	0.15
间苯二酚	0.01~0.02	0.01	0.02	0.01	0.02	0.01
草酸	0.1~0.2	0.1	0.2	0.1	0.2	0.2
木屑	0.5~2.5	0.5	2.5	0.5	2.5	2.5
水	99.14~96.48	99.14	97.03	98.79	96.48	96.89

【制备方法】 将高分子量阴离子型聚丙烯酰胺、酚复合多胺、间苯二酚、草酸、木屑和水装入封堵剂的配制罐中,通过木屑凝胶封堵剂的配制泵进行搅拌,搅拌均匀即得产品。

【注意事项】 所述木屑的粒径为0.01~2mm。

【产品应用】 本品适用于油田注水井中封堵厚油层高渗透带。

【产品特性】 此封堵剂可以降低配方的使用浓度,成胶时间可控,成胶黏度高,在相同封堵强度条件下,该封堵剂成本较低,配制简单方便。

实例26 炮眼封堵剂

【原料配比】

原料	配比(质量份)
煤渣(粒径<2mm)	110
粉煤灰	440
钙基膨润土	220
木粉(粒径<0.5mm)	30
热固性酚醛树脂	200

【制备方法】 向水泥搅拌机内加入煤渣、粉煤灰、钙基膨润土、木粉，启动搅拌机，缓慢喷撒热固性酚醛树脂，搅拌均匀后倒出，风干，粉碎至2mm以下即得产品。

【产品应用】 本品用于石油开采。

【产品特性】

(1)本品强度高(在大压差下不被破坏)。

(2)固化时间可调(在1~4h,保证有足够的施工时间)。

(3)有一定的韧性(振动、冲击条件下不易破裂)。

(4)与地层岩石结合好(能耐高生产压差)。

(5)密度小(易携带)。

(6)能充分充填整个炮眼。

(7)耐水、油、酸、碱(在生产、作业或进行增产措施时不失效)。

(8)耐温性能好(在地层温度下长期有效)。

(9)施工后无须钻塞。

(10)用量少、原材料成本低;施工简单,施工费用低;封堵成功率高,有效期长。

实例27 膨润土凝胶封堵剂

【原料配比】

原料	配比(质量份)		
	1#	2#	3#
膨润土	10	25	40
磺化酚醛树脂	0.5	1.5	10
硅酸钠	4	6	10
聚丙烯酰胺	0.1	0.5	1
水	加至100	加至100	加至100

【制备方法】

(1)泥浆配制:按一定的比例配制膨润土泥浆,并使之充分溶解,搅拌均匀,然后在此泥浆中加入磺化酚醛树脂充分搅拌均匀。

(2)混合液配制:配制聚丙烯酰胺水解溶液,充分溶解后,再加入硅酸钠,混合均匀。

(3)使用时,将两种液体混合即得产品。

【产品应用】 本品用于油田油水井的封堵。

【产品特性】

(1)成胶时间在8~16h,封堵强度高,突破压力在0.48MPa/cm。

(2)封堵效果好,渗透率降低程度可达99.92%。

(3)使用范围广,可在油藏温度20~150℃下使用。

(4)施工方法简单、卫生、无毒和无刺激气味,能有效地改善注水剖面。

实例28 油井用堵水剂

【原料配比】

原料	配比(质量份)					
	1#	2#	3#	4#	5#	6#
丙烯酸	32.97	33.45	34.02	33.18	30	4
氢氧化钠(30%)	49.45	50.23	50.4	45.17	52	45
去离子水	16.48	15.22	14	20	17.12	14
N,N-亚甲基双丙烯酰胺溶液	0.005	0.003	0.004	0.006	0.007	0.008
过硫酸铵溶液(5%)	0.66	0.86	1.0	0.80	0.40	0.6
亚硫酸钠溶液(5%)	0.33	0.14	0.47	0.28	0.42	0.2
吐温-80	0.105	0.097	0.106	0.664	0.053	0.192

【制备方法】 按比例先将丙烯酸、去离子水放入反应器中,加入氢氧化钠中和,中和完毕后,加入N,N-亚甲基双丙烯酰胺溶液,吐温-80升温至40~50℃,加入过硫酸铵溶液,亚硫酸钠溶液搅拌均匀,静置聚合,得到凝胶态半成品,将半成品造粒、烘干、粉碎后即为成品。

【产品应用】 本品用于石油油井用堵水剂。

【产品特性】 使用本品可使水淹井恢复生产,提高油井的最终采收率。使含水油井含水下降,增加产品品种油井产量。可有效地控制底水、边水锥进,延长油井见水时间,促进油井稳产高产。对注水井调剖,可有效控制高渗透层吸水量,对井组在较大区域内控制含水上升,提高井组采吸率效果明显。钻井过程中发生井漏应用本品可迅速堵漏,不影响正常钻井时间,缩短了完井周期。在石油开采的过程中,无论是注入的水,还是地层水在油层中的流动,它的流动是无序的,使用本品可改变这种无序的流动,让油层在人们的疏导下流动,变水害为水利,使油井达到长期稳产高产的目的。

实例 29 油水井射开井段封堵剂

【原料配比】

原料		配比(质量份)									
		1#	2#	3#	4#	5#	6#	7#	8#	9#	10#
A		50	85	85	80	60	65	70	50	85	79
B		45	14.5	10	19	38	32	26	45	10	20.5
C		5	0.5	5	1	2	3	4	5	5	0.5
A	煤渣	10	15	15	10	15	13	14	10	15	10
	粉煤灰	65	54	56	65	50	60	55	60	50	65
	黏土	20	30	28	20	30	25	30	28	30	20
	珍珠岩	5	1	1	5	5	2	1	2	5	5
B	酚醛树脂	45	45	45	45	45	45	45	45	45	45
C	乌洛托品	75	90	90	75	80	85	75	90	75	90
	苯甲酸	25	10	10	25	20	15	25	10	25	10

【制备方法】 A、B、C 三组分按 A:B:C = 50% ~ 85% : 10% ~ 45% : 0.5% ~ 5% 的比例混合均匀搅拌,晒干后研细,即可制得该品。其中:A 组分由煤渣 10% ~ 15%,粉煤灰 50% ~ 65%,黏土 20% ~ 30%,珍珠岩 1% ~ 5% 构成;B 组分为酚醛树脂;C 组分由乌洛托品

75% ~90%,苯甲酸 10% ~25% 构成。

【产品应用】 本品用于油水井射开井段的封堵用。

【产品特性】 本品制造过程简单,便于生产和使用。固化施工可靠,成功率高。封堵有效期长,封堵强度大,平均单井费用低。

实例 30 固井水泥浆防气窜剂

【原料配比】

原料	配比(质量份)
改性纤维	25
活性二氧化硅(平均粒度 <25μm)	35
超细碳酸钙粉末(平均粒度 <15μm)	25
氧化钙粉末(平均粒度 <25μm)	15

【制备方法】 取一定量的工业用纤维,加入浓度为 10% ~20% 的 NaOH 溶液,在常温下处理 4 ~8h,然后加入 1% ~2% 的表面活性剂在室温下保持 12h 以上,再在 60 ~80℃ 的温度下烘干,将烘干后的产物用机械设备加工成长度为 0.5 ~4mm,直径为 0.02 ~0.10mm 的改性纤维。用改性纤维、活性二氧化硅、超细碳酸钙粉末、氧化钙粉末在混拌器中充分混合即得产品。向水泥浆中加入该防气窜剂 3% ~4%,羟乙基纤维素降失水剂 0.9% ~1.5%,磺酸盐分散剂 0.3% ~1.0%,缓凝剂 0.1% ~0.05%,能制备出有良好防气窜性能、低滤失、流变性好、高早期强度的水泥浆。

【产品应用】 本品用于在油气井固井过程中使用。

【产品特性】

(1)由于激活剂(氧化钙粉末)的应用,使改性纤维、活性二氧化硅等材料与水泥具有良好的胶结,水泥浆的性能有较大改变。

(2)由该防气窜剂与现有其他常规外加剂配制的水泥浆体系综合性能好,浆体稳定,能产生一定微膨胀,初终凝时间间隔短,强度高,直角稠化,早期强度发展极迅速。

(3)此产品生产不产生废水、废渣,无污染,生产简单,成本低且性能较好。

实例31 油基泥浆固井用冲洗液

【原料配比】

原料	配比(质量份)	
	1#	2#
猪油酸聚氧乙烯酯($n=5$)	14	15
猪油酸聚氧乙烯酯($n=10$)/蓖麻油酸聚氧乙二醇酯($n=5$)混合物	14	15
柴油(闪点在70℃以上)	70	67
脂肪醇聚氧乙烯醚	2	3

【制备方法】 将猪油酸聚氧乙烯酯/蓖麻油酸聚氧乙二醇酯混合物溶于柴油中即成为冲洗液主剂,使用时加入脂肪醇聚氧乙烯醚即得产品。

【产品应用】 本品用于油基泥浆固井。

【产品特性】 此固井油基泥浆用冲洗液对油基泥浆和泥饼有较好的冲洗能力和冲洗效果,同时对油基泥浆有显著的稀释降黏作用。

实例32 油田固井抗盐防气窜剂

【原料配比】

原料	配比(质量份)		
	1#	2#	3#
丁苯胶乳	80	85	75
顺丁烯二酸酐	6.71	5	8
失水山梨酸	3.1	2	5
甘油	3.84	3	7
水	7.36	5	5

【制备方法】 将丁苯胶乳、顺丁烯二酸酐、失水山梨酸、甘油和水

加入反应釜内密封,搅拌加热升温至65~78℃,继续加热保持该控温2~3h,当反应釜内温度加剧上升时,停止加热,让其自行反应,当温度上升至90~96℃时,反应完毕,冷却降温至65℃以下,加入碱性物质将pH值调节至8.0~10.5即得产品,所述的碱物质为氨水。

【产品应用】 本品用于油田开发中固井中使用。

【产品特性】 此方法原料易得,工艺简单,反应条件温和可行,产品具有抗盐、抗高温、防气窜及直接海水配浆等性能,有利于提高油田固井质量,延长油井的使用寿命。

主要参考文献

[1]李国祥. 纳米二氧化钛复合高耐候水性建筑涂料:中国,200410000756.2[P].2004-12-29.

[2]刘洪川. 高效环保复合洗衣粉配方:中国,200910194100.1[P].2009-11-24.

[3]闫长生,盖学维. 改性石蜡选择性堵水剂的配制方法:中国,200410010539.1[P].2004-12-28.

[4]马友华,刘晓莉,胡芹远,等. 一种生态抗旱保水复合肥及其制造方法:中国,200410065904.9[P].2004-12-23.

[5]薛玮翔. 香味彩色无尘粉笔:中国,200410094075.7[P].2004-12-29.

[6]黄瑞敏,杨晓军,林德贤,等. 有机—无机物共聚脱色絮凝剂及制备方法:中国,200510100418.0[P].2005-10-21.

[7]王霞,李丽华,傅文,等. 有机化蒙脱土改性乙烯—醋酸乙烯热熔胶黏剂的一步制备法:中国,200510112141.3[P].2005-12-28.

[8]杨新华. 铁系磷化液:中国,200710157984.4[P].2007-11-06.

[9]殷冬媛,赵美顺,赵旭,等. 一种车用防冻冷却液:中国,200910078317.6[P].2010-08-25.

[10]李玉微,夏文华. 防锈剂:中国,200910136079.X[P].2009-04-27.